Eugen Bauhoff · Anne Scharrenbroich

Aufgabensammlung Grundwissen

zur Übung und Wiederholung

Schroedel

Hinweise für Benutzerinnen und Benutzer

Das Buch enthält Aufgaben zu zentralen Inhalten der Sekundarstufe I, und zwar zur Bruchrechnung, zum Sachrechnen, zu Zuordnungen einschließlich Prozent- und Zinsrechnung, zur elementaren Gleichungslehre und zur Geometrie. Die Beschränkung des Seitenumfangs machte eine Auswahl der Inhalte und zugehöriger Aufgabenkomplexe notwendig. Das Buch ist nach Lerninhalten und Lernschritten aufgebaut. Jeder Lernschritt wird durch eine Musteraufgabe eingeleitet, wobei nach Möglichkeit auch das Grundverständnis angesprochen wird.

Die Aufgaben dienen als zusätzliches Übungsmaterial parallel zum Unterricht sowie der gezielten Wiederholung an späterer Stelle, wenn im Unterricht auf bereits vermittelte Fertigkeiten und Fähigkeiten zurückgegriffen werden muss. Schwierigere Aufgaben sind durch eine farbige Aufgabennummer gekennzeichnet.

Das Buch wendet sich vorwiegend an Schülerinnen und Schüler der Klassen 7 bis 10 der Hauptschulen und der unteren und mittleren Kurse an Gesamtschulen. Es kann lehrbuchunabhängig eingesetzt werden.

Im Anhang sind die Lösungen notiert. Sie dienen den Schülerinnen und Schülern zur Selbstkontrolle.

ISBN 5-507-73220-3

Druck A [4] / Jahr 05
Alle Drucke der Serie A sind im Unterricht parallel verwendbar.

Umschlagentwurf: Jürgen Kochinke, Derneburg
Zeichnungen: Michael Wojczak, Barsinghausen
Satz: Satz-Offizin Hümmer GmbH, Waldbüttelbrunn
Druck: pva, Landau

Inhaltsverzeichnis

1 Bruchzahlen

1.1 Gewöhnliche Brüche

Ein Ganzes

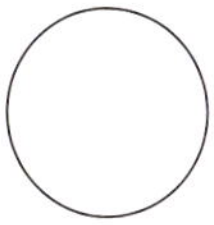

Acht gleiche Teile

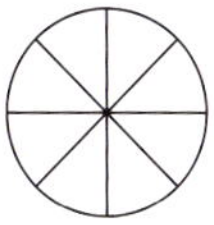

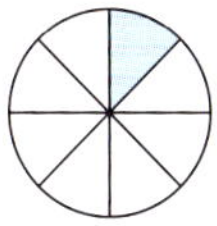

Ein Teil davon ist ein Achtel des Ganzen.

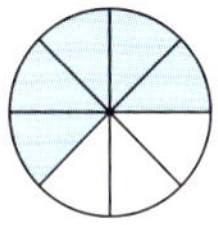

Fünf Teile davon sind fünf Achtel des Ganzen.

$\frac{5}{8}$ – Zähler – Bruchstrich – Nenner

Der **Nenner** gibt an, in wie viele gleiche Teile das Ganze zerlegt wird.
Der **Zähler** gibt an, wie viele Teile genommen werden.

1. Jede Figur ist ein Ganzes. Welcher Bruchteil des Ganzen ist eingefärbt, welcher ist weiß?

a) 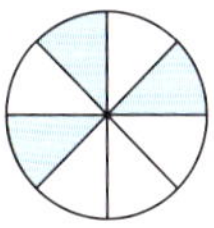
b) 
c) 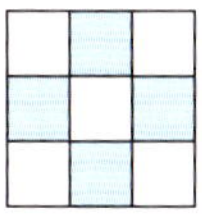
d) 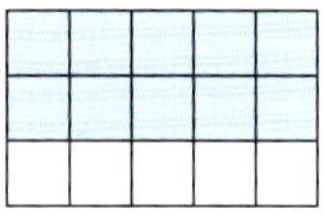
e) 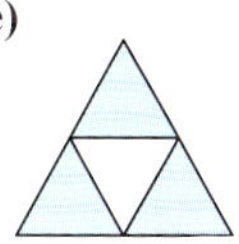
f) 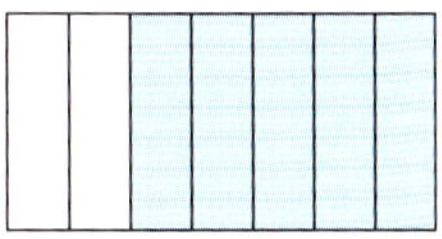
g) 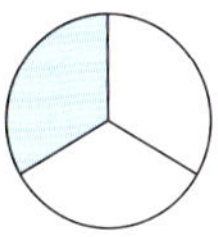
h) 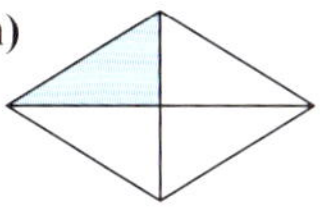
i) 

2. Zeichne als Ganzes auf Karopapier ein Rechteck mit a = 6 cm und b = 4 cm. Dann färbe den angegebenen Bruchteil des Ganzen ein. Die Karos helfen dabei.

a) $\frac{1}{2}$ **b)** $\frac{3}{4}$ **c)** $\frac{5}{6}$ **d)** $\frac{2}{3}$ **e)** $\frac{7}{12}$ **f)** $\frac{5}{8}$ **g)** $\frac{2}{4}$

3. Zeichne einen Streifen mit 20 Karos ins Heft. Färbe den angegebenen Bruchteil ein.

a) $\frac{1}{2}$ **b)** $\frac{2}{5}$ **c)** $\frac{3}{4}$ **d)** $\frac{3}{10}$ **e)** $\frac{4}{5}$ **e)** $\frac{1}{4}$ **f)** $\frac{7}{20}$

4. Bestimme die Bruchteile.

a) $\frac{1}{4}$ von 12 **b)** $\frac{1}{3}$ von 15 **c)** $\frac{1}{8}$ von 24 **d)** $\frac{1}{5}$ von 20 **e)** $\frac{1}{6}$ von 30
$\frac{3}{4}$ von 12 $\frac{2}{3}$ von 15 $\frac{5}{8}$ von 24 $\frac{3}{5}$ von 20 $\frac{3}{6}$ von 30

5. Welcher Bruchteil ist es?

a) 3 von 12 5 von 25 7 von 63 8 von 40
b) 6 von 18 4 von 16 5 von 40 9 von 72

5 von 20: 5 ist $\frac{1}{4}$ von 20

6. Hier ist immer der angegebene Bruchteil eines Ganzen gezeichnet. Übertrage die Zeichnung in dein Heft und ergänze zum Ganzen.

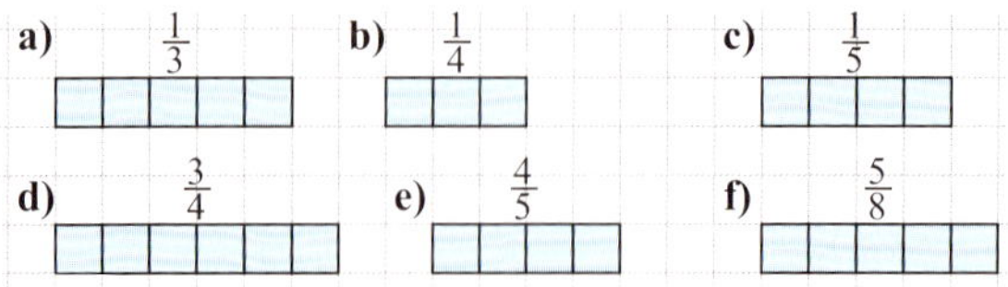

7. Berechne das Ganze aus dem Bruchteil.

a) $\frac{1}{4}$ von $\square = 3$ $\quad$ $\frac{1}{5}$ von $\square = 6$ $\quad$ $\frac{1}{6}$ von $\square = 10$

b) $\frac{2}{3}$ von $\square = 4$ $\quad$ $\frac{3}{4}$ von $\square = 9$ $\quad$ $\frac{2}{5}$ von $\square = 14$

$\frac{2}{3}$ von $\square = 8$

$\frac{1}{3}$ von $\square = 4$, also $\frac{2}{3}$ von **12** $= 8$

Erweitern

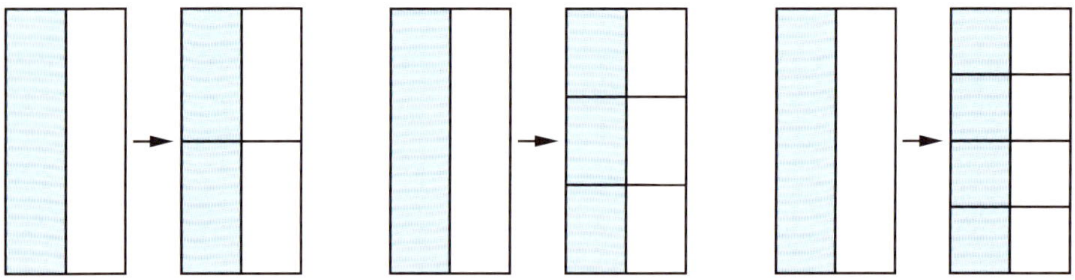

$\frac{1}{2} = \frac{1 \cdot \mathbf{2}}{2 \cdot \mathbf{2}} = \frac{2}{4}$ $\qquad$ $\frac{1}{2} = \frac{1 \cdot \mathbf{3}}{2 \cdot \mathbf{3}} = \frac{3}{6}$ $\qquad$ $\frac{1}{2} = \frac{1 \cdot \mathbf{4}}{2 \cdot \mathbf{4}} = \frac{4}{8}$

Ein Bruch wird **erweitert**, indem man Zähler und Nenner mit derselben Zahl multipliziert. Die Größe des Bruchteils bleibt dabei gleich.

Kürzen

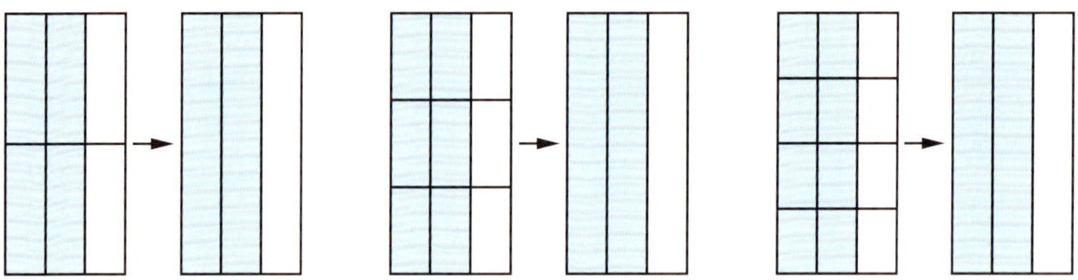

$\frac{4}{6} = \frac{4 : \mathbf{2}}{6 : \mathbf{2}} = \frac{2}{3}$ $\qquad$ $\frac{6}{9} = \frac{6 : \mathbf{3}}{9 : \mathbf{3}} = \frac{2}{3}$ $\qquad$ $\frac{8}{12} = \frac{8 : \mathbf{4}}{12 : \mathbf{4}} = \frac{2}{3}$

Ein Bruch wird **gekürzt**, indem man Zähler und Nenner durch dieselbe Zahl dividiert. Die Größe des Bruchteils bleibt dabei gleich.

8. Erweitere die Brüche **a)** mit 2; **b)** mit 3; **c)** mit 5; **d)** mit 10.

$\frac{1}{2}$ $\quad$ $\frac{2}{3}$ $\quad$ $\frac{3}{4}$ $\quad$ $\frac{4}{5}$ $\quad$ $\frac{5}{8}$ $\quad$ $\frac{2}{9}$ $\quad$ $\frac{7}{15}$ $\quad$ $\frac{1}{12}$ $\quad$ $\frac{9}{10}$

9. Wie heißt die fehlende Zahl?

a) $\frac{1}{4} = \frac{5}{\square}$ **b)** $\frac{4}{5} = \frac{12}{\square}$ **c)** $\frac{4}{3} = \frac{16}{\square}$ **d)** $\frac{6}{8} = \frac{18}{\square}$

e) $\frac{1}{2} = \frac{\square}{4}$ **f)** $\frac{2}{3} = \frac{\square}{6}$ **g)** $\frac{3}{4} = \frac{\square}{8}$ **h)** $\frac{5}{6} = \frac{\square}{12}$

$$\frac{1}{4} = \frac{3}{\square}$$
$$\frac{1}{4} = \frac{1 \cdot 3}{4 \cdot 3} = \frac{3}{12}$$

10. Erweitere auf den Nenner 20. **a)** $\frac{1}{2}$ $\frac{1}{4}$ $\frac{3}{4}$ $\frac{2}{5}$ **b)** $\frac{1}{5}$ $\frac{7}{10}$ $\frac{3}{5}$ $\frac{4}{10}$

11. Erweitere auf den Nenner 24. **a)** $\frac{1}{3}$ $\frac{2}{3}$ $\frac{3}{4}$ $\frac{5}{8}$ **b)** $\frac{1}{6}$ $\frac{3}{8}$ $\frac{1}{4}$ $\frac{5}{6}$

12. Erweitere auf den Nenner 30: **a)** $\frac{1}{6}$ $\frac{2}{5}$ $\frac{1}{2}$ $\frac{1}{3}$ **b)** $\frac{4}{5}$ $\frac{7}{10}$ $\frac{11}{15}$ $\frac{1}{3}$

13. Kürze durch 2. **a)** $\frac{4}{8}$ $\frac{6}{10}$ $\frac{2}{6}$ $\frac{8}{12}$ **b)** $\frac{8}{20}$ $\frac{6}{8}$ $\frac{10}{40}$ $\frac{12}{24}$

14. Kürze durch 3. **a)** $\frac{6}{9}$ $\frac{3}{6}$ $\frac{9}{12}$ $\frac{12}{15}$ **b)** $\frac{3}{15}$ $\frac{18}{21}$ $\frac{24}{27}$ $\frac{15}{18}$

15. Kürze durch 5. **a)** $\frac{10}{15}$ $\frac{5}{10}$ $\frac{20}{25}$ $\frac{15}{20}$ **b)** $\frac{25}{30}$ $\frac{15}{45}$ $\frac{35}{40}$ $\frac{50}{55}$

16. Wie heißt die fehlende Zahl?

a) $\frac{6}{8} = \frac{3}{\square}$ **b)** $\frac{16}{20} = \frac{4}{\square}$ **c)** $\frac{16}{40} = \frac{2}{\square}$ **d)** $\frac{9}{24} = \frac{3}{\square}$

e) $\frac{9}{12} = \frac{\square}{4}$ **f)** $\frac{12}{36} = \frac{\square}{3}$ **g)** $\frac{9}{36} = \frac{\square}{4}$ **h)** $\frac{10}{100} = \frac{\square}{10}$

$$\frac{6}{9} = \frac{2}{\square}$$
$$\frac{6}{9} = \frac{6:3}{9:3} = \frac{2}{3}$$

17. Kürze so weit wie möglich.

a) $\frac{18}{30}$ $\frac{36}{40}$ $\frac{6}{9}$ $\frac{12}{16}$ $\frac{28}{84}$ **b)** $\frac{15}{36}$ $\frac{20}{100}$ $\frac{64}{80}$ $\frac{16}{64}$ $\frac{24}{36}$

$$\frac{18}{24} \overset{2}{=} \frac{9}{12} \overset{3}{=} \frac{3}{4}$$

Brüche heißen **gleichnamig**, wenn sie denselben Nenner haben. $\frac{3}{25}, \frac{8}{25}, \frac{11}{25}$ sind gleichnamige Brüche.

Brüche können gleichnamig gemacht werden. Dazu erweitert man die Brüche auf einen gemeinsamen Nenner.

Beispiele:	$\frac{3}{4}$ und $\frac{7}{12}$	gemeinsamer Nenner: 12	$\frac{3}{4} = \frac{9}{12}$	$\frac{7}{12} = \frac{7}{12}$
	$\frac{5}{6}$ und $\frac{7}{8}$	gemeinsamer Nenner: 24	$\frac{5}{6} = \frac{20}{24}$	$\frac{7}{8} = \frac{21}{24}$
	$\frac{2}{3}$ und $\frac{4}{5}$	gemeinsamer Nenner: 15	$\frac{2}{3} = \frac{10}{15}$	$\frac{4}{5} = \frac{12}{15}$

18. Mache die beiden Brüche gleichnamig.

a) $\frac{2}{3}; \frac{5}{12}$ **b)** $\frac{4}{5}; \frac{7}{15}$ **c)** $\frac{3}{4}; \frac{9}{16}$ **d)** $\frac{11}{25}; \frac{3}{5}$ **e)** $\frac{3}{10}; \frac{1}{5}$ **f)** $\frac{3}{4}; \frac{5}{6}$ **g)** $\frac{2}{9}; \frac{1}{6}$ **h)** $\frac{7}{10}; \frac{1}{15}$

i) $\frac{1}{6}; \frac{3}{10}$ **j)** $\frac{5}{8}; \frac{5}{6}$ **k)** $\frac{1}{4}; \frac{2}{3}$ **l)** $\frac{3}{5}; \frac{3}{4}$ **m)** $\frac{5}{7}; \frac{1}{4}$ **n)** $\frac{3}{8}; \frac{2}{7}$ **o)** $\frac{4}{7}; \frac{1}{2}$ **p)** $\frac{1}{2}; \frac{4}{5}$

19. Gleichnamige Brüche sind leicht zu vergleichen. Mache die beiden Brüche gleichnamig und setze ein: <, > oder =.

a) $\frac{2}{3} \square \frac{4}{9}$ **b)** $\frac{4}{7} \square \frac{12}{21}$ **c)** $\frac{3}{4} \square \frac{13}{20}$ **d)** $\frac{5}{8} \square \frac{27}{40}$

e) $\frac{20}{24} \square \frac{5}{6}$ **f)** $\frac{2}{3} \square \frac{3}{5}$ **g)** $\frac{4}{5} \square \frac{3}{4}$ **h)** $\frac{2}{3} \square \frac{7}{8}$

i) $\frac{7}{8} \square \frac{3}{5}$ **j)** $\frac{2}{3} \square \frac{4}{7}$ **k)** $\frac{5}{8} \square \frac{7}{12}$ **l)** $\frac{7}{20} \square \frac{9}{25}$

$$\frac{3}{4} \square \frac{2}{3}$$
$$\frac{3}{4} = \frac{9}{12} \quad \frac{2}{3} = \frac{8}{12}$$
$$\frac{3}{4} > \frac{2}{3}$$

Ein Bruch, der größer als 1 ist, kann als **gemischte Zahl** geschrieben werden.

$1\frac{3}{4}$ bedeutet $1 + \frac{3}{4}$

$1\frac{3}{4} = \frac{4}{4} + \frac{3}{4} = \frac{7}{4}$

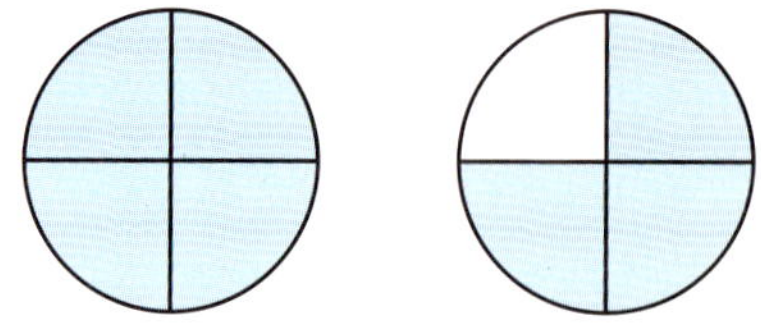

20. Schreibe als Bruch und als gemischte Zahl.

a) 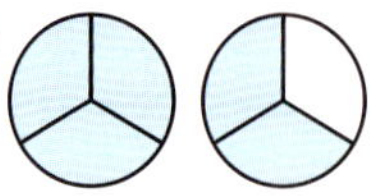 **b)** 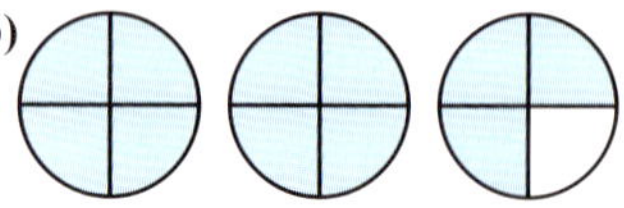 **c)** 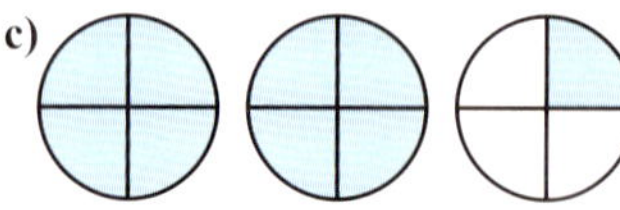

d) 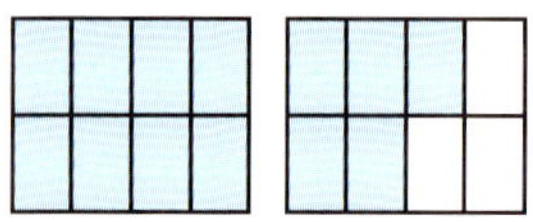 **e)** 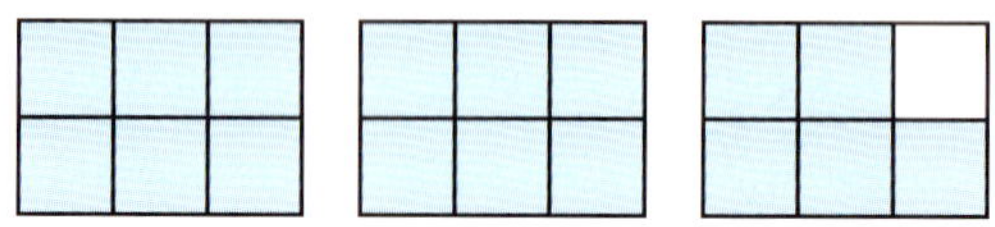

21. Schreibe als Bruch.

a) $1\frac{3}{5}$ **b)** $2\frac{1}{3}$ **c)** $3\frac{1}{4}$ **d)** $5\frac{1}{2}$ **e)** $2\frac{9}{10}$

$1\frac{2}{5} = 1 + \frac{2}{5} = \frac{5}{5} + \frac{2}{5} = \frac{7}{5}$

22. Schreibe als gemischte Zahl.

a) $\frac{7}{5}$ **b)** $\frac{13}{5}$ **c)** $\frac{13}{4}$ **d)** $\frac{41}{4}$ **e)** $\frac{45}{6}$

$\frac{11}{3} = \frac{9}{3} + \frac{2}{3} = 3 + \frac{2}{3} = 3\frac{2}{3}$

23. Schreibe als natürliche Zahl. **a)** $\frac{4}{4}$ **b)** $\frac{12}{3}$ **c)** $\frac{25}{5}$ **d)** $\frac{30}{6}$ **e)** $\frac{8}{4}$ **f)** $\frac{6}{3}$ **g)** $\frac{50}{5}$

1.2 Rechnen mit gewöhnlichen Brüchen

Gleichnamige Brüche werden **addiert** (**subtrahiert**), indem man die Zähler addiert (subtrahiert) und den Nenner beibehält.

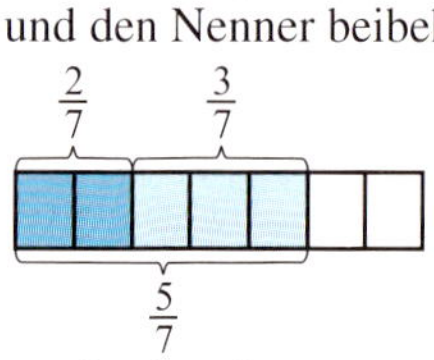

$\frac{2}{7} + \frac{3}{7} = \frac{5}{7}$

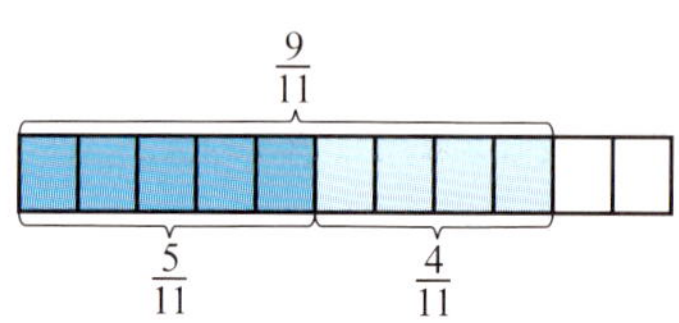

$\frac{9}{11} - \frac{4}{11} = \frac{5}{11}$

Ungleichnamige Brüche bringt man zuerst auf einen gemeinsamen Nenner.

$\frac{1}{2} + \frac{2}{5} = \square$ gemeinsamer Nenner: 10

$\frac{1}{2} + \frac{2}{5} = \frac{1 \cdot 5}{2 \cdot 5} + \frac{2 \cdot 2}{5 \cdot 2} = \frac{5}{10} + \frac{4}{10} = \frac{9}{10}$

$\frac{3}{4} - \frac{1}{6} = \square$ gemeinsamer Nenner: 12

$\frac{3}{4} - \frac{1}{6} = \frac{3 \cdot 3}{4 \cdot 3} - \frac{1 \cdot 2}{6 \cdot 2} = \frac{9}{12} - \frac{2}{12} = \frac{7}{12}$

1. **a)** $\frac{2}{7} + \frac{4}{7}$; $\frac{1}{8} + \frac{3}{8}$ **b)** $\frac{2}{9} + \frac{5}{9}$; $\frac{3}{7} + \frac{1}{7}$ **c)** $\frac{4}{15} + \frac{7}{15}$; $\frac{3}{14} + \frac{5}{14}$ **d)** $\frac{6}{7} - \frac{2}{7}$; $\frac{5}{8} - \frac{3}{8}$ **e)** $\frac{7}{10} - \frac{3}{10}$; $\frac{9}{11} - \frac{3}{11}$ **f)** $\frac{13}{20} - \frac{11}{20}$; $\frac{11}{36} - \frac{7}{36}$

2. Schreibe das Ergebnis als gemischte Zahl.

a) $\frac{3}{8} + \frac{7}{8}$; $\frac{5}{9} + \frac{7}{9}$ **b)** $\frac{3}{4} + \frac{2}{4}$; $\frac{3}{7} + \frac{5}{7}$ **c)** $\frac{7}{15} + \frac{14}{15}$; $\frac{6}{11} + \frac{9}{11}$ **d)** $\frac{7}{10} + \frac{7}{10}$; $\frac{5}{12} + \frac{7}{12}$ **e)** $\frac{8}{15} + \frac{11}{15}$; $\frac{9}{20} + \frac{19}{20}$ **f)** $\frac{29}{36} + \frac{11}{36}$; $\frac{17}{25} + \frac{13}{25}$

3. **a)** $3\frac{4}{9}+2\frac{1}{9}$ **b)** $4\frac{1}{5}+6\frac{2}{5}$ **c)** $2\frac{5}{7}+\frac{3}{7}$ **d)** $1\frac{3}{8}+3\frac{7}{8}$

$4\frac{1}{3}+2\frac{1}{3}$ $7\frac{1}{4}+3\frac{1}{4}$ $4\frac{5}{8}+\frac{7}{8}$ $5\frac{3}{10}+1\frac{9}{10}$

$6\frac{5}{8}+1\frac{1}{8}$ $2\frac{1}{9}+5\frac{4}{9}$ $2\frac{9}{10}+\frac{7}{10}$ $3\frac{6}{7}+1\frac{3}{7}$

$$5\frac{3}{7}+1\frac{5}{7}=5+\frac{3}{7}+1+\frac{5}{7}=6+\frac{8}{7}=7\frac{1}{7}$$

4. **a)** $4\frac{4}{5}-2\frac{3}{5}$ **b)** $3\frac{5}{7}-1\frac{2}{7}$ **c)** $3\frac{1}{4}-\frac{3}{4}$ **d)** $8\frac{1}{4}-2\frac{3}{4}$

$5\frac{6}{7}-1\frac{2}{7}$ $5\frac{5}{9}-2\frac{4}{9}$ $5\frac{5}{8}-\frac{7}{8}$ $8\frac{2}{7}-3\frac{5}{7}$

$7\frac{5}{8}-2\frac{3}{8}$ $7\frac{7}{10}-5\frac{3}{10}$ $6\frac{1}{9}-\frac{5}{9}$ $3\frac{1}{10}-1\frac{7}{10}$

$$5\frac{2}{9}-2\frac{7}{9}=3+\frac{2}{9}-\frac{7}{9}=2+\frac{11}{9}-\frac{7}{9}=2\frac{4}{9}$$

5. **a)** $\frac{4}{9}+\frac{1}{2}$ **b)** $\frac{3}{11}+\frac{2}{3}$ **c)** $\frac{5}{6}+\frac{1}{15}$ **d)** $\frac{3}{4}-\frac{1}{3}$ **e)** $\frac{3}{4}-\frac{3}{11}$ **f)** $\frac{5}{8}-\frac{1}{6}$

$\frac{1}{6}+\frac{4}{7}$ $\frac{3}{4}+\frac{1}{5}$ $\frac{1}{10}+\frac{3}{8}$ $\frac{4}{5}-\frac{1}{2}$ $\frac{9}{10}-\frac{1}{3}$ $\frac{3}{4}-\frac{1}{6}$

6. Schreibe das Ergebnis als gemischte Zahl.

a) $\frac{3}{4}+\frac{5}{8}$ **b)** $\frac{1}{2}+\frac{3}{4}$ **c)** $\frac{3}{5}+\frac{2}{3}$ **d)** $\frac{4}{7}+\frac{5}{8}$ **e)** $\frac{5}{6}+\frac{3}{4}$ **f)** $\frac{5}{8}+\frac{5}{6}$

$\frac{2}{3}+\frac{5}{6}$ $\frac{7}{10}+\frac{1}{2}$ $\frac{3}{7}+\frac{3}{4}$ $\frac{3}{10}+\frac{7}{9}$ $\frac{7}{9}+\frac{5}{6}$ $\frac{9}{10}+\frac{3}{4}$

7. **a)** $3\frac{1}{2}+\frac{1}{4}$ **b)** $4\frac{1}{5}+2\frac{1}{2}$ **c)** $3\frac{3}{4}+5\frac{1}{6}$ **d)** $7\frac{3}{4}-\frac{1}{2}$ **e)** $3\frac{1}{2}-1\frac{2}{5}$ **f)** $5\frac{3}{4}-1\frac{1}{6}$

$5\frac{1}{6}+\frac{2}{3}$ $3\frac{1}{3}+4\frac{1}{2}$ $1\frac{2}{9}+3\frac{1}{6}$ $8\frac{2}{3}-\frac{1}{6}$ $4\frac{5}{8}-2\frac{1}{3}$ $8\frac{7}{8}-2\frac{7}{10}$

8. **a)** $5\frac{7}{8}+\frac{1}{4}$ **b)** $2\frac{1}{2}+4\frac{3}{5}$ **c)** $5\frac{5}{9}+3\frac{5}{6}$ **d)** $8\frac{1}{4}-\frac{1}{2}$ **e)** $7\frac{1}{4}-1\frac{2}{3}$ **f)** $3\frac{1}{4}-2\frac{7}{10}$

$6\frac{1}{3}+\frac{5}{6}$ $3\frac{7}{8}+2\frac{1}{3}$ $7\frac{7}{8}+2\frac{1}{6}$ $3\frac{1}{3}-\frac{5}{6}$ $6\frac{5}{8}-2\frac{4}{5}$ $5\frac{3}{8}-1\frac{5}{6}$

Brüche werden **multipliziert**, indem man Zähler mit Zähler und Nenner mit Nenner multipliziert.

$$\frac{3}{5}\cdot\frac{3}{4}=\frac{3\cdot 3}{5\cdot 4}=\frac{9}{20}$$

$$\frac{3}{4}\cdot\frac{5}{6}=\frac{{}^{1}\cancel{3}\cdot 5}{4\cdot\cancel{6}_{2}}=\frac{5}{8}$$

$$\frac{3}{4}\cdot\frac{10}{21}=\frac{{}^{1}\cancel{3}\cdot\cancel{10}^{5}}{{}_{2}\cancel{4}\cdot\cancel{21}_{7}}=\frac{5}{14}$$

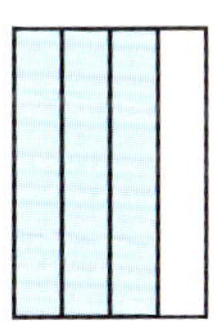

$\frac{3}{4}$

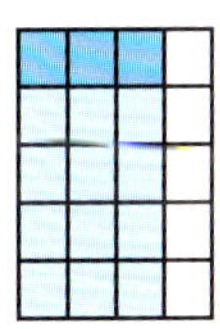

$\frac{1}{5}$ von $\frac{3}{4}$

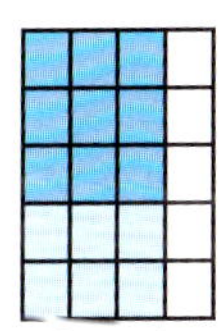

$\frac{3}{5}$ von $\frac{3}{4}$

9. **a)** $\frac{1}{2}\cdot\frac{1}{5}$ **b)** $\frac{2}{3}\cdot\frac{5}{7}$ **c)** $\frac{3}{4}\cdot\frac{2}{7}$ **d)** $\frac{4}{5}\cdot\frac{3}{4}$ **e)** $\frac{5}{7}\cdot\frac{7}{10}$ **f)** $\frac{5}{6}\cdot\frac{3}{10}$

$\frac{1}{3}\cdot\frac{1}{6}$ $\frac{1}{2}\cdot\frac{3}{5}$ $\frac{4}{5}\cdot\frac{10}{11}$ $\frac{5}{7}\cdot\frac{2}{5}$ $\frac{4}{9}\cdot\frac{3}{4}$ $\frac{8}{10}\cdot\frac{5}{12}$

10. Schreibe zuerst die natürliche Zahl als Bruch, dann rechne.

a) $3\cdot\frac{2}{7}$ **b)** $\frac{2}{3}\cdot 5$ **c)** $4\cdot\frac{3}{8}$ **d)** $6\cdot\frac{1}{10}$ **e)** $\frac{3}{10}\cdot 5$

$5\cdot\frac{3}{4}$ $\frac{1}{2}\cdot 7$ $7\cdot\frac{3}{14}$ $8\cdot\frac{1}{6}$ $\frac{5}{6}\cdot 4$

$9\cdot\frac{4}{5}$ $\frac{7}{8}\cdot 9$ $8\cdot\frac{3}{4}$ $3\cdot\frac{5}{12}$ $\frac{7}{8}\cdot 6$

$11\cdot\frac{5}{8}$ $\frac{5}{9}\cdot 6$ $5\cdot\frac{7}{10}$ $8\cdot\frac{3}{20}$ $\frac{3}{4}\cdot 10$

$$6\cdot\frac{5}{8}=\frac{6}{1}\cdot\frac{5}{8}=\frac{{}^{3}\cancel{6}\cdot 5}{1\cdot\cancel{8}_{4}}=\frac{15}{4}=3\frac{3}{4}$$

11. Schreibe gemischte Zahlen als Brüche, dann rechne.

a) $\frac{1}{4} \cdot 2\frac{1}{3}$ $\frac{3}{5} \cdot 2\frac{3}{4}$ $\frac{2}{5} \cdot 1\frac{1}{3}$ $\frac{3}{7} \cdot 2\frac{1}{2}$

b) $2\frac{4}{5} \cdot \frac{3}{7}$ $4\frac{1}{2} \cdot \frac{1}{3}$ $1\frac{1}{5} \cdot \frac{5}{6}$ $3\frac{1}{3} \cdot \frac{3}{5}$

c) $5\frac{1}{2} \cdot 3$ $1\frac{3}{4} \cdot 5$ $2\frac{1}{8} \cdot 4$ $4\frac{3}{4} \cdot 2$

d) $3\frac{1}{5} \cdot 1\frac{1}{4}$ $5\frac{1}{3} \cdot 4\frac{1}{2}$ $1\frac{1}{9} \cdot 1\frac{4}{5}$ $2\frac{2}{3} \cdot 1\frac{7}{8}$

e) $1\frac{1}{2} \cdot 1\frac{2}{3}$ $2\frac{1}{4} \cdot 4\frac{2}{3}$ $1\frac{5}{7} \cdot 1\frac{1}{2}$ $2\frac{5}{8} \cdot 2\frac{1}{3}$

$$1\frac{2}{7} \cdot 2\frac{5}{8} = \frac{9}{7} \cdot \frac{21}{8} = \frac{9 \cdot \cancel{21}^{3}}{{}_{1}\cancel{7} \cdot 8} = \frac{27}{8} = 3\frac{3}{8}$$

12. Beachte: Punktrechnung geht vor Strichrechnung.

a) $\frac{4}{15} + \frac{2}{3} \cdot \frac{4}{5}$ $\frac{3}{16} + \frac{5}{8} \cdot \frac{1}{2}$

b) $\frac{1}{24} + \frac{5}{6} \cdot \frac{1}{4}$ $\frac{5}{18} + \frac{1}{2} \cdot \frac{7}{9}$

c) $\frac{5}{9} \cdot \frac{3}{4} + \frac{1}{4}$ $\frac{1}{5} \cdot \frac{3}{8} + \frac{1}{4}$

d) $\frac{2}{3} \cdot \frac{3}{4} + \frac{1}{8}$ $\frac{1}{6} \cdot \frac{1}{5} + \frac{2}{15}$

e) $\frac{3}{5} \cdot \frac{5}{8} - \frac{1}{4}$ $\frac{3}{7} \cdot \frac{8}{9} - \frac{1}{3}$

f) $\frac{4}{5} \cdot \frac{10}{11} - \frac{5}{11}$ $\frac{2}{3} \cdot \frac{5}{7} - \frac{1}{3}$

g) $\frac{6}{7} \cdot \frac{5}{12} - \frac{1}{2} \cdot \frac{3}{7}$ $\frac{4}{5} \cdot \frac{2}{3} - \frac{1}{3} \cdot \frac{1}{5}$

h) $\frac{7}{8} \cdot \frac{2}{5} - \frac{1}{4} \cdot \frac{2}{5}$ $\frac{2}{9} \cdot \frac{3}{4} - \frac{1}{3} \cdot \frac{1}{4}$

$$\frac{2}{3} + \frac{7}{8} \cdot \frac{4}{9} = \frac{2}{3} + \frac{7 \cdot \cancel{4}^{1}}{{}_{2}\cancel{8} \cdot 9} = \frac{2}{3} + \frac{7}{18} = \frac{12}{18} + \frac{7}{18} = \frac{19}{18} = 1\frac{1}{18}$$

Die Division ist die Umkehrung der Mulitplikation.
Durch einen Bruch wird **dividiert**, indem man mit dem Kehrbruch multipliziert.

$\frac{2}{3} : \frac{3}{4} = \frac{2}{3} \cdot \frac{4}{3} = \frac{2 \cdot 4}{3 \cdot 3} = \frac{8}{9}$ $\frac{9}{20} : \frac{3}{4} = \frac{9}{20} \cdot \frac{4}{3} = \frac{{}^{3}\cancel{9} \cdot \cancel{4}^{1}}{{}_{5}\cancel{20} \cdot \cancel{3}_{1}} = \frac{3}{5}$

$\frac{3}{4} : 5 = \frac{3}{4} : \frac{5}{1} = \frac{3}{4} \cdot \frac{1}{5} = \frac{3 \cdot 1}{4 \cdot 5} = \frac{3}{20}$ $7 : \frac{2}{3} = \frac{7}{1} : \frac{2}{3} = \frac{7}{1} \cdot \frac{3}{2} = \frac{7 \cdot 3}{1 \cdot 2} = \frac{21}{2} = 10\frac{1}{2}$

13.

a) $\frac{5}{9} : \frac{7}{9}$ $\frac{3}{7} : \frac{6}{7}$ $\frac{6}{7} : \frac{3}{7}$

b) $\frac{2}{9} : \frac{8}{9}$ $\frac{2}{5} : \frac{3}{5}$ $\frac{4}{11} : \frac{2}{11}$

c) $\frac{5}{9} : \frac{10}{13}$ $\frac{16}{17} : \frac{8}{9}$ $\frac{15}{19} : \frac{5}{17}$

d) $\frac{5}{7} : \frac{10}{21}$ $\frac{7}{9} : \frac{28}{45}$ $\frac{24}{25} : \frac{4}{5}$

e) $\frac{6}{21} : \frac{15}{28}$ $\frac{25}{28} : \frac{15}{16}$ $\frac{36}{49} : \frac{12}{35}$

f) $\frac{4}{15} : \frac{8}{9}$ $\frac{4}{21} : \frac{6}{35}$ $\frac{16}{35} : \frac{28}{49}$

14. Schreibe zuerst die natürliche Zahl als Bruch, dann rechne.

a) $\frac{1}{5} : 3$ $\frac{1}{4} : 5$

b) $\frac{5}{8} : 3$ $\frac{3}{10} : 7$

c) $\frac{4}{5} : 2$ $\frac{14}{17} : 7$

d) $5 : \frac{4}{7}$ $7 : \frac{1}{2}$

e) $3 : \frac{5}{8}$ $2 : \frac{3}{5}$

f) $4 : \frac{2}{5}$ $8 : \frac{4}{7}$

15. Schreibe zuerst gemischte Zahlen als Brüche, dann rechne.

a) $2\frac{2}{9} : \frac{5}{18}$ $3\frac{4}{7} : \frac{5}{14}$ $2\frac{3}{5} : \frac{1}{10}$

b) $\frac{1}{2} : 3\frac{1}{2}$ $\frac{11}{12} : 2\frac{3}{4}$ $\frac{5}{7} : 1\frac{1}{14}$

c) $3\frac{3}{8} : 4\frac{1}{2}$ $1\frac{1}{6} : 3\frac{1}{2}$ $1\frac{1}{6} : 1\frac{3}{4}$

d) $3\frac{4}{5} : 3\frac{1}{6}$ $6\frac{1}{4} : 2\frac{1}{2}$ $2\frac{5}{8} : 1\frac{1}{4}$

$$6\frac{1}{4} : 1\frac{2}{3} = \frac{25}{4} : \frac{5}{3} = \frac{25}{4} \cdot \frac{3}{5} = \frac{{}^{5}\cancel{25} \cdot 3}{4 \cdot \cancel{5}_{1}} = \frac{15}{4} = 3\frac{3}{4}$$

16. Berechne wie im Beispiel.

a) $5 : 7$ $3 : 8$

b) $6 : 9$ $4 : 6$

c) $18 : 30$ $56 : 63$

d) $28 : 35$ $72 : 81$

e) $49 : 28$ $56 : 42$

$$6 : 13 = \frac{6}{1} : \frac{13}{1} = \frac{6}{1} \cdot \frac{1}{13} = \frac{6}{13}$$

1.3 Sachaufgaben zur Bruchrechnung

1. Für ein erfrischendes Getränk mischt Lukas in einer Kanne $\frac{1}{2}$ *l* Orangensaft, $\frac{1}{10}$ *l* Ananassaft und $\frac{1}{4}$ *l* Mineralwasser. Wie viel Liter Flüssigkeit sind in der Kanne?

2. Herr Horten kauft ein: $\frac{3}{4}$ kg Tomaten, $1\frac{1}{2}$ kg Äpfel, $2\frac{1}{2}$ kg Kartoffeln. Wie viel Kilogramm hat Herr Horten zu tragen?

3. In einer Flasche sind $\frac{7}{10}$ *l* Apfelsaft. Anna schenkt $\frac{1}{4}$ *l* Saft in ein Glas. Wie viel Liter Saft sind noch in der Flasche?

4. Von einem Ballen Stoff schneidet die Verkäuferin ab: $2\frac{1}{4}$ m, $3\frac{1}{2}$ m und $1\frac{1}{4}$ m. Wie viel Meter Stoff wurden insgesamt abgeschnitten?

5. Familie Scheffler braucht jeden Tag $\frac{3}{4}$ *l* Milch. Wie viel Liter Milch verbraucht die Familie in der Woche?

6. Ein rechteckiges Grundstück ist 84 m lang. Die Breite des Grundstücks beträgt $\frac{5}{7}$ der Länge. Wie breit ist das Grundstück?

7. Ein Rundholz ist 135 cm lang. Es wird mit $\frac{3}{5}$ seiner Länge in die Erde gerammt. Wie lang ist das Teilstück, das aus dem Boden ragt?

8. Drei Freunde haben im Lotto 3 696 € gewonnen. Der erste erhält die Hälfte, der zweite ein Drittel des Gewinns. Wie viel Euro bekommt jeder der drei Spieler?

9. In einem Krug ist $\frac{1}{2}$ *l* Milch. Die Milch wird gleichmäßig an 3 Kinder verteilt. Wie viel Liter Milch bekommt jedes Kind?

10. Maximilian füllt in das Verdunstungsgefäß über der Heizung $1\frac{1}{4}$ *l* Wasser. Als er nach einigen Tagen nachsieht, ist $\frac{1}{5}$ der Flüssigkeitsmenge verdunstet. Wie viel Liter Wasser sind verdunstet?

11. Auf einer Rolle sind $2\frac{3}{4}$ m Eisendraht. Wie viele Stücke von $\frac{1}{4}$ m Länge können davon abgeschnitten werden?

12. Im Supermarkt stehen 18 Becher Sahne im Kühlregal. In jedem Becher ist $\frac{1}{8}$ *l* Sahne. Wie viel Liter Sahne sind es insgesamt?

13. In der Bäckerei werden 30 Tüten Mehl angeliefert. In jeder Tüte sind $2\frac{1}{2}$ kg Mehl. Wie viel Kilogramm Mehl werden geliefert?

14. In der Mosterei werden 28 *l* Himbeersaft in Flaschen abgefüllt. Jede Flasche fasst $\frac{7}{10}$ *l*. Wie viele Flaschen werden gebraucht?

15. Eine Firma verkauft $\frac{3}{4}$ ihrer Waren in das Ausland, davon $\frac{2}{5}$ nach Amerika. Welcher Anteil der Waren wird nach Amerika verkauft?

16. Beim Schulfest wurde ein Gewinn von 855 € erzielt. Davon sollen $\frac{4}{5}$ für die Bücherei ausgegeben werden. Für den Restbetrag werden Pflanzen für den Schulgarten gekauft. Wie viel Euro werden für Bücher ausgegeben, wie viel Euro für Pflanzen?

1.4 Dezimalbrüche

Brüche mit den Nennern 10, 100, 1 000, … kann man als **Dezimalbrüche** mit Komma schreiben.
Die erste Stelle rechts vom Komma gibt die *Zehntel*, die zweite Stelle die *Hundertstel*, die dritte die *Tausendstel*, … an.

Bruch	E	z $\frac{1}{10}$	h $\frac{1}{100}$	t $\frac{1}{1000}$	**Dezimalbruch**
$\frac{7}{10}$	0	7			0,7
$\frac{35}{100}$	0	3	5		0,35
$\frac{297}{1000}$	0	2	9	7	0,297
$1\frac{704}{1000}$	1	7	0	4	1,704

1. Schreibe als Dezimalbruch.

a) $\frac{9}{10}$; $\frac{8}{10}$; $\frac{7}{100}$; $\frac{2}{1000}$; $\frac{3}{10000}$ **b)** $\frac{21}{100}$; $\frac{483}{1000}$; $\frac{2759}{10000}$; $\frac{34}{10}$; $\frac{528}{1000}$

c) $\frac{27}{100}$; $\frac{27}{1000}$; $\frac{460}{1000}$; $\frac{381}{1000}$; $\frac{5892}{10000}$ **d)** $1\frac{7}{10}$; $4\frac{21}{100}$; $16\frac{7}{100}$; $2\frac{777}{1000}$; $99\frac{9}{1000}$

2. Schreibe als Bruch. Kürze, falls möglich.
a) 0,7; 0,09; 0,15 **b)** 0,024; 0,125; 0,002
c) 0,25; 0,50; 0,025 **d)** 0,10; 0,6; 0,250

$0{,}75 = \frac{75^{3}}{100_{4}} = \frac{3}{4}$

3. Schreibe als gemischte Zahl. Kürze, falls möglich.
a) 2,5; 12,1; 3,8 **b)** 4,04; 10,25; 8,75 **c)** 3,6; 2,25; 5,75

$37{,}5 = 37\frac{5^{1}}{10_{2}} = 37\frac{1}{2}$

4. Erweitere auf einen Bruch mit dem Nenner 10, 100, 1 000, …
Dann schreibe als Dezimalbruch mit Komma.

a) $\frac{1}{2}$; $\frac{4}{5}$; $\frac{2}{5}$; $\frac{1}{4}$; $\frac{3}{4}$ **b)** $\frac{3}{5}$; $\frac{3}{2}$; $\frac{8}{5}$; $\frac{21}{5}$; $\frac{5}{2}$ **c)** $\frac{1}{8}$; $\frac{6}{8}$; $\frac{1}{25}$; $\frac{3}{25}$; $\frac{30}{25}$

$\frac{3}{8} = \frac{3 \cdot 125}{8 \cdot 125} = \frac{375}{1000}$
$= 0{,}375$

5. Kürze durch 10 oder durch 100. Schreibe wie im Beispiel.

a) $\frac{70}{100}$; $\frac{700}{1000}$; $\frac{50}{100}$; $\frac{380}{100}$ **b)** $\frac{420}{1000}$; $\frac{6300}{1000}$; $\frac{20}{1000}$; $\frac{110}{1000}$

$\frac{90}{1000} = \frac{9}{100} = 0{,}09$

6. Verwandle durch Dividieren in einen Dezimalbruch.

a) $\frac{4}{5}$; $\frac{13}{4}$; $\frac{5}{8}$ **b)** $\frac{3}{8}$; $\frac{27}{8}$; $\frac{6}{5}$ **c)** $\frac{3}{25}$; $\frac{7}{20}$; $\frac{17}{20}$

$\frac{9}{40} = 9 : 40 = 0{,}225$

7. Setze das richtige Zeichen ein: <, > oder =.

a) 0,74 ■ 0,741
0,38 ■ 0,380
b) 2,034 ■ 2,304
0,925 ■ 0,95
c) 6,27 ■ 6,270
0,85 ■ 0,848
d) 8,671 ■ 8,617
2,757 ■ 2,577

8. Erweitere die Dezimalbrüche auf die gleiche Stellenanzahl hinter dem Komma, dann schreibe sie der Größe nach geordnet auf.

a) 0,37; 0,368; 0,4 **b)** 2,7; 2,71; 2,705
c) 1,832; 1,38; 1,8 **d)** 0,5; 0,485; 0,53
e) 0,64; 0,499; 0,9 **f)** 1,35; 1,3; 1,305

0,254
0,24 = 0,240
0,3 = 0,300
0,240 < 0,254 < 0,300

9. Schreibe als Dezimalbrüche. Dann ordne der Größe nach.

a) $3\frac{1}{10}$; $\frac{3}{100}$; $\frac{3}{10}$; $\frac{31}{100}$ **b)** $\frac{7}{10}$; $\frac{73}{100}$; $7\frac{3}{10}$; $\frac{7}{100}$; $\frac{3}{10}$

1.5 Rechnen mit Dezimalbrüchen

Zur schriftlichen **Addition** und **Subtraktion** von Dezimalbrüchen schreibt man Komma unter Komma und rechnet wie mit natürlichen Zahlen.

22,496 + 3,21 + 0,0537:

$$\begin{array}{r} 22{,}4960 \\ +\ \ 3{,}2100 \\ +\ \ 0{,}0537 \\ \hline 25{,}7597 \end{array}$$

3,21 – 0,0537:

$$\begin{array}{r} 3{,}2100 \\ -\ 0{,}0537 \\ \hline 3{,}1563 \end{array}$$

1.

a)	**b)**	**c)**	**d)**	**e)**
2,5 + 1,3	65,9 + 17,3	418,13 + 36,7	14,35 + 7,2	14,651 + 3,8 + 0,84
3,2 + 4,7	24,4 + 9,8	12,79 + 0,43	56,08 + 4,7	3,74 + 12,213 + 1,26
10,1 + 8,4	7,6 + 35,2	0,9 + 83,71	0,6 + 12,549	8,1 + 4,1257 + 17
0,8 + 0,4	6,4 + 15,9	6,8 + 18,38	16,34 + 33,8	6,7 + 3,05 + 7,98

2.

a)	**b)**	**c)**	**d)**	**e)**
4,7 – 2,4	68,25 – 17,3	17,432 – 3,57	50,28 – 47,6	8,27 – 0,8 – 1,25
5,8 – 1,5	4,3 – 1,27	0,9 – 0,135	81,79 – 6,095	3,7 – 0,44 – 3,12
14,6 – 2,3	6,8 – 2,55	8,62 – 0,9	35,4 – 7,28	9,65 – 0,2 – 8,3
7,4 – 0,5	9,7 – 3,68	2,005 – 1,23	16,03 – 1,25	7,2 – 5,33 – 1

Dezimalbrüche werden zunächst wie natürliche Zahlen **multipliziert**.
Anschließend wird das Komma so gesetzt, dass das Ergebnis hinter dem Komma so viele Stellen hat wie die beiden Faktoren zusammen.

$$\begin{array}{r} \underline{2{,}36 \cdot 6{,}5} \\ 14\ 16 \\ 1\ 180 \\ \hline 15{,}340 \end{array}$$

2,36 und 6,5 haben zusammen 3 Stellen hinter dem Komma.
Daher hat das Ergebnis 3 Stellen hinter dem Komma.

3. Multipliziere wie im Beispiel.

a)	4,68 · 10	4,68 · 100	4,68 · 1 000
b)	12,9 · 10	12,9 · 100	12,9 · 1 000
c)	0,375 · 10	0,375 · 100	0,375 · 1 000

12,15 · 10 = 121,5
12,15 · 100 = 1 215
12,15 · 1 000 = 12 150

4.

a)	**b)**	**c)**	**d)**	**e)**	**f)**
0,6 · 8	4 · 0,5	8 · 0,9	1,4 · 2	0,05 · 6	0,5 · 0,6
0,7 · 4	7 · 0,7	4 · 0,3	2,3 · 3	0,03 · 4	0,4 · 0,9
0,9 · 2	3 · 0,6	5 · 0,8	1,3 · 3	0,04 · 2	0,8 · 0,3

5.

a)	**b)**	**c)**	**d)**	**e)**	**f)**
0,5 · 30	30 · 0,2	20 · 0,5	1,1 · 20	0,02 · 20	0,05 · 20
0,8 · 20	40 · 0,1	50 · 0,6	2,3 · 30	0,03 · 30	0,08 · 50
0,4 · 20	50 · 0,3	40 · 0,5	1,2 · 40	0,04 · 20	0,05 · 60

6.

a)	**b)**	**c)**	**d)**	**e)**
3,5 · 8	37 · 9,5	0,6 · 1,7	16,15 · 14,3	0,65 · 0,84
10,41 · 12	25 · 7,28	4,8 · 9,5	7,5 · 20,12	1,27 · 6,93
25,13 · 35	6 · 3,085	12,5 · 8,2	9,624 · 7,3	10,01 · 5,24
17,02 · 23	8 · 2,956	14,3 · 7,4	2,67 · 8,54	21,36 · 9,85

Ein Dezimalbruch wird **durch eine natürliche Zahl dividiert**, indem man ihn wie eine natürliche Zahl dividiert. Sobald das Komma bei der Rechnung überschritten wird, setzt man auch im Ergebnis das Komma.

```
136,45 : 5 = 27,29
10
 36
 35   (Komma setzen)
  1 4
  1 0
    45
    45
     0
```

7. Dividiere wie im Beispiel.

a)	512,2 : 10	512,2 : 100	512,2 : 1 000
b)	36,1 : 10	36,1 : 100	36,1 : 1 000
c)	1,85 : 10	1,85 : 100	11,85 : 1 000

438,5 : 10 = 43,85
438,5 : 100 = 4,385
438,5 : 1 000 = 0,4385

8.

a)	**b)**	**c)**	**d)**	**e)**	**f)**
0,8 : 2	4,8 : 8	6,3 : 9	5,4 : 6	1,8 : 3	2,4 : 2
1,5 : 3	3,5 : 7	6,3 : 7	7,2 : 9	2,4 : 6	4,8 : 3

9.

a)	**b)**	**c)**	**d)**	**e)**	**f)**
0,18 : 2	0,12 : 3	0,25 : 5	0,42 : 6	0,1 : 2	0,3 : 5
0,16 : 2	0,12 : 4	0,16 : 4	0,56 : 8	0,2 : 4	0,3 : 6

10.

a)	**b)**	**c)**	**d)**	**e)**
23,8 : 7	31,44 : 6	0,104 : 4	5,409 : 9	60,48 : 12
36,9 : 5	23,94 : 6	0,822 : 6	3,829 : 7	78,43 : 11
18,8 : 8	32,85 : 9	0,721 : 7	1,976 : 8	41,99 : 19

Ein Dezimalbruch wird **durch einen Dezimalbruch dividiert**, indem man das Komma bei beiden Zahlen um gleich viele Stellen nach rechts versetzt, und zwar so, dass durch eine natürliche Zahl dividiert wird.

5,244 : 1,2 = 52,44 : 12

16,705 : 0,25 = 1670,5 : 25

11.

a)	**b)**	**c)**	**d)**	**e)**	**f)**
3,5 : 0,7	6,4 : 0,8	8,1 : 0,9	12 : 0,6	56 : 0,8	1,6 : 0,04
4,2 : 0,6	2,4 : 0,4	3,2 : 0,8	15 : 0,3	54 : 0,9	2,8 : 0,07
5,6 : 0,8	3,6 : 0,9	4,9 : 0,7	18 : 0,9	49 : 0,7	1,2 : 0,03

12.

a)	**b)**	**c)**	**d)**	**e)**
0,6 : 0,5	2,07 : 0,9	22,82 : 0,7	13,5 : 1,5	11,57 : 0,05
8,4 : 0,7	1,904 : 0,8	15,66 : 0,9	6,8 : 1,7	73,5 : 0,03
9,6 : 0,8	3,36 : 0,6	19,52 : 0,4	13,3 : 1,9	177,8 : 0,07

13.

a)	**b)**	**c)**	**d)**	**e)**
24,99 : 5,1	0,0465 : 0,15	3,995 : 0,17	29,889 : 8,1	330,4 : 0,14
10,35 : 2,3	0,1224 : 0,12	7,011 : 0,19	91,884 : 3,9	14,8 : 0,16
12,92 : 1,9	0,5652 : 0,18	5,616 : 0,18	88,128 : 5,1	118,4 : 0,32

14. Schreibe beide Zahlen als Bruch und rechne.
Dann schreibe beide Zahlen als Dezimalbruch und rechne.

a)	**b)**	**c)**	**d)**
$0{,}56 : \frac{1}{2}$	$0{,}72 : \frac{1}{5}$	$\frac{3}{4} : 0{,}1$	$\frac{1}{4} : 0{,}2$
$0{,}42 : \frac{1}{4}$	$0{,}84 : \frac{2}{5}$	$\frac{3}{5} : 0{,}4$	$\frac{3}{5} : 0{,}3$

$0{,}35 : \frac{1}{4} = \frac{35}{100} : \frac{1}{4}$

$0{,}35 : \frac{1}{4} = 0{,}35 : 0{,}25$

1.6 Runden und Überschlagsrechnungen mit Dezimalbrüchen

Die Regel für das **Runden** von natürlichen Zahlen gilt auch für Dezimalbrüche.
Es wird abgerundet, wenn die nächstfolgende Ziffer 0, 1, 2, 3 oder 4 ist.
Es wird aufgerundet, wenn die nächstfolgende Ziffer 5, 6, 7, 8 oder 9 ist.

7,2463 auf Tausendstel gerundet ≈ 7,246 | 7,2463 auf Zehntel gerundet ≈ 7,2
7,2463 auf Hundertstel gerundet ≈ 7,25 | 7,2463 auf Einer gerundet ≈ 7

1. Runde auf die angegebene Stelle.

a) Einer: 12,9 26,4 31,38 106,72 38,167 49,904
b) Zehntel: 19,38 7,04 12,15 8,249 17,348 26,771
c) Hundertstel: 13,123 3,679 5,299 26,331 8,009 16,301
d) Tausendstel: 0,6753 1,7777 2,0009 6,9901 3,7899 4,9999

2. Runde auf die übliche Stellenzahl.

a) 15,612 € 119,251 €
b) 7,562 m 0,745 m
c) 12,43 cm 96,39 cm
d) 9,3759 kg 0,6999 kg
e) 0,5287 km 3,7398 km

3. Runde das Ergebnis sinnvoll.

a) 2,35 € · 6,1; 23,17 € · 20,5; 22,87 € · 3,4
b) 16,50 € : 4; 23,40 € : 8; 8,88 € : 5
c) 7,5 cm · 4,9; 15,8 cm · 6,4; 43,6 cm · 5,6
d) 2,7 cm : 4; 2,5 cm : 8; 17,1 cm : 2
e) 2,352 kg · 6,4; 1,125 kg · 8,3; 3,675 kg · 2,6

Beim **Überschlag** rechnet man mit gerundeten Zahlen. Man rundet so, dass man leicht rechnen kann. Mit Hilfe einer Überschlagsrechnung kann man prüfen, ob die Größenordnung eines Ergebnisses richtig ist.

4. Welches Ergebnis ist falsch? Begründe mithilfe des Überschlags.

Aufgabe:	7,25 · 29,3	25,06 · 8,3	286,3 · 11,7	819 : 22,5
Überschlag:	7 · 30 = 210	30 · 8 = 240	300 · 10 = 3 000	800 : 20 = 40
Ergebnis:	212,425 oder 21,2425	2079,98 oder 207,998	334,971 oder 3 349,71	36,4 oder 3,64

5. Überschlage zuerst, dann rechne schriftlich.

a) 1,8 · 7,2; 0,9 · 6,4; 2,1 · 5,7
b) 17,8 · 9,6; 49,5 · 4,7; 62,4 · 3,8
c) 21,8 · 0,4; 47,4 · 4,3; 38,6 · 6,2
d) 12,3 · 11,4; 98,2 · 33,4; 24,9 · 48,3
e) 72,3 · 18,4; 47,6 · 31,5; 17,2 · 29,3

6. Überschlage zuerst, dann rechne schriftlich. Kontrolliere das Ergebnis durch die Probe.

a) 87,71 : 7; 63,27 : 9; 57,44 : 4
b) 435,6 : 5; 311,7 : 4; 435,6 : 6
c) 687,3 : 3; 257,4 : 9; 171,2 : 8
d) 19,44 : 0,9; 1,96 : 0,8; 2,38 : 0,7
e) 283,56 : 1,2; 357,45 : 1,5; 407,17 : 1,9

2 Rechnen mit Größen

2.1 Längen

1 km	$\xleftarrow{\cdot 1000}$	1 m	$\xleftarrow{\cdot 10}$	1 dm	$\xleftarrow{\cdot 10}$	1 cm	$\xleftarrow{\cdot 10}$	1 mm
1000 m		10 dm		10 cm		10 mm		
1 km	$\xrightarrow{:1000}$	1 m	$\xrightarrow{:10}$	1 dm	$\xrightarrow{:10}$	1 cm	$\xrightarrow{:10}$	1 mm
		0,001 km		0,1 m		0,1 dm		0,1 cm

1. Schreibe als mm.
a) 2 cm; 8,1 cm; 10 cm **b)** 16 cm; 40 cm; $\frac{1}{2}$ cm

5,3 cm = 53 mm

2. Schreibe wie im Beispiel.
2,53 m; 4,36 m; 5,08 m; 5,80 m; 14,70 m

2,74 m = 2 m 74 cm = 274 cm

3. Schreibe als cm. Beachte: 2,5 m = 2,50 m.
a) 1,5 m; 2,7 m; 4,5 m; 0,5 m; 3,1 m **b)** 3,8 m; 7,5 m; 1,5 m; 10,1 m; 0,3 m

4. Verwandle in m wie im Beispiel.
248 cm; 506 cm; 185 cm; 70 cm; 140 cm; 104 cm

352 cm = 3 m 52 cm = 3,52 m

5. Schreibe als m, dm und cm.
a) 3,65 m; 2,73 m; 0,48 m; 7,08 m; 3,10 m
b) 42,7 dm; 38,2 dm; 50,7 dm; 8,2 dm; 0,7 dm
c) 523 cm; 748 cm; 306 cm; 180 cm; 46 cm
d) $\frac{1}{2}$ m; $\frac{1}{4}$ m; $\frac{1}{10}$ m; $\frac{1}{100}$ m; $\frac{3}{4}$ m

m	dm	cm
2	7	4
	6	8

2,74 m = 27,4 dm = 274 cm
0,68 m = 6,8 dm = 68 cm

6. Schreibe wie im Beispiel.
a) 2,675 km; 3,148 km; 4,025 km
b) 4,250 km; 7,800 km; 3,804 km

4,295 km = 4 km 295 m = 4 295 m

7. Schreibe als m. Beachte: 1,5 km = 1,500 km
a) 2,5 km; 6,4 km; 0,5 km; 1,8 km **b)** 3,2 km; 7,5 km; 0,9 km; 1,1 km

8. Verwandle in km wie im Beispiel.
1275 m; 4135 m; 2070 m; 2700 m; 900 m

2158 m = 2 km 158 m = 2,158 km

9.

a)	b)	c)	d)
14 m = □ dm	10 000 m = □ km	65 cm = □ m	5,3 m = □ dm
9 km = □ m	20 dm = □ m	182 cm = □ m	7,4 m = □ cm
56 cm = □ mm	440 cm = □ m	308 cm = □ dm	0,3 km = □ m
98 dm = □ cm	40 mm = □ cm	40 cm = □ dm	58 cm = □ dm
74 cm = □ mm	210 mm = □ cm	53 cm = □ dm	43 mm = □ cm

10. Schreibe in der angegebenen Einheit.

a) mm: 8 cm; 23 cm; 5,9 cm; 0,7 cm
b) cm: 90 mm; 26 mm; 37 mm; 8 mm
c) dm: 72 cm; 84 cm; 60 cm; 9 cm
d) m: 83 dm; 45 dm; 27 dm; 30 dm
e) cm: 3 m; 4,86 m; 2,60 m; 1,05 m
f) m: 231 cm; 110 cm; 206 cm; 8 cm
g) km: 9 000 m; 7 200 m; 850 m; 10 000 m
h) m: 2 km; 8 km; 3,5 km; 0,5 km

11. Schreibe in der kleineren Einheit, dann setze ein: <, > oder =.

a) 16 mm ☐ 1 cm
5 cm ☐ 50 mm
401 mm ☐ 41 cm

b) 2,65 m ☐ 265 cm
306 cm ☐ 3,60 m
1,02 m ☐ 120 cm

c) 4 dm ☐ 40 cm
28 cm ☐ 2 dm
31 dm ☐ 301 cm

12. Setze das richtige Zeichen ein: <, > oder =.

$3\frac{1}{2}$ m ☐ 3,05 m 408 cm ☐ 4,08 m $2\frac{3}{4}$ m ☐ 2,34 m 2,5 dm ☐ $2\frac{1}{4}$ dm

13. Schreibe in der kleinsten Einheit, dann ordne nach der Größe.

a) 2,64 m; 26,7 dm; 246 cm
b) 3,85 m; 35,8 dm; 380 cm
c) 437 cm; 4,73 m; 47,5 dm
d) 18,2 dm; 126 cm; 1,67 m
e) 267 mm; 27,6 cm; 3 dm
f) 53,1 cm; 513 mm; 1 dm

1,35 m 13,3 dm 153 cm
133 cm < 135 cm < 153 cm
13,3 dm < 1,35 m < 153 cm

14. Schreibe in der größeren Einheit, dann rechne.

a) 18,35 m + 47 cm
6,8 dm + 23 cm
7,139 km + 473 m
54,4 cm + 87 mm

b) 3,6 cm + 58 mm
7,4 dm + 48 cm
2,74 m + 97 cm
5,627 km + 428 m

c) 6,8 cm – 47 mm
2,14 m – 37 cm
4,728 km – 352 m
78,3 cm – 47 mm

d) 6,35 m – 78 cm
3,5 dm – 17 cm
5,1 cm – 43 mm
2,235 km – 647 m

15. Familie Koch möchte eine neue Kücheneinrichtung kaufen. An einer Wand sollen nebeneinander stehen: eine Spüle von 0,90 m Breite, ein Unterschrank mit Arbeitsplatte von 1,10 m Breite, ein 60 cm breiter Herd und ein Unterschrank mit Arbeitsplatte von 55 cm Breite. Die Wand ist 3,10 m lang. Passen alle Teile zusammen an die Wand?

2.2 Flächeninhalte

$1\,km^2 \xleftarrow{\cdot 100} 1\,ha \xleftarrow{\cdot 100} 1\,a \xleftarrow{\cdot 100} 1\,m^2 \xleftarrow{\cdot 100} 1\,dm^2 \xleftarrow{\cdot 100} 1\,cm^2 \xleftarrow{\cdot 100} 1\,mm^2$

1 km² = 100 ha	1 ha = 100 a	1 a = 100 m²	1 m² = 100 dm²	1 dm² = 100 cm²	1 cm² = 100 mm²	

$1\,km^2 \xrightarrow{:100} 1\,ha \xrightarrow{:100} 1\,a \xrightarrow{:100} 1\,m^2 \xrightarrow{:100} 1\,dm^2 \xrightarrow{:100} 1\,cm^2 \xrightarrow{:100} 1\,mm^2$

	1 ha = 0,01 km²	1 a = 0,01 ha	1 m² = 0,01 a	1 dm² = 0,01 m²	1 cm² = 0,01 dm²	1 mm² = 0,01 cm²

1. Schreibe in der angegebenen Einheit.

a) dm²: 125 cm²; 648 cm²; 70 cm²
b) m²: 612 dm²; 708 dm²; 53 dm²
c) cm²: 2,49 dm²; 3,07 dm²; 0,94 dm²
d) cm²: 780 mm²; 364 mm²; 40 mm²

2. Verwandle in Ar (a) und in Hektar (ha).
17 200 m²; 12 900 m²; 8 000 m²; 6 800 m²; 50 000 m²

23 700 m² = 237 a = 2,37 ha

3. **a)** $7\ m^2 = \square\ dm^2$; $9\ km^2 = \square\ ha$; $24\ a = \square\ m^2$
b) $200\ mm^2 = \square\ cm^2$; $480\ a = \square\ ha$; $150\ ha = \square\ km^2$
c) $124\ cm^2 = \square\ dm^2$; $236\ dm^2 = \square\ m^2$; $148\ a = \square\ ha$
d) $2\,400\ a = \square\ ha$; $\frac{1}{2}\ ha = \square\ a$; $50\ mm^2 = \square\ cm^2$

4. Schreibe in der kleineren Einheit, dann setze ein: <, > oder =.
a) $7{,}23\ dm^2 \ \square\ 72\ cm^2$; $6{,}5\ a \ \square\ 650\ m^2$; $7{,}2\ km^2 \ \square\ 72\ ha$
b) $3{,}14\ cm^2 \ \square\ 310\ mm^2$; $75{,}2\ a \ \square\ 72{,}5\ m^2$; $6{,}1\ km^2 \ \square\ 610\ ha$
c) $33\ m^2 \ \square\ 0{,}33\ a$; $44{,}2\ dm^2 \ \square\ 442\ cm^2$; $76{,}4\ cm^2 \ \square\ 7640\ mm^2$

5. Schreibe in der kleineren Einheit, dann ordne.
a) 3,18 a; 31,8 m^2; 0,38 a
b) 4,25 ha; 452 a; 4,2 ha
c) 74 ha; 7,14 km^2; 0,71 km^2
d) 375 mm^2; 3,57 cm^2; 35,7cm^2

$2{,}47\ m^2 \quad 24{,}7\ dm^2 \quad 0{,}27\ m^2$
$24{,}7\ dm^2 < 27\ dm^2 < 247\ dm^2$
$24{,}7\ dm^2 < 0{,}27\ m^2 < 2{,}47\ m^2$

6. Schreibe in der kleineren Einheit, dann rechne.
a) $5{,}81\ km^2 + 56\ ha$; $2{,}78\ km^2 + 57\ ha$
b) $6{,}34\ ha + 87\ a$; $7{,}77\ ha + 59\ a$
c) $8{,}34\ m^2 - 68\ dm^2$; $9{,}11\ m^2 - 75\ dm^2$
d) $7{,}34\ dm^2 - 78\ cm^2$; $5{,}45\ dm^2 - 66\ cm^2$

7. Schreibe in der größeren Einheit, dann rechne.
a) $15{,}16\ km^2 + 134\ ha$; $135{,}25\ ha + 465\ a$
b) $13{,}45\ m^2 - 423\ dm^2$; $8{,}76\ ha - 215\ a$
c) $17{,}25\ m^2 + 374\ dm^2 + 17\ dm^2$; $6{,}75\ km^2 - 9\ ha - 233\ ha$

8. Das neue Gartencenter hat zwei zwei Verkaufsgebäude mit 6 700 m^2 und 5 250 m^2 Fläche und eine Freilandfläche von 8 650 m^2. Zur Eröffnung heißt es in der Werbung: „Alles für den Garten auf mehr als 2 ha Fläche." Ist das Gartencenter wirklich so groß?

2.3 Volumen und Hohlmaße

Volumen

$$1\ m^3 \xleftarrow{\cdot 1000} 1\ dm^3 \xleftarrow{\cdot 1000} 1\ cm^3 \xleftarrow{\cdot 1000} 1\ mm^3$$
$1\ m^3 = 1000\ dm^3$, $1\ dm^3 = 1000\ cm^3$, $1\ cm^3 = 1000\ mm^3$

$$1\ m^3 \xrightarrow{:1000} 1\ dm^3 \xrightarrow{:1000} 1\ cm^3 \xrightarrow{:1000} 1\ mm^3$$
$1\ dm^3 = 0{,}001\ m^3$, $1\ cm^3 = 0{,}001\ dm^3$, $1\ mm^3 = 0{,}001\ cm^3$

Hohlmaße

$$1\ hl \xleftarrow{\cdot 100} 1\ l \xleftarrow{\cdot 10} 1\ dl \xleftarrow{\cdot 10} 1\ cl \xleftarrow{\cdot 10} 1\ ml$$
$1\ hl = 100\ l$, $1\ l = 10\ dl$, $1\ dl = 10\ cl$, $1\ cl = 10\ ml$

$$1\ hl \xrightarrow{:100} 1\ l \xrightarrow{:10} 1\ dl \xrightarrow{:10} 1\ cl \xrightarrow{:10} 1\ ml$$
$1\ l = 0{,}01\ hl$, $1\ dl = 0{,}1\ l$, $1\ cl = 0{,}1\ dl$, $1\ ml = 0{,}1\ cl$

1 Hektoliter (hl) $= 100\ l$
1 Deziliter (dl) $= \frac{1}{10}\ l$
1 Zentiliter (cl) $= \frac{1}{100}\ l$
1 Milliliter (ml) $= \frac{1}{1\,000}\ l$

$1\ l = 1\ dm^3 \quad 1\ ml = 1\ cm^3$

1. Schreibe in der angegebenen Einheit.

a) cm^3: 4 000 mm^3; 530 mm^3; 68 mm^3 **b) m^3:** 7 000 dm^3; 638 dm^3; 804 dm^3

c) dm^3: 6 m^3; 0,437 m^3; 0,295 m^3 **d) dm^3:** 8 000 cm^3; 5 204 cm^3; 439 cm^3

e) cm^3: 3,8 dm^3; 43 dm^3; 0,815 dm^3 **f) ml:** 2 *l*; 3,5 *l*; 0,7 *l*; 0,25 *l*

2. Schreibe als hl.

a) 500 *l*; 200 *l*; 460 *l* **b)** 9 000 *l*; 3 000 *l*; 4 500 *l*

345 *l* = 3,45 hl

3.

a)	b)	c)	d)
4,125 m^3 = □ dm^3	2 575 cm^3 = □ dm^3	1,5 *l* = □ dl	8 dl = □ *l*
6,625 dm^3 = □ cm^3	7 010 dm^3 = □ m^3	7,8 dl = □ cl	140 ml = □ *l*
2,634 dm^3 = □ cm^3	375 cm^3 = □ dm^3	0,425 *l* = □ ml	20 *l* = □ hl

4. Verwandle in die nächstkleinere Einheit.

a) 4,6 dm^3; 2,5 m^3; 0,5 m^3 **b)** 6,5 cm^3; 7,5 m^3; 2,5 dm^3

c) 2,5 *l*; 48 dl; 6 dl **d)** 6,5 dl; 7,4 cl; 33 cl

2,7 dm^3 = 2 700 cm^3
0,42 m^3 = 420 dm^3

5. Verwandle in die nächstgrößere Einheit.

a) 1 720 dm^3; 640 dm^3; 75 dm^3; 814 cm^3; 2 150 mm^3

b) 250 ml; 7,5 dl; 75 cl; 125 ml; 5 cl; 33 dl; 4,8 cl

7 256 dm^3 = 7,256 m^3
150 ml = 15 cl

6. Schreibe als Milliliter. $\frac{1}{2}$ *l*; $\frac{1}{4}$ *l*; $\frac{1}{8}$ *l*; $\frac{3}{8}$ *l*; $\frac{3}{4}$ *l*; $\frac{9}{10}$ *l*

7. Schreibe in der kleineren Einheit, dann ordne.

a) 6,2 *l*; 620 ml; 0,602 *l* **b)** 4,3 dl; 45 cl; 430 cl

c) 7,8 cl; 740 ml; 7,7 cl **d)** 0,7 *l*; 75 cl; 0,5 *l*

e) 2,1 *l*; 22 dl; 2,01 *l* **f)** 25 hl; 250 *l*; 2050 *l*

2,5 *l* 250 ml 2,05 *l*
250 ml < 2050 ml < 2 500 ml
250 ml < 2,05 *l* < 2,5 *l*

8. Schreibe in der kleineren Einheit, dann rechne.

a)	b)	c)	d)
4,623 dm^3 + 149 cm^3	318 dm^3 + 3,812 m^3	5,25 *l* + 875 ml	75 hl + 218 *l*
9,726 dm^3 + 807 cm^3	948 cm^3 + 0,763 dm^3	3,1 *l* + 265 ml	3 hl + 49 *l*
2,403 dm^3 − 94 cm^3	2 194 dm^3 − 0,376 m^3	1,3 *l* − 445 ml	2,5 hl − 183 *l*
6,717 dm^3 − 989 cm^3	1114 dm^3 − 0,989 m^3	0,875 *l* − 266 ml	7,4 hl − 274 *l*

9. Ute trinkt jeden Morgen ein Glas Orangensaft. Das Glas fasst 125 ml. Wie viele Tage reicht eine 1-*l*-Flasche Saft?

2.4 Gewichte (Massen)

1 t $\xleftarrow{\cdot 1000}$ 1 kg $\xleftarrow{\cdot 1000}$ 1 g $\xleftarrow{\cdot 1000}$ 1 mg
1000 kg   1000 g   1000 mg

1 t $\xrightarrow{:1000}$ 1 kg $\xrightarrow{:1000}$ 1 g $\xrightarrow{:1000}$ 1 mg
0,001 t   0,001 kg   0,001 g

Für 100 kg ist die Einheit *Dezitonne* (dt) gebräuchlich.
1 dt = 100 kg
1 dt = $\frac{1}{10}$ t

1. Schreibe in der angegebenen Einheit.

a) kg: 2 t; 4 t; 7,5 t; 0,5 t; 0,125 t **b) t:** 3 000 kg; 4 500 kg; 100 kg; 1 250 kg

c) g: 6 kg; 1,5 kg; 2,775 kg; 0,5 kg **d) g:** 4 000 mg; 250 mg; 70 mg; 600 mg

2. **a)** 1 200 kg = ■ t; 250 kg = ■ t **b)** 4,836 kg = ■ g; 3,4 t = ■ kg **c)** 4 250 g = ■ kg; 550 mg = ■ g **d)** 6,4 t = ■ kg; 0,8 g = ■ mg

3. Verwandle in die nächstkleinere Einheit.

a) 2,3 t; 4,8 kg; 6,53 t; 1,235 kg **b)** 1,5 g; 3,5 t; $1\frac{1}{2}$ t; $\frac{1}{2}$ kg
c) 0,7 t; 6,2 kg; 0,75 kg; 0,5 g **d)** 0,05 g; 0,05 t; $\frac{1}{4}$ kg; $\frac{1}{10}$ g

> 8,9 kg = 8 900 g
> 1,25 t = 1 250 kg

4. Verwandle in die nächstgrößere Einheit.

a) 2 150 g; 6 250 kg; 750 g **b)** 250 kg; 125 mg; 50 mg
c) 60 g; 120 kg; 5 mg **d)** 90 kg; 20 g; 35 mg

> 245 g = 0,245 kg
> 85 kg = 0,085 t

5. Schreibe in der kleineren Einheit, dann setze ein: <, > oder =.

a) 6,15 t ■ 615 kg; 1,523 kg ■ 1 523 g; 340 g ■ 0,034 kg
b) 7,6 kg ■ 760 g; 2,75 t ■ 2 750 kg; 0,05 g ■ 5 mg
c) 460 mg ■ 0,46 g; 317 g ■ 0,317 kg; 218 kg ■ 2,8 t
d) 6,35 t ■ 6 350 kg; 0,7 kg ■ 700 g; 0,06 g ■ 6 mg

6. Schreibe in der kleineren Einheit, dann ordne.

a) 2,5 t; 250 kg; 2,25 t **b)** 3,018 kg; 3081 g; 3,1 kg
c) 4,5 kg; 4550 g; 4,055 kg **d)** 7,825 g; 785 mg; 7,850 g
e) 6040 g; 6,4 kg; 6,004 kg **f)** $3\frac{1}{2}$ kg; 350 g; 3,12 kg

> 6,435 kg 643 g 6,4 kg
> 643 g < 6400 g < 6435 g
> 643 g < 6,4 kg < 6,435 kg

7. Schreibe in der größeren Einheit, dann rechne.

a) 6,438 t + 721 kg; 12,469 t + 4 965 kg **b)** 1 218 g + 3,457 kg; 658 g + 0,663 kg **c)** 1 112 kg − 0,5 t; 1 025 kg − 0,4 t **d)** 2,132 kg − 476 g; 3,008 kg − 729 g

8. Runde nach der Rundungsregel auf die angegebene Einheit.

a) kg: 4 258 g; 16 712 g; 1 817 g; 506 g; 2 099 g
b) t: 1 694 kg; 12 710 kg; 39 005 kg; 712 kg; 5 719 kg

> 17 269 kg ≈ 17 t
> 2 813 g ≈ 3 kg

9. Ein Transporter darf 1,7 t laden. Er hat schon zwei Kisten von je 638 kg Gewicht geladen. Darf noch eine 489 kg schwere Maschine aufgeladen werden?

10. Ein Großbrief darf 0,5 kg wiegen. Martin möchte Anne zum Geburtstag ein Taschenbuch (185 g), eine Schokolade (100 g) und ein Tangramspiel (195 g) schicken. Dazu hat er auch noch einen Brief (18 g mit Umschlag) geschrieben. Kann er die Sendung als Großbrief schicken?

2.5 Zeitspannen

1 Tag	←·24—	1 h	←·60—	1 min	←·60—	1 s	Sekunde (s)
24 h		60 min		60 s			Minute (min)
							Stunde (h)

1. Schreibe in der angegebenen Einheit.

a) s: 3 min; 5 min 20 s; $\frac{1}{2}$ min; $2\frac{1}{2}$ min **b) min:** 2 h; $3\frac{1}{2}$ h; $\frac{3}{4}$ h; $1\frac{1}{4}$ h
c) h: 120 min; 300 min; 90 min; 30 min **d) Tage:** 48 h; 72 h; 120 h; 36 h

2. Die Uhr zeigt 14.52 Uhr. Wie spät ist es nach 17 min; 53 min; 120 min?

3. Berechne die fehlende Angaben.

Beginn	7.45 Uhr	5.35 Uhr	6.52 Uhr	16.50 Uhr		
Dauer			9 h 10 min	14 h 15 min	8 h 20 min	12 h 54 min
Ende	13 Uhr	0.15 Uhr			19.35 Uhr	10.07 Uhr

Abfahrt ICE-Bahnhof Kassel-Wilhelmshöhe

8.14 ICE 791 *Hohenstaufen*
Fulda 8.42 – Hanau 9.22 – Frankfurt/M. Hbf 9.39 – Mannheim 10.24 – Stuttgart 11.06 – Ulm 12.04

8.19 ICE 778 *Saphir*
Göttingen 8.37 – Hannover 9.08 – Hamburg Hbf 10.22 – Hamburg-Dammtor 10.28 – Hamburg-Altona 10.36

8.21 ICE 783 *Veit Stoß*
Fulda 8.49 – Würzburg 9.20 – Nürnberg 10.18 – Augsburg 11.33 – München-Pasing 11.56 – München Hbf 12.07

8.23 IR 2578 Göttingen 8.42 – Hannover 9.47 – Celle 10.07 – Uelzen 10.29 – Lüneburg 10.48 – Hamburg-Harburg 11.08 – Hamburg Hbf 11.20 – Hamburg-Dammtor 11.32 – Hamburg-Altona 11.41

4. **a)** Welche Züge fahren nach Hamburg?
b) Herr Westphal hat in Hamburg um 11 Uhr eine Verabredung mit einem Kollegen. Mit welchem Zug fährt er?

5. Frau Henkel fährt mit ihrem Sohn Stefan nach München.
a) Mit welchem Zug fahren sie? Wann fährt der Zug ab?
b) Sie erreichen den Bahnsteig genau eine Viertelstunde vor Abfahrt. Wann kommen sie am Bahnsteig an?
c) Wie lange dauert die Fahrt nach München?

6. **a)** Nach Hamburg fahren zwei Züge. Wie viele Minuten nach dem ICE fährt der Interregio in Kassel-Wilhelmshöhe ab?
b) Wie viele Minuten nach dem ICE kommt der Interregio in Hannover an?
c) Erreicht der ICE mehr als eine Stunde vor dem Interregio Hamburg-Altona?

7. Die Bundesrepublik Deutschland wurde am 8. Mai 1949 gegründet. Wie alt ist sie heute?

8. Ein Kopiergerät benötigt für jede Kopie 3 Sekunden.
a) Ein Elternbrief wird 520-mal kopiert. Gib die Kopierzeit in Minuten an.
b) Gestern war das Gerät 35 Minuten ununterbrochen in Betrieb. Wie viele Kopien wurden angefertigt?

2.6 Zusammengesetzte Größen

Geschwindigkeit $= \frac{\text{Weg}}{\text{Zeit}}$ $\qquad v = \frac{s}{t}$

$90\ \frac{km}{h}$ bedeutet: In einer Stunde werden 90 km zurückgelegt.

$16\ \frac{m}{s}$ bedeutet: In einer Sekunde werden 16 m zurückgelegt.

1. Frau Albrecht hat auf der Autobahn in 2 Stunden 210 km zurückgelegt. Mit welcher Geschwindigkeit ist sie gefahren?

2. Eine Straßenbahn legt 1 km in 80 s zurück. Wie viel m legt die Straßenbahn in einer Sekunde zurück? Wie viel Kilometer legt sie bei gleicher Geschwindigkeit in einer Stunde zurück?

3. Berechne die Geschwindigkeit in $\frac{km}{h}$.

	a)	b)	c)	d)	e)	f)	g)	h)
Weg	96 km	90 m	7 m	5 m	884 km	3 200 m	50 km	50 km
Zeit	6 h	3 min	6 s	1 s	4 h	4 min	12 min	12 s

4. Herr Stark erreicht sein Fahrtziel nach 7 Stunden Reisezeit. Er fuhr mit einer durchschnittlichen Geschwindigkeit von $80\ \frac{km}{h}$. Wie lang war seine Fahrstrecke?

Weg = Geschwindigkeit · Zeit
$s = v \cdot t$

5. Frau Nolte fährt $2\frac{1}{2}$ Stunden mit einer durchschnittlichen Geschwindigkeit von $90\ \frac{km}{h}$. Wie lang ist die Fahrstrecke?

6. Berechne den Weg in km.

	a)	b)	c)	d)	e)	f)
Geschwindigkeit	$240\ \frac{km}{h}$	$70\ \frac{km}{h}$	$40\ \frac{m}{s}$	$30\ \frac{m}{s}$	$184\ \frac{km}{h}$	$330\ \frac{m}{s}$
Zeit	6 h	$3\frac{1}{2}$ h	1 h	15 min	$4\frac{1}{4}$ h	4 s

7. Ein ICE legt eine Strecke von 432 km mit einer durchschnittlichen Geschwindigkeit von $144\ \frac{km}{h}$ zurück. Wie viel Zeit braucht der Zug für diese Strecke?

Zeit $= \frac{\text{Weg}}{\text{Geschwindigkeit}}$
$t = \frac{s}{v}$

8. Daniela fährt mit dem Fahrrad 3,6 km zur Schule. Sie fährt mit einer durchschnittlichen Geschwindigkeit von $12\ \frac{km}{h}$. Wie lange braucht sie für den Schulweg?

9. Ein Gepard erreicht eine Geschwindigkeit von $90\ \frac{km}{h}$. Wie viele Sekunden braucht der Gepard für 100 m?

10. Berechne die Zeit in h und in min.

	a)	b)	c)	d)	e)	f)
Weg	350 km	315 km	175 km	286 km	357 km	252 km
Geschwindigkeit	$100\,\frac{km}{h}$	$70\,\frac{km}{h}$	$50\,\frac{km}{h}$	$55\,\frac{km}{h}$	$70\,\frac{km}{h}$	$45\,\frac{km}{h}$

Dichte $= \frac{\text{Masse}}{\text{Volumen}}$

Eisen hat die Dichte $7{,}8\,\frac{g}{cm^3} = 7{,}8\,\frac{kg}{dm^3}$

1 cm^3 Eisen wiegt 7,8 g. 1 dm^3 Eisen wiegt 7,8 kg.

11. Berechne die Dichte der Stoffe.

	Beton	Blei	Platin	Gold	Benzin	Silber	Milch
Masse	7,2 g	22,8 g	42,8 kg	57,75 g	3,42 kg	15,75 kg	3,09 kg
Volumen	3 cm^3	2 cm^3	2 dm^3	3 cm^3	$4\frac{1}{2}$ dm^3	$1\frac{1}{2}$ dm^3	3 dm^3

12. Styropor hat die Dichte $0{,}02\,\frac{kg}{dm^3}$. Wie schwer ist ein Styroporwürfel von 1 m Kantenlänge?

13. Wie schwer ist ein Werkstück aus Eisen $\left(\text{Dichte } 7{,}8\,\frac{g}{cm^3}\right)$ mit dem angegebenen Volumen?

a) 150 cm^3 **b)** 750 cm^3 **c)** 2,5 dm^3 **d)** 0,75 m^3 **e)** 75 dm^3

14. Kiefernholz hat die Dichte $0{,}6\,\frac{g}{cm^3}$. Welches Volumen hat ein 12 kg schwerer Kiefernbalken?

15. Berechne die fehlenden Größen.

	Aluminium	Eisen	Messing	Kork	Granit	Quecksilber
Masse	810 g		3,240 g	100 g	700 g	
Volumen	300 cm^3	13 cm^3				500 cm^3
Dichte		$7{,}8\,\frac{g}{cm^3}$	$8{,}1\,\frac{g}{cm^3}$	$0{,}2\,\frac{g}{cm^3}$	$2{,}8\,\frac{g}{cm^3}$	$13{,}6\,\frac{g}{cm^3}$

3 Zuordnungen

3.1 Proportionale Zuordnungen

Für **proportionale Zuordnungen** gilt:
Zum Doppelten gehört das Doppelte, zum Dreifachen gehört das Dreifache, zur Hälfte gehört die Hälfte, zum dritten Teil gehört der dritte Teil, ...

Beispiele:

doppelte Anzahl	⟶	doppelter Preis	doppeltes Volumen	⟶	doppeltes Gewicht
dreifache Anzahl	⟶	dreifacher Preis	dreifaches Volumen	⟶	dreifaches Gewicht
halbe Anzahl	⟶	halber Preis	halbes Volumen	⟶	halbes Gewicht

Zahlenpaare in der Tabelle einer proportionalen Zuordnung erhält man, indem man auf beiden Seiten mit derselben Zahl multipliziert oder durch dieselbe Zahl dividiert.

Beispiel:

	Gewicht (kg)	Preis (€)	
	2	4	
· 3			· 3
	6	12	
· 5			· 5
	30	60	
: 2			: 2
	15	30	

1. Welche dieser Zuordnungen sind proportional?

a) Gewicht von Schinken ⟶ Preis
b) Anzahl von Kiwis ⟶ Preis
c) Anzahl von Kantsteinen ⟶ Gewicht
d) Alter eines Baumes ⟶ Höhe
e) Volumen eines Balkens ⟶ Gewicht
f) Zeit beim Wandern ⟶ Wegstrecke
g) Alter eines Menschen ⟶ Gewicht
h) Gewicht eines Briefes ⟶ Porto

2. Prüfe, ob die Tabelle zu einer proportionalen Zuordnung gehört.

a)

Gewicht (g)	Preis (€)
200	4
600	12
800	16

b)

Fläche (m^2)	Preis (€)
3	18
9	54
12	72

c)

Zeit (h)	Weg (km)
2	8
1	5
3	10

d)

Zeit (h)	Lohn (€)
5	60
20	240
4	48

e)

Gewicht (kg)	Volumen (*l*)
4	8
2	4
6	12

f)

Zeit (min)	Preis (Cent)
2	10
4	10
6	20

3. Fülle die Tabelle aus. Die Zuordnung ist proportional.

a)

Anzahl	Preis (€)
9	45
3	
15	
5	

b)

Gewicht (kg)	Preis (€)
4	8
20	
5	
15	

c)

Zeit (min)	Weg (km)
5	4
45	
15	
60	

Dreisatz bei proportionalen Zuordnungen

Beispiel: 3 kg Äpfel kosten 3,90 €. Wie teuer sind 5 kg Äpfel derselben Sorte?

Lösung mit einer Tabelle:

	Gewicht (kg)	Preis (€)	
	3	3,90	
: 3	1	1,30	: 3
· 5	5	6,50	· 5

Lösung am Bruchstrich:

5 kg kosten x €
3 kg kosten 3,90 €

3 kg 1 kg 5 kg	$x = \frac{\cancel{3,90}^{1,30} \cdot 5}{\cancel{3}_1} = 6{,}50$

5 kg Äpfel kosten 6,50 €.

4. Bestimme die fehlenden Werte für die proportionale Zuordnung.

a)

Anzahl	Preis (€)
5	36
1	
8	

b)

Menge (*l*)	Preis (€)
8	24
1	
5	

c)

Gewicht (g)	Preis (€)
300	3,60
100	
500	

5. Für 10 kg Kartoffeln zahlt Bernd 4,90 €. Wie teuer sind 7 kg derselben Sorte?

6. Gundula kauft 8 Flaschen Apfelsaft für 7,36 €. Wie viel Euro kosten 3 Flaschen?

7. Für 6 Flaschen Birnensaft zahlt Kerstin 9 €. Wie viele Flaschen Birnensaft erhält man für 12 €?

8. 4 Roggenbrötchen kosten 1,80 €. Wie teuer sind 9 Roggenbrötchen?

9. Mit 10 *l* Wandfarbe kann Herr Ebert 60 m^2 streichen.
a) Im Farbeimer sind noch 6 *l* Farbe. Wie viel m^2 kann er damit streichen?
b) Die Decke des Wohnzimmers ist 27 m^2 groß. Wie viel Liter Farbe braucht Herr Ebert dafür?

10. Die Miete für eine 65 m^2 große Wohnung beträgt 468 €. Wie hoch ist bei gleichem Preis pro Quadratmeter die Miete für eine 84 m^2 große Wohnung?

11. Herr Münch hat mit seinem Auto für 350 km Fahrt 21 *l* Benzin verbraucht. Wie viel Liter Benzin verbraucht sein Wagen für 100 km?

12. Für eine Strecke von 460 km benötigt ein Auto 39,1 *l* Benzin. Wie hoch ist der durchschnittliche Verbrauch für 100 km?

13. Betonplatten werden abgeladen. 6 Platten wiegen 138 kg. Wie schwer sind 11 Platten?

14. Ein Wanderer braucht für eine 9 km lange Etappe $2\frac{1}{2}$ Stunden. Wie weit kommt er bei gleicher Geschwindigkeit in 4 Stunden?

15. Ein ICE legt eine Strecke von 57 km in 20 Minuten zurück. Wie weit kommt er bei gleichbleibender Geschwindigkeit in 30 Minuten?

16. Im Teppichmarkt kosten 8 m^2 Teppichfliesen 39,60 €. Familie Radek kauft 20 m^2 Teppichfliesen dieser Sorte. Wie viel Euro zahlt sie dafür?

17. Frau Beier verdient in 4 Stunden 38,40 €. Wie viel Euro verdient sie im 7 Stunden?

18. Im Sonderangebot kosten 400 g Kaffee 3,40 €. Wie viel Euro kostet 1 kg Kaffee derselben Sorte?

19. Bestimme den fehlenden Wert der proportionalen Zuordnung.

a)

Gewicht (kg)	Preis (€)
6 kg	24,60
8 kg	▒

b)

Zeit (h)	Weg (km)
4	16,8
5	▒

c)

Anzahl	Gewicht (kg)
7	11,2
3	▒

d)

Gewicht (kg)	Preis (€)
5	60
▒	84

e)

Anzahl	Länge (m)
30	600
▒	500

f)

Volumen (m^3)	Preis (€)
6	3,30
▒	5,50

20. Berechne den Preis pro kg.

a) 3 kg Erdbeeren kosten 4,50 €.
b) 4 kg Spargel kosten 19,60 €.
c) 5 kg Birnen kosten 8,50 €.

> 5 kg Pfirsiche kosten 9 €.
> 1 kg Pfirsiche kostet 1,80 €.
> Preis pro kg : 1,80 €.

21. Der Verbrauch von Acryl-Glanzlack wird mit 120 ml pro m^2 angegeben.

a) Frau Mewes streicht eine Fläche von 1,7 m^2. Wie viel Lack braucht sie?
b) Herr Zimmer kauft eine Dose Glanzlack mit 600 ml Inhalt. Wie groß ist die Fläche, die er damit streichen kann?

22. 110 cm^3 Kork wiegen 22 g. Berechne das Gewicht von 250 cm^3 (320 cm^3, 1 750 cm^3) Kork.

23. Ein Film läuft mit einer Geschwindigkeit von 18 Bildern pro Sekunde. Aus wie vielen Einzelbildern setzt sich ein Film von 20 Minuten Dauer zusammen?

24. Ein Bauunternehmer zahlt 6 Arbeitern nach 5 Arbeitstagen 2 880 € Lohn.

a) Wie viel Euro erhält ein Arbeiter nach 5 Tagen?
b) Wie viel Euro erhält ein Arbeiter nach einem Tag?
c) Pro Tag werden 8 Stunden gearbeitet. Wie hoch ist der Stundenlohn eines Arbeiters?

25. Von 2 Pumpen mit gleicher Leistung werden in 8 Stunden 1 500 *l* Wasser gefördert.

a) Wie viel Liter Wasser können 5 solcher Pumpen in der gleichen Zeit fördern?
b) Die 5 Pumpen werden nur 6 Stunden eingesetzt. Wie viel Liter Wasser fördern sie?

26. In einer Fabrik werden 18 000 Flaschen von 3 Abfüllmaschinen in 5 Stunden abgefüllt.

a) Wegen eines Defektes können nur 2 Abfüllmaschinen eingesetzt werden. Wie viele Flaschen werden abgefüllt?
b) Die beiden Maschinen arbeiten 7 Stunden lang. Wie viele Flaschen werden abgefüllt?

3.2 Umgekehrt-proportionale Zuordnungen

Für **umgekehrt-proportionale Zuordnungen** gilt: Zum Doppelten gehört die Hälfte, zum Dreifachen gehört der dritte Teil, zur Hälfte gehört das Doppelte, zum dritten Teil gehört das Dreifache, …

Beispiele:

doppelte Anzahl von Maschinen ⟶ halbe Zeit
dreifache Schrittlänge ⟶ ein Drittel der Anzahl der Schritte
halb so viele Pferde ⟶ doppelte Zeit für den Verbrauch des Futtervorrats
ein Drittel der Geschwindigkeit ⟶ dreifache Fahrzeit

Zahlenpaare in der Tabelle einer umgekehrt-proportionalen Zuordnung erhält man, indem man auf einer Seite mit einer Zahl multipliziert und auf der anderen Seite durch dieselbe Zahl dividiert oder auf einer Seite durch eine Zahl dividiert und auf der anderen Seite mit derselben Zahl multipliziert.

Beispiel:

	Höhe einer Stufe (cm)	Anzahl der Stufen	
	15	20	
: 5	3	100	· 5
· 4	12	25	: 4

1. Ist die Zuordnung umgekehrt-proportional?

a) Anzahl der Gäste pro Tag ⟶ Zeit bis der Kartoffelvorrat verbraucht ist.

b) Geschwindigkeit ⟶ Zeit für 100 km auf der Autobahn

c) Dauer eines Telefongesprächs ⟶ Gebühr für das Gespräch

d) Breite eines Bretts ⟶ Anzahl der Bretter für den Fußboden

2. Prüfe, ob die Tabelle zu einer umgekehrt-proportionalen Zuordnung gehört.

a)

Anzahl	Volumen (cm^3)
4	12
2	24
6	8

b)

Anzahl	Länge (cm)
12	36
3	12
6	24

c)

Anzahl	Zeit (h)
15	20
5	60
25	12

3. Fülle die Tabelle der umgekehrt-proportionalen Zuordnung aus.

a)

Anzahl der Kisten	Gewicht einer Kiste (kg)
20	18
5	
15	
30	
6	

b)

Geschwindigkeit ($\frac{km}{h}$)	Zeit (h)
9	2
3	
6	
2	
18	

c)

Anzahl der Schritte	Schrittlänge (cm)
15	60
3	
12	
36	
9	

Dreisatz bei umkehrt-proportionalen Zuordnungen

Beispiel: Zum Ausheben einer Baugrube brauchen 4 Bagger 9 Stunden.
Die Baufirma kann nur 3 Bagger einsetzen. Wie lange dauert das Ausbaggern?

Lösung mit einer Tabelle:

	Anzahl der Bagger	Zeit (h)	
: 4	4	9	· 4
· 3	1	36	: 3
	3	12	

Lösung am Bruchstrich:

3 Bagger brauchen x h.
4 Bagger brauchen 9 h.

4 B.	
1 B.	$x = \frac{{}^{3}\not{9} \cdot 4}{\not{3}_{1}} = 12$
3 B.	

Drei Bagger brauchen 12 Stunden zum Ausheben der Baugrube.

4. Um einen Fußboden zu legen, braucht Herr Scheffler 21 Dielen von 20 cm Breite. Im Baumarkt sind nur Dielen von 15 cm Breite vorrätig. Wie viele Dielen dieser Breite braucht Herr Scheffler?

5. Ein Platz kann von 10 Arbeitskräften in 12 Tagen gepflastert werden. Die Baufirma kann aber nur 8 Arbeitskräfte einsetzen. Wie viele Tage dauern die Arbeiten?

6. Von einer Baustelle wird Erdreich abgefahren. Der Abtransport dauert 6 Tage, wenn 4 Lkw eingesetzt werden. Es stehen aber nur 3 Lkw zur Verfügung. Wie lange dauert nun der Abtransport?

7. Frau Lorenzen hat eine Schrittlänge von 60 cm. Vom Kiosk bis zu ihrem Wohnhaus braucht sie 77 Schritte. Herr Pahlke schafft dieselbe Strecke mit 66 Schritten. Welche Schrittlänge hat er?

8. Bei einem täglichen Heizölbedarf von 25 *l* reicht der Vorrat im Tank für 112 Tage. Wie lange reicht das Heizöl, wenn täglich nur 20 *l* verbraucht werden?

9. Eine Jugendherberge hat mit täglich durchschnittlich 50 Gästen gerechnet und einen Kartoffelvorrat für 24 Tage gekauft. Der Vorrat war jedoch schon nach 15 Tagen verbraucht. Wie viele Gäste waren durchschnittlich pro Tag in der Jugendherberge?

10. Die Treppe in einem Neubau soll aus 16 Stufen von 15 cm Höhe gebaut werden. Der Bauherr wünscht Stufen von nur 12 cm Höhe. Wie viele Stufen werden gebraucht?

11. Die Burgschule legt einen Schulgarten an. Jede der 15 Klassen soll ein 12 m^2 großes Beet erhalten. Bevor die Gartenfläche eingeteilt wird, stellt sich heraus, dass im neuen Schuljahr drei Klassen mehr gebildet werden müssen. Wie groß wird das Beet für jede Klasse?

12. Für die Strecke von Tiefenburg nach Hochdorf braucht ein Pkw $1\frac{1}{2}$ Stunden bei einer durchschnittlichen Geschwindigkeit von 80 $\frac{km}{h}$. Wie lange braucht ein Lkw, der mit einer durchschnittlichen Geschwindigkeit von 60 $\frac{km}{h}$ fährt, für dieselbe Strecke?

13. Olaf und Niklas haben auf einer Radwanderung die erste Teilstrecke im $2\frac{1}{2}$ Stunden bei einer durchschnittlichen Geschwindigkeit von 18 $\frac{km}{h}$ zurückgelegt. Das zweite Teilstück ist genau so lang, führt aber teilweise bergauf. Daher denken sie, dass sie nur eine durchschnittliche Geschwindigkeit von 12 $\frac{km}{h}$ schaffen. Wie lange brauchen sie für das zweite Teilstück?

3.3 Sachaufgaben

1. Im Regal eines Supermarktes stehen 85 Packungen Quark mit je 250 g Inhalt. Wie viel Kilogramm Quark sind es insgesamt?

2. Paulina kauft 4 *l* Milch für 2,36 €. Wie teuer ist ein Liter Milch?

3. Ein Paket Quark kostet 0,63 €. Herr Spengler kauft 4 Pakete. Wie viel Euro zahlt er dafür?

4. Eine Flasche Apfelsaft kostet 0,89 €. Frau Bodenstein kauft für 5,34 € Apfelsaft. Wie viele Flaschen kauft sie?

5. In der Getränkefabrik kann ein Fass Birnensaft in 210 Flaschen zu 0,75 *l* abgefüllt werden. Wie viele 0,7-*l*-Flaschen könnte man mit dem Saft aus dem Fass füllen?

6. Aus 6 t Zuckerrüben gewinnt man 800 kg Zucker. Es werden 15 t Zuckerrüben angeliefert. Wie viel Kilogramm Zucker erhält man daraus?

7. Der Supermarkt erhält eine Lieferung von 360 Dosen mit Bohnen. Jede Dose wiegt 720 g. Wie viel Kilogramm wiegt die gesamte Lieferung?

8. In der Konservenfabrik werden Erbsen in 480 Dosen zu je 630 g Füllgewicht abgefüllt. Wie viele Dosen mit 720 g Füllgewicht hätte man mit den Erbsen füllen können?

9. Im Sonderangebot kosten 3 Fuchsien 0,85 €. Frau Berger möchte in jeden ihrer drei Blumenkästen 5 Fuchsien setzen. Wie viel Euro zahlt sie für die Pflanzen?

10. Max kauft 350 g Käse für 6,30 €. Livia kauft 450 g derselben Sorte. Wie viel Euro zahlt Livia?

11. Für 1,840 kg Weintrauben zahlt Herr Junge 2,76 €. Wie viel kostet 1 kg Weintrauben?

12. Aus einem Stück Frotteestoff können 16 Handtücher von 90 cm Länge hergestellt werden. Wie viele Handtücher von 80 cm Länge könnten aus dem Stück Stoff genäht werden?

13. Eine Maschine stanzt in 5 Stunden 2 250 Teile. Es liegt ein Auftrag über 3 600 Teile vor. Wie viele Stunden muss die Maschine eingesetzt werden?

14. Im Neubaugebiet kostet ein Bauplatz von 28 m Länge und 15 m Breite 23 520 €. Unmittelbar daneben liegt ein Bauplatz, der 25 m lang und 16 m breit ist. Wie teuer ist dieser Platz?

15. Eine Terrasse soll mit 210 Steinplatten von 40 cm Länge und 25 cm Breite belegt werden. Im Baustoffhandel sind aber nur Platten von 30 cm Länge und 20 cm Breite vorrätig. Wie viele Platten dieser Sorte werden gebraucht?

16. Die Versorgungsleitungen im Neubaugebiet können von 8 Arbeitern in 9 Tagen verlegt werden. Die Arbeiten müssen aus Termingründen schon in 6 Tagen abgeschlossen sein. Wie viele Arbeiter setzt die Baufirma ein?

17. Um eine Wand mit Brettern zu verkleiden, braucht Herr Korte 21 Bretter von 18 cm Breite. Im Baumarkt gibt es nur Bretter von 14 cm Breite. Wie viele Bretter braucht Herr Korte?

18. Der Rohbau eines Einkaufszentrums könnte von 45 Arbeitskräften in 92 Tagen fertiggestellt werden. Der Rohbau soll jedoch schon in 60 Tagen fertig sein. Wie viele Arbeitskräfte muss die Baufirma zusätzlich einstellen?

19. Die Tropfen aus einem undichten Wasserhahn füllen in 36 Minuten einen untergestellten $\frac{1}{2}$-*l*-Becher. Wie viel Liter Wasser gehen an einem Tag verloren?

20. Marina zahlt für sechs Borstenpinsel 7,86 €. Paul zahlt nur 5,24 €. Wie viele Pinsel hat er gekauft?

21. Ein Dekorateur erhält eine Lieferung von 125 m Vorhangstoff für 15,50 € pro Meter. Die Zustellung kostet 17,80 €. Wie hoch ist der Rechnungsbetrag?

22. Nikos kauft fünf Spiralhefte. Er zahlt dafür 3,85 €. Sonja kauft acht Hefte der gleichen Sorte. Wie viel Euro muss sie bezahlen?

23. Beim Camping-Aufenthalt an der Ostsee reicht die Reisekasse von Familie Becker für 15 Tage, wenn sie täglich 45 € ausgibt. Familie Becker möchte aber 18 Tage bleiben. Wie viel Euro können pro Tag ausgegeben werden?

24. 100 g Äpfel enthalten durchschnittlich 6 mg Vitamin C.

a) Wie viel mg Vitamin C sind in $\frac{1}{2}$ kg Äpfel (etwa drei Stück) enthalten?

b) Wie viel kg Äpfel müsste ein Erwachsener essen, der den Tagesbedarf von 75 mg Vitamin C nur durch den Verzehr von Äpfeln decken möchte?

25. Auf einer Wanderung legen Hannah und Lars in einer Stunde rund 6 km zurück. Wie viel Minuten brauchen sie für 1 km?

26. Antonia und Sebastian haben auf einer Wanderung in $4\frac{1}{2}$ Stunden reiner Wanderzeit 18 km zurückgelegt. In welcher Zeit haben sie 10 km geschafft?

27. Eine Weinhandlung bezieht 8 Kisten Wein zu je 144 Flaschen. Zum Weiterverkauf werden die Flaschen in kleinere Kartons verpackt. Wie viele Kartons werden gebraucht?
In einen Karton passen **a)** 2 Flaschen **b)** 6 Flaschen **c)** 9 Flaschen **d)** 12 Flaschen

28. Nicole vergleicht die Preise von Waschpulver. Die 3-kg-Packung kostet 4,44 €. Für eine 4,5-kg-Packung sind 6,48 € zu bezahlen. Welche Packung ist preisgünstiger?

29. Wie teuer sind die Tankfüllungen? Ein Liter Benzin kostet 98,9 Cent. Runde auf Cent.
a) 11 *l* **b)** 17,5 *l* **c)** 22,2 *l* **d)** 27,6 *l* **e)** 31,4 *l* **f)** 41,8 *l*

30. Frau Erhard hat mit ihrem Auto bei Stadtfahrten 350 km zurückgelegt und dabei 38,5 *l* Benzin verbraucht. Wie viel Liter hat sie auf 100 km verbraucht?

31. Das Auto von Herrn Schumacher braucht auf der Autobahn für 100 km 6,8 *l* Benzin. Wie weit kann er mit einer Tankfüllung von 40,8 *l* fahren?

32. Frau Schröder fährt einen Wagen mit Dieselmotor. Der Verbrauch liegt bei 4,8 *l* auf 100 km. Wie weit kann sie mit 24 *l* Diesel fahren?

33. Frau Ulrich zahlt für 25 *l* Superbenzin 27 €. Herr Kolbe tankt 17 *l*. Wie viel Euro zahlt er?

34. Ein Verkehrsflugzeug legt in 4 Stunden eine Strecke von 3 400 km zurück.

a) Wie weit fliegt das Flugzeug in 7 Stunden? **b)** Wie lange braucht es für 4 250 km?

35. Ein ICE legt ein 27 km langes Teilstück der Strecke Würzburg – Hannover in 8 Minuten zurück. Mit welcher durchschnittlichen Geschwindigkeit fährt der Zug auf dieser Strecke?

36. Olaf weiß, dass er mit dem Fahrrad in einer halben Stunde am Bahnhof ist, wenn er mit einer Geschwindigkeit von 12 $\frac{\text{km}}{\text{h}}$ fährt. Er möchte seine Freundin Petra pünktlich am Zug abholen und hat nur noch 24 Minuten Zeit. Mit welcher durchschnittlichen Geschwindigkeit muss er fahren?

37. Ein Wassertropfen legt von der Wurzelspitze einer ausgewachsenen Birke bis zum Rand eines Blattes einen Weg von rund 25 m zurück. Dazu braucht er 5 Stunden. Mit welcher Geschwindigkeit bewegt sich der Wassertropfen? Gib die Geschwindigkeit in $\frac{\text{m}}{\text{min}}$, $\frac{\text{m}}{\text{h}}$ und in $\frac{\text{km}}{\text{h}}$ an.

38. Zwischen Köln und Mainz verkehrt ein Tragflügelboot. Es startet um 9.00 Uhr in Köln und legt um 13.15 Uhr in Mainz an. Die Entfernung beträgt 187 Kilometer.
Mit welcher durchschnittlichen Geschwindigkeit verkehrt das Boot?

39. Eine Reisegruppe von 36 Personen mietet einen Bus zum Festpreis, sodass jede mitfahrende Person 28 € bezahlen muss. Am Abfahrtstag sind 4 Personen krank. Der Preis für den Bus wird daher unter den übrigen Personen aufgeteilt. Wie viel Euro zahlt jeder der Mitfahrenden?

3.4 Grafische Darstellung

Zu jedem Wertepaar der Tabelle gehört ein Punkt des Schaubildes.

Beispiel: 3 kg Äpfel kosten 6 €.

Gewicht (kg)	Preis (€)
1	2
2	4
3	6
4	8
⋮	⋮

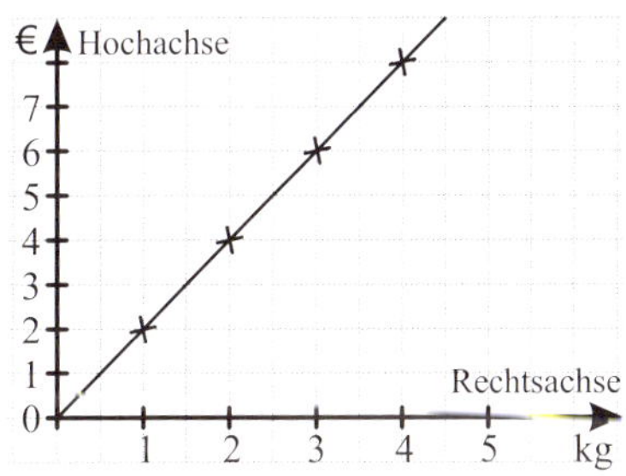

Das Schaubild einer **proportionalen Zuordnung** ist eine **Gerade durch den Nullpunkt.**

1. Ein Kilogramm Äpfel kostet 1,50 €.

Gewicht (kg)	Preis (€)
1	1,50
2	
	9

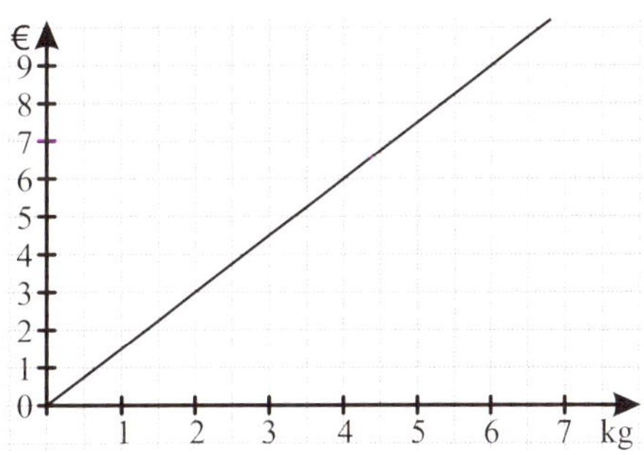

a) Übertrage die Tabelle in dein Heft und ergänze sie.

b) Wie viel kosten 4 kg, 5 kg, 7 kg Äpfel?
Lies die Preise im Schaubild ab. Prüfe durch Rechnung.

2. Ein Kilogramm Erdbeeren kostet 2,50 €.

Gewicht (kg)	Preis (€)
1	2,50
3	
	10
8	

a) Übertrage die Tabelle in dein Heft und ergänze die fehlenden Werte.

b) Zeichne ein Schaubild. Nimm für 1 kg zwei Karolängen auf der Rechtsachse und für 1 € zwei Karolängen auf der Hochachse.

c) Lies im Schaubild die Preise ab für 2 kg, 5 kg, 7 kg. Prüfe durch Rechnung.

3. Ein Zierband kostet pro Meter 1,20 €.

a) Berechne den Preis für 5 m Zierband.

b) Zeichne ein Schaubild der proportionalen Zuordnung. Nimm für 1 m zwei Karolängen auf der Rechtsachse und für 1 € zwei Karolängen auf der Hochachse.

c) Lies im Schaubild die Preise für 10 m, 15 m, 2,50 m und 7,50 m ab. Prüfe durch Rechnung.

4. Die Herstellung eines Radwegs von 6 km Länge kostet 90 000 €.

a) Zeichne ein Schaubild der proportionalen Zuordnung. Nimm für 1 km zwei Karolängen auf der Rechtsachse und für 10 000 € zwei Karolängen auf der Hochachse.

b) Lies im Schaubild die Kosten ab für 2 km (3 km, 4 km, 5 km) Radweg.

5. Ein Springbrunnen wirft in fünf Minuten 75 *l* Wasser aus.
Zeichne ein Schaubild der proportionalen Zuordnung. Nimm für 1 min zwei Karolängen auf der Rechtsachse und für 10 *l* zwei Karolängen auf der Hochachse. Lies ab und prüfe durch Rechnung

a) die Wassermenge nach 3 min, 4 min, 7 min und 8 min.

b) die Zeit für 15 *l*, 30 *l*, 90 *l* und 135 *l*.

6. Ein 5 m langes Seil wiegt 750 g.
Zeichne ein Schaubild der proportionalen Zuordnung. Nimm für 1 m zwei Karolängen auf der Rechtsachse und für 100 g zwei Karolängen auf der Hochachse. Lies ab und prüfe durch Rechnung

a) das Gewicht für ein solches Seil mit 2 m, 7 m und 3 m Länge;

b) die Länge der Seile mit dem Gewicht 600 g, 900 g, 1 200 g und 1 500 g.

7. Ein 7 m langer Eisendraht wiegt 1400 g. Zeichne ein Schaubild der proportionalen Zuordnung. Nimm für 1 m zwei Karolängen auf der Rechtsachse und für 100 g zwei Karolängen auf der Hochachse. Lies ab und prüfe durch Rechnung

a) das Gewicht für einen solchen Eisendraht von 2 m (3 m, 5 m, 5,5 m) Länge;

b) die Länge des Drahtstückes mit dem Gewicht 800 g (1000 g, 1200 g, 1300 g).

8. Auf dem Wochenmarkt kosten 200 g Käse 4,50 €.
Zeichne ein Schaubild der proportionalen Zuordnung. Nimm für 100 g zwei Karolängen auf der Rechtsachse und für 1 € zwei Karolängen auf der Hochachse. Lies ab und prüfe durch Rechnung

a) den Preis für 600 g, 300 g und 100 g Käse;

b) das Gewicht des Käsestücks für 9,00 €, 11,25 € und 13,50 €.

9. Ein Autofahrer legt auf der Autobahn durchschnittlich 80 km pro Stunde zurück.

a) Zeichne ein Schaubild der proportionalen Zuordnung *Zeit* $\longrightarrow$ *Wegstrecke*.
Nimm für 1 h zwei Karolängen auf der Rechtsachse und für 80 km zwei Karolängen auf der Hochachse.

b) Lies die Weglänge für $1\frac{1}{2}$ h, 2 h, $3\frac{1}{2}$ h und 5 h ab. Prüfe durch Rechnung.

Das Schaubild einer **umgekehrt-proportionalen Zuordnung** ist eine **Hyperbel**.
Zum genauen Zeichnen braucht man viele Wertepaare.

Beispiel: Wenn 2 Pferde im Stall sind, reicht der Futtervorrat für 15 Tage.

Anzahl der Pferde	Tage
2	15
3	10
5	6
6	5
10	3
15	2

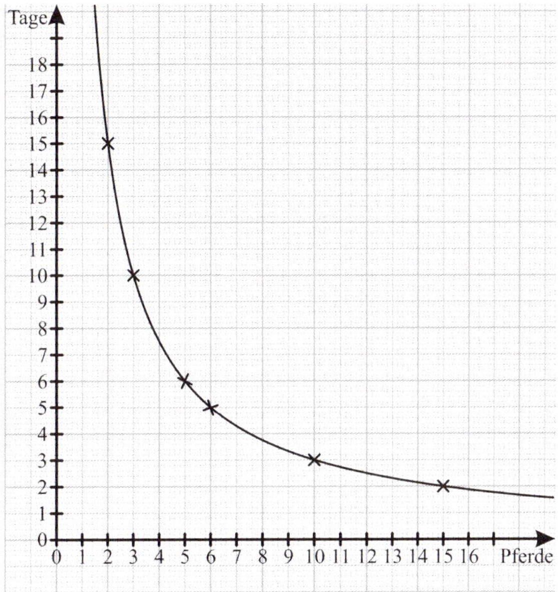

10. Für 2 Pferde reicht ein Futtervorrat 6 Tage.

Pferde	Tage
2	6
3	
	2

a) Übertrage die Tabelle in dein Heft und ergänze sie.

b) Lies im Schaubild ab:
Wie viele Tage reicht der Futtervorrat bei 4 Pferden, 1 Pferd, 12 Pferden?
Prüfe durch Rechnung.

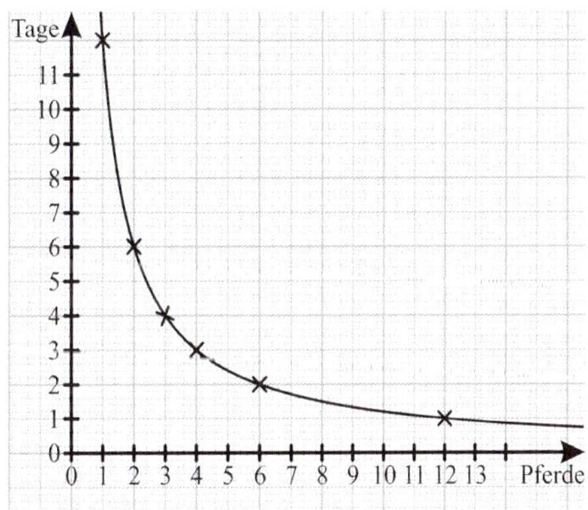

11. Ein Rechteck soll eine Fläche von 36 m^2 haben.

a) Wie lang können die Seiten sein? Übertrage die Tabelle in dein Heft und ergänze sie.

b) Zeichne ein Schaubild zur Tabelle. Nimm eine Karolänge für 1 m auf der Rechtsachse und eine Karolänge für 1 m auf der Hochachse.

c) Lies die Seitenlänge b im Schaubild ab.
Seitenlänge a: 9 m, 18 m, 4,50 m, 1,50 m.
Prüfe durch Rechnung.

Seite a (m)	Seite b (m)
1	36
2	18
3	
4	
6	

12. Die Malerarbeiten in einem Neubau können von 6 Handwerkern in 4 Tagen durchgeführt werden.

a) Wie lange würden 2 Handwerker für die Arbeit brauchen?

b) Übertrage die Tabelle in dein Heft und ergänze sie.

c) Zeichne ein Schaubild zur Tabelle. Nimm für 1 Handwerker eine Karolänge auf der Rechtsachse und für 1 Tag eine Karolänge auf der Hochachse.

Handwerker	Tage
1	▪
2	▪
3	▪
4	▪
6	4
8	▪
12	▪

3.5 Zuordnungen mit Grundbetrag

Beim Verbrauch von Strom, Wasser und Gas ist außer dem Verbrauchspreis jeden Monat ein Grundbetrag zu zahlen.

Beispiel:

Erdgas: Grundbetrag 2,00 €
Verbrauchspreis 0,50 € für jeden m^3

Monatliche Kosten bei einem Verbrauch von 8 m^3:

$2{,}00\ € + 8 \cdot 0{,}50\ € = 2{,}00\ € + 4{,}00\ € = 6{,}00\ €$

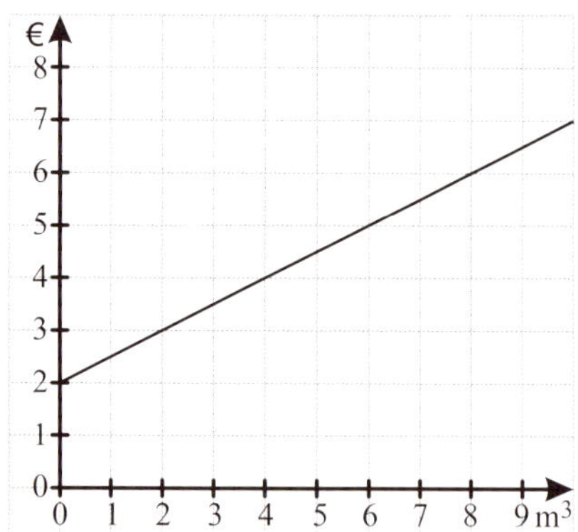

Das Schaubild der Zuordnung ist eine Gerade, die nicht durch den Nullpunkt verläuft.

1. In Neustadt beträgt der monatliche Grundpreis für Erdgas 5,00 €; 1 m^3 Gas kostet 0,25 €.

Verbrauch (m^3)	Gesamtkosten (€)
0	5,00
10	7,50
20	▪
30	▪
50	▪
70	▪

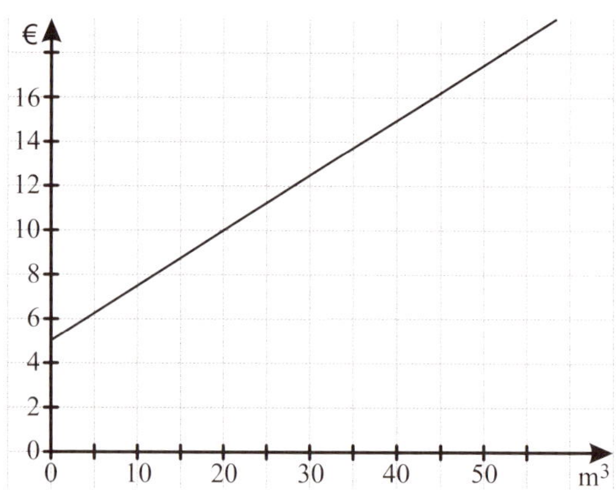

a) Übertrage die Tabelle in dein Heft und ergänze sie.

b) Wie hoch sind die monatlichen Kosten bei einem Verbrauch von 40 m^3, 60 m^3, 55 m^3 und 25 m^3?

2. Für einen Wasserzähler sind jeden Monat 10 € zu zahlen. Für jeden verbrauchten m^3 werden 2,50 € berechnet.

a) Übertrage die Tabelle in dein Heft und ergänze sie.

b) Zeichne ein Schaubild zur Tabelle. Nimm für 1 m^3 eine Karolänge auf der Rechtsachse und für 10 € zwei Karolängen auf der Hochachse.

c) Lies die Gesamtkosten ab für einen monatlichen Verbrauch von 8 m^3, 14 m^3, 18 m^3, 24 m^3 und 28 m^3. Prüfe durch Rechnung.

Verbrauch (m^3)	Gesamtkosten (€)
0	10,00
4	
10	
30	

3. Ein Elektro-Service berechnet für die Anfahrt 10 €. Für jede Monteurstunde werden 30 € in Rechnung gestellt.

a) Übertrage die Tabelle in dein Heft und ergänze sie.

b) Zeichne ein Schaubild zur Tabelle. Nimm für 1 h vier Karolängen auf der Rechtsachse und für 10 € zwei Karolängen auf der Hochachse.

c) Lies die Gesamtkosten ab für $\frac{1}{2}$ h, $1\frac{1}{2}$ h, $2\frac{1}{2}$ h und $3\frac{1}{2}$ h. Prüfe durch Rechnung.

Monteurstunden	Gesamtkosten (€)
1	40,00
2	
3	
4	

4. Bei Familie Schubert wird die Waschmaschine repariert. Der Kundendienst berechnet für die Anfahrt 9 €. Jede angefangene Monteurstunde kostet 36 €. Die Reparatur dauert 45 Minuten. Wie hoch ist die Rechnung?

5. Eine Autovermietung bietet Kleintransporter für einen Tag zum Preis von 35 € an. Darin sind bereits 30 Frei-Kilometer enthalten. Für jeden weiteren km sind 0,45 € zu zahlen.
Marc und Julia mieten für ihren Wohnungsumzug ein Fahrzeug. Sie fahren insgesamt 130 km. Wie viel Euro müssen sie zahlen?

6. Joanna lässt einen Farbfilm mit 36 Aufnahmen entwickeln und Abzüge von allen Bildern anfertigen. Sie zahlt 1,80 € für die Entwicklung und 0,25 € für jedes Bild. Welchen Gesamtbetrag muss Joanna bezahlen?

7. Familie Özkan bestellt im Möbelhaus 5 Stühle zu je 78 €. Für die Anlieferung werden 25 € berechnet. Welchen Gesamtbetrag zahlt Familie Özkan?

8. Ein Autohandel bietet ein Fahrzeug zum Leasing ohne Anzahlung für 189 € pro Monat an. Dazu kommen einmalige Transportkosten von 490 €. Herr Gorski least einen Wagen für 3 Jahre. Wie hoch sind für ihn die Gesamtkosten?

9. Frau Blauert zahlt für ihr Handy eine monatliche Grundgebühr von 12,40 € und Verbindungsgebühren von 0,24 € für jede angefangene Minute. Im letzten Monat hat sie 143 Minuten telefoniert. Wie hoch ist die Rechnung?

10. Eine Autovermietung bietet einen Wagen zu unterschiedlichen Bedingungen an.
Angebot A: 240 € einschließlich aller gefahrenen km.
Angebot B: Grundpreis 60 €, für jeden gefahrenen km zusätzlich 0,45 €.

a) Frau Pahlke möchte einen Kunden in Stuttgart besuchen. Sie muss ungefähr 300 km zurücklegen. Welches Angebot ist günstiger für Frau Pahlke?

b) Herr Ebert muss nach Köln und zurück ungefähr 500 km fahren. Welches Angebot sollte er wählen?

3.6 Verhältnisse

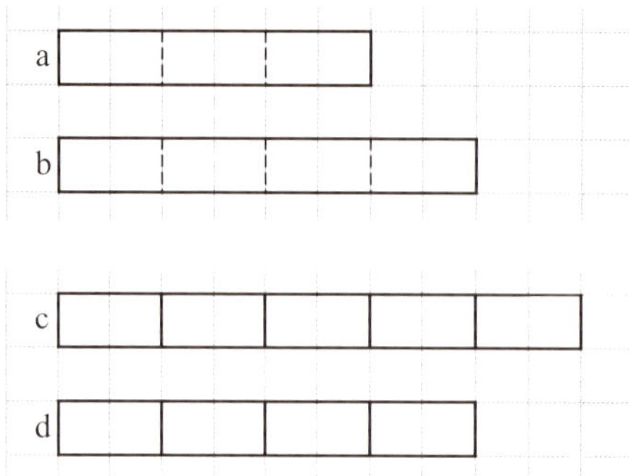

Streifen a ist 6 Karos lang. Streifen b ist 8 Karos lang.
Die Längen stehen im Verhältnis a : b = 6 : 8

Verhältnisse kann man kürzen und erweitern.

$a : b = 6 : 8 = \frac{6}{8} = \frac{3}{4} = 3 : 4$

$c : d = 5 : 4 = \frac{5}{4} = \frac{10}{8} = 10 : 8$

1. Kürze die Verhältnisse so weit wie möglich.

a) 30 : 50 **b)** 10 : 5 **c)** 12 : 9 **d)** 6 : 18 **e)** 20 : 15 **f)** 18 : 30

2. Gib das Verhältnis in möglichst kleinen Zahlen an.

a) 30 cm : 40 cm
25 cm : 45 cm
12 cm : 4 cm

b) 8 € : 2 €
9 € : 6 €
20 € : 45 €

c) 24 kg : 16 kg
30 kg : 16 kg
15 kg : 12 kg

18 cm : 12 cm = 18 : 12
= 3 : 2

3. Murat und Lena kochen Kirschkompott. Das Verhältnis von Früchten zu Zucker ist 10 : 3. Wie viel kg Zucker nehmen sie auf 10 kg Kirschen? Wie viel kg Kompott ergibt das?

4. Aus Fruchtsirup und Mineralwasser kann man eine durstlöschende Limonade mischen. Das Verhältnis von Fruchtsirup zu Mineralwasser ist 1 : 9.

a) Wie viel *l* Mineralwasser braucht man für 0,1 *l* Fruchtsirup? Wie viel *l* Limonade erhält man?

b) Wie viel *l* Fruchtsirup braucht man für 2,7 *l* Mineralwasser? Wie viel *l* Limonade ergibt die Mischung?

5. Zum Einkochen von Pflaumenmus mischt Kathrin Früchte und Zucker im Verhältnis 5 : 4. Ergänze die fehlenden Zahlen in der Tabelle.

Früchte	5 kg	10 kg	0,5 kg				
Zucker	4 kg			2 kg	6 kg		
Pflaumenmus						27 kg	36 kg

6. Lea und Maximilian teilen 12 Äpfel im Verhältnis 3 : 1 unter sich auf.

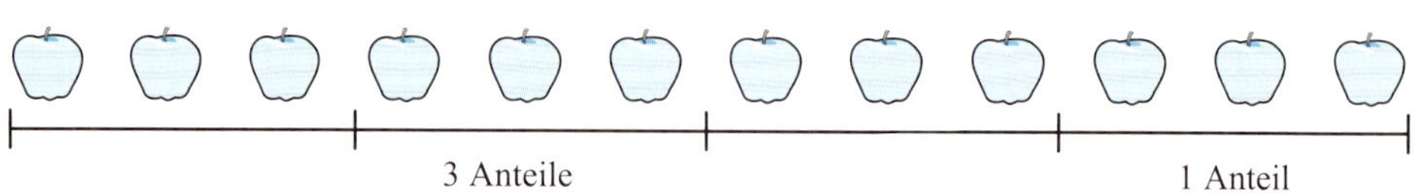

a) Wie viele Anteile sind es insgesamt?

b) Wie viele Anteile bekommt Lea, wie viele Anteile bekommt Maximilian?

c) Wie viele Äpfel bekommt jedes der beiden Kinder?

7. Frau Arp und Herr Dold teilen einen Gewinn von 1 000 € im Verhältnis 2 : 3.

a) Wie viele Anteile sind insgesamt zu verteilen? Wie viel € sind ein Anteil?

b) Wie viele Anteile bekommt Frau Arp, wie viele Anteile bekommt Herr Dold?

c) Wie viel € bekommt Frau Arp, wie viel € bekommt Herr Dold?

8. Frau Burkert, Herr Ritter und Frau Simm bilden eine Tippgemeinschaft. Frau Burkert zahlt 3 €, Herr Ritter zahlt 2 € und Frau Simm zahlt 1 € Einsatz. Ein Gewinn von 1 800 € soll im Verhältnis der Einsätze verteilt werden. Wie viel € erhält jedes der 3 Mitglieder der Tippgemeinschaft?

9. Ergänze die Tabelle für die Verteilung von Geldbeträgen zwischen 2 Personen A und B.

Verhältnis A : B	4 : 3	3 : 5		6 : 4	2 : 3		2 : 9
zu verteilen	700 €			180 €		120 €	
A bekommt		300 €	800 €			70 €	
B bekommt			700 €		66 €		270 €

10. Zur Herstellung von Glocken werden Kupfer und Zinn im Verhältnis 4 : 1 zu Bronze verschmolzen. Die Kaiserglocke des Kölner Doms wiegt 27 550 kg. Wie viel kg Kupfer und wie viel kg Zinn wurden zu ihrer Herstellung gebraucht?

3.7 Maßstab

Der **Maßstab** gibt das Verhältnis zwischen Längen in einem Bild und in der Wirklichkeit an.

Beispiel: Maßstab 1 : 100 bedeutet; 1 cm im Bild sind 100 cm in der Wirklichkeit.

$$\frac{\text{Länge im Bild}}{\text{Länge in der Wirklichkeit}} = \frac{1}{100}$$

3,5 cm im Bild sind 100 · 3,5 cm = 350 cm in der Wirklichkeit.
680 cm in der Wirklichkeit sind 680 cm : 100 = 6,8 cm im Bild.

1. Wie lang sind die Strecken in der Wirklichkeit?

a) Maßstab 1 : 100	4 cm	2,5 cm	0,8 cm	22,3 cm
b) Maßstab 1 : 500	3 cm	2,8 cm	7,5 cm	12,7 cm
c) Maßstab 1 : 50 000	7 cm	0,3 cm	8,6 cm	7,4 cm
d) Maßstab 1 : 100 000	2 cm	6,4 cm	0,4 cm	9,6 cm

2. Auf einer Wanderkarte im Maßstab 1 : 25 000 ist eine Wanderstrecke 7 cm lang. Wie lang ist die Wanderstrecke in der Wirklichkeit?

3. Die Straße von Altenberg nach Burgweiler hat auf einer Karte im Maßstab 1 : 200 000 die Länge 17,4 cm. Wie weit sind die Orte in Wirklichkeit voneinander entfernt?

4. Silja hat das Wohnzimmer ihrer Familie ausgemessen und einen Plan gezeichnet. Das Zimmer ist in der Wirklichkeit 6,50 m lang und 4,20 m breit. Im Plan ist das Zimmer 13 cm lang und 8,4 cm breit. In welchem Maßstab hat Silja den Plan gezeichnet?

4 Prozentrechnung

4.1 Grundbegriffe der Prozentrechnung

Prozent bedeutet **Hundertstel**. Das Zeichen für Prozent ist %.

Beispiele: $18\% = \frac{18}{100} = 0{,}18$ $\quad 7\% = \frac{7}{100} = 0{,}07$ $\quad 123\% = \frac{123}{100} = 1{,}23$

1. Schreibe mit dem Zeichen %.

a) 8 Prozent 11 Prozent 150 Prozent 50 Prozent 10 Prozent

b) $\frac{5}{100}$ $\frac{12}{100}$ $\frac{3}{100}$ $\frac{1}{100}$ $\frac{10}{100}$ $\frac{27}{100}$ $\frac{117}{100}$ $\frac{312}{100}$

2. Welcher Bruchteil ist eingefärbt? Erweitere auf den Nenner 100, dann schreibe in Prozent.

a) 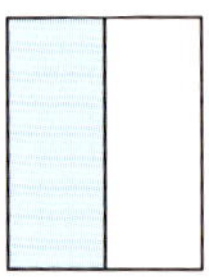
b) 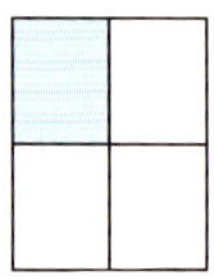
c) 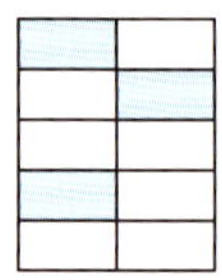

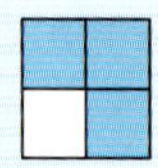
$\frac{3}{4} = \frac{75}{100}$
$\frac{3}{4} = 75\%$

d) 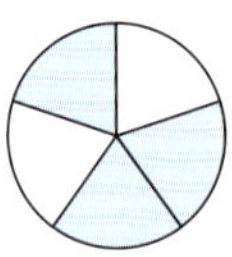
e) 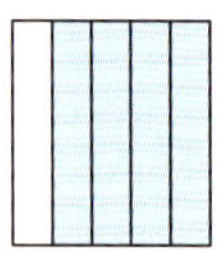
f) 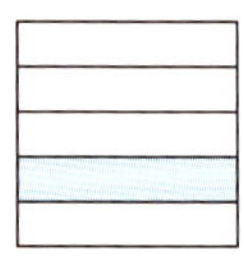
g) 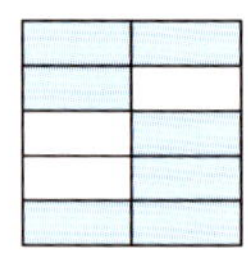

3. Schreibe mit dem Nenner 100, dann in Prozent.

a) $\frac{1}{4}$ $\frac{1}{2}$ $\frac{4}{10}$ **b)** $\frac{7}{10}$ $\frac{3}{25}$ $\frac{4}{5}$ **c)** $\frac{13}{10}$ $\frac{23}{10}$ $\frac{31}{10}$

d) $\frac{3}{20}$ $\frac{5}{20}$ $\frac{7}{20}$ **e)** $\frac{8}{25}$ $\frac{9}{10}$ $\frac{3}{50}$ **f)** $\frac{17}{50}$ $\frac{60}{50}$ $\frac{70}{50}$

4. Schreibe als Bruch mit dem Nenner 100. Kürze so weit wie möglich.

a) 50% 25% 30% 90% 10%

b) 80% 2% 110% 5% 75%

$70\% = \frac{70}{100}$
$= \frac{7}{10}$

5. Schreibe in Prozent.

a) 0,23 0,74 0,25 0,04 0,10

b) 0,50 0,75 0,20 0,01 1,20

$0{,}47 = \frac{47}{100} = 47\%$

6. Schreibe als Hundertstelbruch und als Dezimalbruch.

a) 17% 30% 10% 5% 1% 15%

b) 25% 75% 20% 4% 90% 120%

$31\% = \frac{31}{100} = 0{,}31$

7. Gib in Prozent oder als Dezimalbruch an.

a) 0,112 0,175 0,049 0,005 0,023

b) 5,7% 13,2% 4,5% 3,6% 17,7%

$0{,}135 = 13{,}5\%$
$8{,}7\% = 0{,}087$

8. Schreibe als Dezimalbruch, dann in Prozent.

a) $\frac{3}{8}$ $\frac{5}{8}$ $\frac{6}{8}$ $\frac{11}{8}$ $\frac{1}{16}$ $\frac{5}{16}$ $\frac{15}{16}$

b) $\frac{19}{40}$ $\frac{3}{40}$ $\frac{38}{40}$ $\frac{57}{40}$ $\frac{25}{40}$ $\frac{31}{40}$ $\frac{51}{40}$

$\frac{1}{8} = 1 : 8 = 0{,}125 = 12{,}5\%$

G	$\xrightarrow{\cdot\, p\%}$	P
Grundwert	**Prozentsatz**	**Prozentwert**
das Ganze		Teil des Ganzen

Beispiel:
Eine Fabrik liefert 850 Autos aus. Davon sind 40% Kombifahrzeuge. Das sind 340 Fahrzeuge.

Grundwert: 850	Prozentsatz: 40%	Prozentwert: 340
850	$\xrightarrow{\cdot\, 40\%}$	340

9. Nenne Grundwert, Prozentsatz und Prozentwert.

a) Eine Buchhandlung verkauft 250 Bücher. Davon sind 20% Sachbücher. Das sind 50 Bücher.

b) Von einer Straße sind bereits 70% fertiggestellt. Das sind 140 m. Die Straße wird 200 m lang.

c) In einem Kleingarten sind 180 m^2 der 300 m^2 Gartenfläche mit Gemüse bepflanzt. Das sind 60% der Gartenfläche.

d) Paulina hat von 30 Rechenaufgaben 24 richtig gelöst. Das sind 80% aller Aufgaben.

e) Jan sammelt Briefmarken. Er hat 490 Marken aus Europa. Das sind 70% seiner Sammlung. Jan hat insgesamt 700 Briefmarken.

4.2 Berechnung des Prozentwertes

Bei einem Volkslauf erreichten 85% der 240 Teilnehmerinnen und Teilnehmer das Ziel. Wie viele Personen erreichten das Ziel?

Lösung mit der Formel:

$G \xrightarrow{\cdot\, p\%} P$

$240 \xrightarrow{\cdot\, 85\%} P$

$P = G \cdot \frac{p}{100}$

$P = 240 \cdot \frac{85}{100} = 240 \cdot 0{,}85$

$P = 204$

Lösung mit der Tabelle:

100%	240
1%	$\frac{240}{100}$
85%	$\frac{240}{100} \cdot 85$

$\frac{240}{100} \cdot 85 = 204$

Lösung am Bruchstrich:

$85\% \mathrel{\hat=} x$
$100\% \mathrel{\hat=} 240$

100% 1% 85%	$x = \frac{240 \cdot 85}{100}$

$x = 204$

204 Personen erreichten das Ziel.

1. Bestimme 1% der Größe. Gib in einer kleineren Einheit an.

a) 1 € **b)** 1 m **c)** 1 dm **d)** 1 hl **e)** 1 m^2 **f)** 1 kg **g)** 1 km **h)** 1 t

2. Berechne den Prozentwert.

3% von: 4 000 m 600 m 250 m 130 m 80 m 1 500 m

3. Runde auf Cent, wenn nötig.

a)	15% von:	6 000 €	800 €	750 €	140 €	90 €	74 €
b)	3,9% von:	124 €	366 €	2 410 €	7 185 €	8 347 €	
c)	5,8% von:	77 €	138 €	467 €	3 192 €	3 888 €	

4. Von den 450 Schülerinnen und Schülern einer Hauptschule sind 54% Mitglied in einem Sportverein. Wie viele Schülerinnen und Schüler der Schule treiben Sport in einem Verein?

5. Von 2 000 Losen einer Lotterie sind 28% Gewinne. Wie viele Gewinnlose sind es?

6. Frau Alt kauft ein Fernsehgerät für 490 €. Weil sie bar bezahlt, bekommt sie einen Preisnachlass von 2%. Um wie viel Euro ermäßigt sich der Preis?

7. Eine Buchhändlerin bekommt 2 000 Briefumschläge geliefert. Davon sind 60% weiße Umschläge. Wie viele Briefumschläge der Lieferung sind weiß?

8. Für das Dach eines Neubaus werden 3 500 Dachziegel gebraucht. Der Dachdecker bestellt 5% Ziegel mehr. Wie viele Ziegel bestellt er mehr?

9. Das monatliche Einkommen einer Familie beträgt 1 900 €. Davon werden 19% für Lebensmittel ausgegeben. Wie viel Euro gibt die Familie im Monat für Lebensmittel aus?

4.3 Berechnung des Grundwertes

Unter den Besuchern eines Fußballspiels waren 1 280 Jugendliche. Das waren 32% aller Besucher. Wie viele Personen besuchten das Spiel?

Lösung mit der Formel:

$G \xrightarrow{\cdot p\%} P$

$G = P : \frac{p}{100}$

$G = 1\,280 : \frac{32}{100} = 1\,280 : 0{,}32$

$G = 4\,000$

Lösung mit der Tabelle:

32%	1 280
1%	$\frac{1\,280}{32}$
100%	$\frac{1\,280}{32} \cdot 100$

$\frac{1\,280}{32} \cdot 100 = 4\,000$

Lösung am Bruchstrich:

100% ≙ x
32% ≙ 1 280

32%, 1%, 100% | $x = \frac{1\,280 \cdot 100}{32}$

$x = 4\,000$

Das Fußballspiel wurde von 4 000 Personen besucht.

1. Berechne den Grundwert G.

a)	50% von G sind:	170 €	125 €	49 €	317 €
b)	30% von G sind:	270 kg	465 kg	69 kg	246 kg

2. Berechne den Grundwert G.

a)	**b)**	**c)**
18% von G = 936 m^2	117% von G = 351 m	2,5% von G = 150 €
29% von G = 928 m^2	121% von G = 847 m	4,2% von G = 147 €
42% von G = 231 m^2	108% von G = 918 m	5,7% von G = 171 €

3. Jan spart jeden Monat 12 €. Das sind 40% seines Taschengeldes. Wie viel Taschengeld bekommt Jan im Monat?

4. In einem Neubaugebiet wird ein Fußweg angelegt. Es sind bereits 156 m Fußweg fertiggestellt, das sind 65% der Gesamtlänge. Wie lang wird der Fußweg?

5. Von den Besuchern eines Handballspiels haben 24% eine Dauerkarte. Das sind 612 Besucher. Wie viele Personen besuchen das Spiel?

6. An einem Volkslauf nehmen 168 Frauen teil. Das sind 48% aller teilnehmenden Personen. Wie viele Personen laufen insgesamt mit?

7. Ein Paar Sandalen kostet im Sonderangebot 19,50 €. Das sind 65% des ursprünglichen Preises. Wie hoch war der ursprüngliche Preis?

8. Ein Tisch wird im Räumungsverkauf für 161 € angeboten. Das sind 46% des ursprünglichen Preises. Wie teuer war der Tisch vorher?

4.4 Berechnung des Prozentsatzes

Ein Fahrradhersteller liefert 400 Fahrräder aus. Darunter sind 260 Trekking-Räder. Wie viel Prozent der ausgelieferten Fahrräder sind Trekking-Räder?

Lösung mit der Formel:

$$G \xrightarrow{\cdot p\%} P$$

$$p\% = \frac{P}{G}$$

$$p\% = \frac{260}{400} = \frac{65}{100} = 0{,}65$$

$$p\% = 65\%$$

Lösung mit der Tabelle:

400	100%
1	$\frac{100}{400}\%$
260	$\frac{100}{400} \cdot 260\%$

$$\frac{100}{400} \cdot 260 = 65$$

Lösung am Bruchstrich:

260 ≙ x%
400 ≙ 100%

400 1 260	$x = \frac{100 \cdot 260}{400}$

$$x = 65$$

65% der ausgelieferten Fahrräder sind Trekking-Räder.

1. Berechne den Prozentsatz.

a) p% von 800 € = 160 €
p% von 950 € = 475 €
p% von 600 € = 240 €

b) p% von 700 kg = 525 kg
p% von 500 kg = 190 kg
p% von 280 kg = 182 kg

c) p% von 7 000 € = 175 €
p% von 6 600 € = 363 €
p% von 8 000 € = 632 €

2. **a)** p% von 1 m = 10 cm
p% von 3 m = 60 cm
p% von 5 m = 75 cm

b) p% von 1 € = 1 Cent
p% von 8 € = 40 Cent
p% von 9 € = 45 Cent

c) p% von 1 kg = 100 g
p% von 3 kg = 150 g
p% von 7 kg = 280 g

3. Obsthändler Siebert hat auf dem Wochenmarkt von 120 kg Äpfeln bis Mittag 114 kg verkauft. Wie viel Prozent der Gesamtmenge hat Herr Siebert verkauft?

4. Frau Arp bezahlte bisher 320 € Miete. Nach einer Mieterhöhung muss sie monatlich 12,80 € mehr bezahlen. Um wie viel Prozent wurde die Miete erhöht?

5. In einer 9. Klasse sind 14 Mädchen und 11 Jungen. Wie viel Prozent aller Schülerinnen und Schüler sind Mädchen, wie viel Prozent sind Jungen?

6. Eine 75 km lange Teilstrecke der Autobahn erhält eine neue Fahrbahndecke. Auf einer Länge von 40,5 km konnten die Arbeiten vor Beginn der Ferienzeit abgeschlossen werden. Wie viel Prozent der zu erneuernden Strecke sind fertig?

7. Im vorigen Jahr erntete Landwirt Dannert 6 800 kg Äpfel. In diesem Jahr waren es 170 kg weniger. Um wie viel Prozent war die Ernte in diesem Jahr geringer?

8. Ein Geschäftsmann konnte seine Einnahmen um 6 120 € steigern. Vorher betrugen die Einnahmen 72 000 €. Um wie viel Prozent sind die Einnahmen gestiegen?

4.5 Promille

Kleine Anteile werden in **Promille** angegeben. Promille bedeutet **Tausendstel**. Das Zeichen für Promille ist ‰.

Beispiele:

$1‰ = \frac{1}{1000} = 0{,}001 = 0{,}1\%$ $\quad 2‰ = \frac{2}{1000} = 0{,}002 = 0{,}2\%$ $\quad 5‰ = \frac{5}{1000} = 0{,}005 = 0{,}5\%$

Gerechnet wird wie in der Prozentrechnung.

$$G \xrightarrow{\cdot\, p‰} P$$

Grundwert — Promillesatz — Promillewert

Eine Versicherungskauffrau vermittelt einen Versicherungsvertrag über 125 000 €.
Sie erhält 2‰ der Versicherungssumme als Provision. Das sind 250 €.

$$125\,000 \xrightarrow{\cdot\, 2‰} 250$$

Grundwert — Promillesatz — Promillewert

1. Berechne den Promillewert.
   a) 5‰ von 35 000 €
   7‰ von 14 000 €
   b) 2‰ von 36 400 €
   3‰ von 99 500 €
   c) 3,5‰ von 150 000 €
   4,2‰ von 240 000 €

2. Der Vertreter einer Bausparkasse erhält für den Abschluss eines neuen Vertrages 3‰ der Bausparsumme als Provision. Wie viel Euro erhält er für einen Vertrag von 70 000 €?

3. Frau Mehlert erhält für den Abschluss einer Feuerversicherung über 160 000 € eine Provision von 400 €. Wie viel Promille der Versicherungssumme bekommt Frau Mehlert?

4. Familie Becker hat ihr Wohnhaus gegen Feuerschäden versichert. Sie zahlt jährlich 357 € Versicherungsprämie. Das sind 1,7‰ der Versicherungssumme. Zu welchem Wert hat Familie Becker das Haus versichert?

5. Eine Schaufensterscheibe ist mit einem Wert von 1 200 € versichert. Die Jahresprämie für die Versicherung beträgt 4,20 €. Wie hoch ist der Promillesatz?

4.6 Erhöhung und Verminderung des Grundwertes

Erhöhung des Grundwertes

Wird zum Grundwert G der Prozentwert p% von G addiert, so erhält man den um p% erhöhten Grundwert.

Grundwert G 100% von G	Erhöhung p% von G
erhöhter Grundwert (100 + p)% von G	

Beispiel: Ein Schwimmbad wurde im letzten Jahr von 22 500 Gästen besucht. In diesem Jahr waren es 16% mehr. Wie viele Gäste waren es in diesem Jahr?

1. Weg:

Gäste letztes Jahr: 22 500

Erhöhung: 16% von 22 500 = 3 600

Gäste dieses Jahr: 22 500 + 3 600 = 26 100

2. Weg:

$22\,500 \xrightarrow{\cdot (100+16)\%} x$

$x = 22\,500 \cdot \frac{116}{100} = 22\,500 \cdot 1{,}16$
$= 26\,100$

In diesem Jahr waren 26 100 Gäste in dem Schwimmbad.

1. Berechne den erhöhten Grundwert.

Grundwert	150 €	80 €	6 500 €	3 550 €	90 €	380 €	1 420 €
Erhöhung um	7%	3%	15%	44%	0,5%	7,5%	6,9%

Verminderung des Grundwertes

Wird vom Grundwert G der Prozentwert p% von G subtrahiert, so erhält man den um p% verminderten Grundwert.

Grundwert G 100% von G	
verminderter Grundwert (100 – p)% von G	Verminderung p% von G

Beispiel: Zu einem Bundesliga-Spiel kamen in der vorigen Woche 27 500 Zuschauer. In dieser Woche sind es 4% weniger. Wie viele Zuschauer sind es in dieser Woche?

1. Weg

Zuschauer vorige Woche: 27 500

Verminderung: 4% von 27 500 = 1 100

Zuschauer diese Woche: 27 500 – 1 100 = 26 400

2. Weg

$27\,500 \xrightarrow{\cdot (100-4)\%} x$

$x = 27\,500 \cdot \frac{96}{100} = 27\,500 \cdot 0{,}96$
$= 26\,400$

In dieser Woche kamen 26 400 Zuschauer zu dem Spiel.

2. Berechne den verminderten Grundwert.

Grundwert	150 €	80 €	6 500 €	3 550 €	90 €	380 €	1 420 €
Verminderung um	7%	3%	15%	44%	0,5%	7,5%	6,9%

3. Berechne den erhöhten oder verminderten Grundwert.

a)	**b)**	**c)**	**d)**
7 200 kg (+ 13%)	680 m (+ 25%)	6 400 m^2 (– 12%)	83 € (– 12%)
4 800 kg (+ 22%)	760 m (+ 13%)	7 500 m^2 (– 23%)	62 € (– 25%)
6 900 kg (+ 11%)	410 m (+ 37%)	700 m^2 (– 18%)	48 € (– 33%)
8 100 kg (+ 47%)	550 m (+ 41%)	9 500 m^2 (– 31%)	97 € (– 18%)

4. Die Schule am Burgtor wurde im vorigen Jahr von 450 Schülerinnen und Schülern besucht. In diesem Jahr sind es 8% mehr. Wie hoch ist die Schülerzahl jetzt?

5. Auf einer Packung Orangensaft steht: „Jetzt mit 20% mehr Inhalt." Früher enthielt eine Packung 1 *l* Saft. Wie viel Saft ist jetzt in der Packung?

6. Ein Ferienort hatte im vergangenen Jahr 46 200 Übernachtungen. In diesem Jahr ist die Zahl der Übernachtungen um 12% zurückgegangen. Wie viele Übernachtungen sind es in diesem Jahr?

7. Eine alte Waschmaschine verbraucht für eine Ladung Wäsche 105 *l* Wasser. Bei einer modernen Maschine ist der Wasserverbrauch um 20% geringer. Wie viel Liter Wasser werden verbraucht?

8. Bei Tarifverhandlungen wird vereinbart, die Löhne und Gehälter um 4% anzuheben. Frau Schwarz hatte bisher einen Stundenlohn von 9,50 €. Wie hoch ist ihr neuer Stundenlohn?

9. Berechne die neuen Stundenlöhne bei einer Tariferhöhung um 3%. Runde auf Cent.
Alter Stundenlohn: 8,70 € 9,30 € 9,75 € 10,86 € 11,25 €

10. Ein Samengroßhändler lagert im Herbst 55 t Steckzwiebeln ein. Während der Lagerung muss mit einem Schwund von 4% gerechnet werden. Wie viel Tonnen Steckzwiebeln können im Frühjahr zum Verkauf angeboten werden?

11. Familie Krause bezahlte für die Wohnung bisher 380 € im Monat. Die Miete wird um 12% erhöht. Wie hoch ist die neue Miete?

12. Die Miete für eine Wohnung wird von 480 € auf 552 € erhöht. Wie viel Prozent der alten Miete beträgt die Erhöhung?

13. Berechne den Grundwert vor der Erhöhung.

Erhöhter Wert	44 €	325 €	75,60 €	30,55 €	1271 €	80,40 €
Erhöhung um	10%	25%	5%	30%	2,5%	0,5%

14. Berechne den Grundwert vor der Verminderung.

Verminderter Wert	810 €	213 €	385 €	978,50 €	39,80 €	214,50 €
Verminderung um	10%	25%	30%	5%	0,5%	2,5%

15. Frau Svensson zahlt nach einer Mieterhöhung 192 € Miete im Monat. Das sind 120% der früheren Miete. Wie hoch war die Miete vor der Erhöhung?

16. Eine Naturschutzorganisation zählt in diesem Jahr 218 400 Mitglieder. Das sind 4% mehr als im Vorjahr. Wie viele Mitglieder hatte die Organisation im vorigen Jahr?

Einkauf und Verkauf, Mehrwertsteuer

Verkaufspreis 100%	MwSt p%
Rechnungsbetrag (100 + p)%	

Rechnungsbetrag 100%	
Barzahlungspreis (100 − p)%	Rabatt/Skonto p%

Rabatt: Preisnachlass bei Bezug größerer Mengen oder bei Sonderangeboten
Skonto: Preisnachlass bei sofortiger Zahlung

17. Der Listenpreis für einen Roller beträgt 1 900 €. Dazu kommt noch die Mehrwertsteuer von 16%. Zu welchem Preis wird der Roller verkauft?

18. Firma Schulz erhält eine Rechnung über 685 €. Bei Zahlung innerhalb von 3 Tagen dürfen 3% Skonto abgezogen werden. Welcher Betrag muss überwiesen werden?

19. Ein Videorecorder kostet 261 €. Im Preis sind 16% Mehrwertsteuer enthalten. Wie viel Euro kostet das Gerät ohne Mehrwertsteuer?

20. Im Schlussverkauf wird der Preis für einen Mantel um 48% auf 65 € herabgesetzt. Zu welchem Preis wurde der Mantel vorher verkauft?

21. Der Preis für einen Farbdrucker beträgt 350 €. Dazu kommen noch 16% MwSt. Bei Barzahlung darf der Käufer 2% Skonto vom Rechnungsbetrag abziehen. Wie hoch ist der Barzahlungspreis?

Brutto – Netto

Brutto: Bruttolohn, Bruttogewicht, Bruttogewinn, Bruttoeinkommen
Vor Abzug von Steuern oder anderen Kosten, vor Abzug der Verpackung, ...
Netto: Nettolohn, Nettogewicht, Nettogewinn, Nettoeinkommen
Nach Abzug von Steuern oder anderen Kosten, nach Abzug der Verpackung, ...

22. Ein Lkw hat 14 250 kg Zuckerrüben geladen. Das sind 75% des Bruttogewichts. Wie hoch ist das Bruttogewicht?

23. Herr Sielert erhält ein Nettogehalt von 1221 €. Rund 34% des Bruttogehalts zahlt er an Abgaben. Wie hoch ist sein Bruttogehalt?

24. Eine Kiste mit einer Maschine wiegt 450 kg. Die Maschine wiegt 396 kg. Wie viel Prozent des Bruttogewichts wiegt die Maschine?

25. Ein Glas mit Marmelade wiegt 600 g. Der Inhalt ist mit 450 g angegeben. Wie viel Prozent des Bruttogewichts entfallen auf das Glas?

26. Frau Rüdiger erhält 1 348 € Bruttolohn. Davon werden ihr 31% für Steuern, Krankenversicherung, Rentenversicherung und Arbeitslosenversicherung abgezogen. Wie hoch ist der Nettolohn von Frau Rüdiger?

4.7 Sachaufgaben zur Prozentrechnung

1. Eine Kirchenglocke aus Bronze wiegt 1 350 kg. Bronze besteht zu 78% aus Kupfer und zu 22% aus Zinn. Wie viel kg Kupfer und wie viel kg Zinn wurden für die Glocke gebraucht?

2. Messing ist eine Legierung aus Kupfer und Zink. Berechne das Gesamtgewicht der Messinglegierungen. Wie viel Prozent des Gesamtgewichts sind Kupfer? Wie viel Prozent sind Zink?

Kupfer	144 g	924 g	957 g	1,022 kg	2,310 kg	1,911 kg	1,734 kg
Zink	96 g	396 g	493 g	0,378 kg	0,690 kg	0,539 kg	0,816 kg

3. Wie viel Gramm Zucker sind in 1 kg der Früchte enthalten?

Frucht	Birnen	Äpfel	Kirschen	Trauben
Zuckergehalt	7,5%	8,4%	10,2%	14,9%

4. Ein Hühnerei mittlerer Größe wiegt 52 g, ohne Schale wiegt es 46 g. Wie viel Prozent des ganzen Gewichts entfällt auf die Schale?

5. Kartoffeln enthalten 20% Stärke. Wie viel kg Kartoffeln braucht man für 1 kg Stärke?

6. In Buttermilch sind 0,5% Fett enthalten. Wie viel Gramm Fett enthalten 500 g Buttermilch?

7. Von 200 g Frischkäse sind 140 g Fett. Wie viel Prozent Fett enthält der Frischkäse?

8. In einem Käse mit einem Fettgehalt von 45% sind 225 g Fett enthalten. Wie viel Gramm Käse sind in der Packung?

9. Ein Teppich, der ursprünglich 350 € kostete, wird im Schlussverkauf für 217 € angeboten. Um wie viel Prozent wurde der Preis ermäßigt?

10. Der Preis einer Waschmaschine wird um 4,5% gesenkt. Vor der Preissenkung wurde sie für 700 € angeboten. Wie viel Euro sind nun zu zahlen?

11. Wegen eines Webfehlers wird der Preis für einen Baumwollstoff um 55% auf 4,05 € pro Meter herabgesetzt. Wie viel Euro kostete ein Meter Stoff vor der Preissenkung?

12. Ein Gameboy kostet 69 €. Wegen hoher Nachfrage erhöht der Händler den Preis auf 72,45 €. Um wie viel Prozent wird der Preis erhöht?

13. Ein Händler kauft ein Fahrrad für 360 €. Er möchte beim Verkauf 25% Gewinn machen.
a) Wie hoch ist der Verkaufspreis?
b) Wie hoch ist der Endpreis einschließlich 16% MwSt?

14. Der Endpreis für eine Lampe beträgt 121,80 €. Darin sind 16% MwSt enthalten. Wie hoch ist der Verkaufspreis ohne Mehrwertsteuer?

15. Herrn Mosers Auto verbraucht im Stadtverkehr 11 *l* Benzin auf 100 km. Auf der Landstraße verbraucht es 35% weniger.

16. Frau Radek fährt seit mehreren Jahren unfallfrei. Deshalb zahlt sie nur noch 60% des eigentlichen Versicherungsbeitrags. Sie zahlt 172,80 € pro Jahr. Wie hoch wäre der Versicherungsbeitrag für Frau Radek, wenn sie keine Ermäßigung bekäme?

17. Autohändler Blank übernimmt einen Wagen für 4 100 €. Eine Woche später kann er ihn für 5 330 € verkaufen. Gib seinen Gewinn in Prozent an.

18. Ein Mietshaus bringt jährlich 28 934 € Miete, das sind 6,8% des Hauswertes. Wie viel Euro beträgt der Wert des Hauses?

19. Herr Ehlers ist Versicherungskaufmann. Er vermittelt zwei Versicherungsabschlüsse über je 120 000 € und einen weiteren Abschluss über 40 000 €. Er erhält dafür insgesamt 448 € Provision. Wie viel Promille der gesamten Versicherungssumme bekommt Herr Ehlers?

20. Frau Seifert vergleicht zwei Angebote für Waschmaschinen. Modell A kostet 667 € einschließlich 16% MwSt. Bei einem anderen Händler kostet Modell B 575 € zuzüglich 16% MwSt.

21. Im Jahre 1960 verbrauchte in der Bundesrepublik Deutschland jede Person durchschnittlich 98 *l* Wasser pro Tag. Bis 1990 stieg der Verbrauch um 55%. Wie hoch war der durchschnittliche Wasserverbrauch 1990?

22. Elif hat auf ein Mofa gespart. Es kostet 750 €. Sie muss 70% des Kaufpreises anzahlen. Wie viel Euro sind das?

23. Buchhändlerin Euler bekommt vom Verlag 55 Bücher zu je 19,80 €. Der Verlag gewährt 25% Rabatt. Frau Euler begleicht die Rechnung sofort und darf 2% Skonto vom Rechnungsbetrag abziehen. Wie viel Euro überweist sie?

5 Zinsrechnung

5.1 Jahreszinsen

Schema der Zinsrechnung: $K \xrightarrow{\cdot p\%} Z$

Kapital — Zinssatz — Jahreszinsen (Zinsen für ein Jahr)

Beispiel:
Nina hat 680 € auf ihrem Sparkonto. Dieses Kapital wird mit 3% verzinst.

Berechnung der Zinsen:

Lösung mit der Formel:

$K \xrightarrow{\cdot p\%} Z$

$680 \xrightarrow{\cdot 3\%} Z$

$Z = K \cdot \frac{p}{100}$

$Z = 680 \cdot \frac{3}{100}$

$= 20{,}40$ €

Lösung mit der Tabelle:

100%	680
1%	$\frac{680}{100}$
3%	$\frac{680}{100} \cdot 3$

$\frac{680}{100} \cdot 3 = 20{,}40$

Lösung am Bruchstrich:

$3\% \mathrel{\widehat{=}} x$

$100\% \mathrel{\widehat{=}} 680$

100% 1% 3%	$x = \frac{680 \cdot 3}{100}$

$x = 20{,}40$

Die Jahreszinsen betragen 20,40 €.

Berechnung des Endkapitals:

1. Weg:

Kapital:	680,00 €
Zinsen: 3% von 680 €:	20,40 €
Endkapital: 680 € + 20,40 € =	700,40 €

2. Weg:

$680 € \xrightarrow{(100+3)\%} x$

$x = 680 € \cdot \frac{103}{100} = 680 € \cdot 1{,}03 = 700{,}40 €$

Das Endkapital beträgt 700,40 €.

1. Berechne die Jahreszinsen.

Kapital	650 €	1 280 €	5 840 €	833 €	472,50 €	7 806,40 €	677,30 €	6300 €	780 €
Zinssatz	3%	2,5%	11,9%	4%	6%	5%	7,8%	3,25%	2,75%

2. Für die Anschaffung einer Maschine leiht Bauunternehmer Wegener bei der Bank für ein Jahr 15 000 €. Der Zinssatz ist 9%. Wie viel Euro Zinsen zahlt Herr Wegener?

3. Frau Knauer fehlen zum Kauf eines Autos noch 2 000 €. Der Autohändler vermittelt ihr für ein Jahr einen Kredit über 2000 € zum Zinssatz von 8,7%. Wie viel Euro muss Frau Knauer nach einem Jahr mit den Zinsen zurückzahlen?

4. Das Sparguthaben von Mehmet beträgt 720 €. Die Bank zahlt 2% Zinsen.

a) Wie viel Euro Zinsen bekommt Mehmet in einem Jahr?

b) Wie hoch ist Mehmets Endkapital nach einem Jahr?

5. Herr Brinkmann hat auf der Sparkasse 3 500 € für ein Jahr zu einem Zinssatz von 3% festgelegt. Wie hoch ist sein neues Guthaben nach einem Jahr?

Berechnung des Kapitals

Bei einem Zinssatz von 2% erhält Igor für seine Ersparnisse nach einem Jahr 13,50 € Zinsen. Wie hoch war Igors Sparguthaben?

Lösung mit der Formel:

$K \xrightarrow{\cdot p\%} Z$

$K = Z : \frac{p}{100}$

$K = 13{,}50 : \frac{2}{100} = 13{,}50 : 0{,}02$

$K = 675$ €

Lösung mit der Tabelle:

2%	13,50
1%	$\frac{13{,}50}{2}$
100%	$\frac{13{,}50}{2} \cdot 100$

$\frac{13{,}50}{2} \cdot 100 = 675$

Lösung am Bruchstrich:

$100\% \mathrel{\widehat{=}} x$

$2\% \mathrel{\widehat{=}} 13{,}50$ €

2% 1% 100%	$x = \frac{13{,}50 \cdot 100}{2}$

$x = 675$

Igors Sparguthaben beträgt 675 €.

6. Berechne das Kapital.

Jahreszinsen	28,50 €	65,75 €	270,55 €	466,25 €	95,40 €	8,75 €	211,20 €	3 312 €
Zinssatz	3%	5%	7%	2,5%	4,5%	1,25%	5,5%	9,2%

7. Carolin erhält für ihr Spargeld auf der Sparkasse 2,2% Zinsen. Nach einem Jahr werden ihr 14,30 € gutgeschrieben. Wie viel Euro hatte Carolin auf ihrem Sparkonto?

8. Herr Özkan hat bei der Bank für ein Jahr einen Kredit aufgenommen. Der Zinssatz ist 8,5%. Nach einem Jahr zahlt Herr Özkan 229,50 € Zinsen. Wie viel Euro hat die Bank ihm geliehen?

9. Frau Burkert nimmt zur Anschaffung eines Kopiergerätes bei der Sparkasse für ein Jahr einen Kredit zum Zinssatz von 8,8% auf. Sie muss dafür 114,40 € Zinsen zahlen. Wie viel Euro leiht Frau Burkert bei der Sparkasse?

10. Sascha hatte im vergangenen Jahr immer das gleiche Guthaben auf seinem Sparkonto. Bei einem Zinssatz von 2,9% bekommt er 10,15 € Jahreszinsen. Wie hoch war Saschas Sparguthaben?

Berechnung des Zinssatzes

Verena erhält für ihr Sparguthaben von 280 € im Jahr 8,40 € Zinsen. Wie hoch ist der Zinssatz?

Lösung mit der Formel:

$K \xrightarrow{\cdot p\%} Z$

$p\% = \frac{Z}{K}$

$p\% = \frac{8,40}{280} = 0,03$

$p\% = 3\%$

Lösung mit der Tabelle:

280	100%
1	$\frac{100}{280}$ %
8,40	$\frac{100}{280} \cdot 8,40\%$

$\frac{100}{280} \cdot 8,40 = 3$

Lösung am Bruchstrich:

$8,40 \mathrel{\hat{=}} x\%$

$280 \mathrel{\hat{=}} 100\%$

280	$x = \frac{100 \cdot 8,40}{280}$
1	
8,40	

$x = 3$

Der Zinssatz beträgt 3%.

11. Berechne den Zinssatz.

Kapital	780 €	101,20 €	156,50 €	230 €	21 850 €	208 €	13,50 €	440 €
Jahreszinsen	15,60 €	12,65 €	12,52 €	8,51 €	1 420,25 €	8,84 €	1,62 €	39,16 €

12. Andreas hat nach Ablauf eines Jahres von der Postbank eine Zinsgutschrift über 6,48 € bekommen. Sein Guthaben betrug 360 €. Zu welchem Zinssatz wurde es verzinst?

13. Frau Baumgartner leiht ihrer Freundin für die Einrichtung eines Ladens für ein Jahr 2200 €. Die Freundin zahlt ihr dafür 121 € Zinsen. Berechne den Zinssatz.

14. Für einen Kredit über 65 000 € muss Firma Lüders nach einem Jahr 5 330 € Zinsen zahlen. Zu welchem Zinssatz wurde der Kredit gewährt?

15. Alessandro hat ein Sparguthaben von 480 €. Die Bank zahlt ihm nach einem Jahr 10,80 € Zinsen. Zu welchem Zinssatz hat die Bank das Guthaben verzinst?

5.2 Monatszinsen und Tageszinsen

Bei Verzinsung für weniger als ein Jahr wird die Zeit immer als Bruchteil eines Jahres angegeben.

1 Jahr = 12 Monate   1 Monat = $\frac{1}{12}$ Jahr   1 Zinsjahr = 360 Tage   1 Tag = $\frac{1}{360}$ Zinsjahr

1. Schreibe als Bruchteil eines Jahres. Kürze so weit wie möglich.

a) 6 Monate, 2 Monate **b)** 8 Monate, 9 Monate **c)** 30 Tage, 180 Tage **d)** 20 Tage, 75 Tage

2. Wie viele Monate sind: $\frac{1}{2}$ Jahr $\frac{1}{6}$ Jahr $\frac{1}{3}$ Jahr $\frac{2}{3}$ Jahr $\frac{3}{4}$ Jahr $\frac{5}{6}$ Jahr?

3. Wie viele Tage sind: $\frac{1}{30}$ Jahr $\frac{1}{24}$ Jahr $\frac{1}{60}$ Jahr $\frac{5}{60}$ Jahr $\frac{21}{60}$ Jahr $\frac{1}{120}$ Jahr?

4. Die Jahreszinsen für ein Sparguthaben betragen 72 €. Berechne die Zinsen für:
5 Monate 6 Monate 2 Monate 27 Tage 42 Tage 168 Tage

Berechnung der Zinsen

$$K \xrightarrow{\cdot p\%} Z_1 \xrightarrow{\cdot i} Z$$

Kapital — Zinssatz — Jahreszinsen — Zeit als Bruchteil eines Jahres — Zinsen

Bei allen Aufgaben mit Monats- oder Tageszinsen werden zuerst die Jahreszinsen berechnet.

Martina möchte 900 € zu einem Zinssatz von 3% für 5 Monate anlegen.
Wie viel Euro Zinsen bekommt Martina?

$$900 \xrightarrow{\cdot 3\%} Z_1 \xrightarrow{\cdot \frac{5}{12}} Z$$

1. Schritt: Jahreszinsen $Z_1 = 3\%$ von 900 €
$Z_1 = 27$ €

2. Schritt: Zinsen für 5 Monate

$$27\text{ €} \xrightarrow{\cdot \frac{5}{12}} Z$$
$$Z = 27 \cdot \frac{5}{12} = 11{,}25$$

Die Zinsen für 5 Monate betragen 11,25 €.

Nico legt 420 € zu einem Zinssatz von 2% an. Nach 75 Tagen löst er das Sparkonto auf.
Wie viel Euro Zinsen bekommt Nico?

$$420 \xrightarrow{\cdot 2\%} Z_1 \xrightarrow{\cdot \frac{75}{360}} Z$$

1. Schritt: Jahreszinsen $Z_1 = 2\%$ von 420 €
$Z_1 = 8{,}40$ €

2. Schritt: Zinsen für 75 Tage

$$8{,}40\text{ €} \xrightarrow{\cdot \frac{75}{360}} Z$$
$$Z = 8{,}40 \cdot \frac{75}{360} = 1{,}75$$

Die Zinsen für 75 Tage betragen 1,75 €.

5. Wie viel Euro Zinsen erhält man für 3 240 € bei einem Zinssatz von 4% im Zeitraum von
a) 1 Jahr; **b)** 4 Monaten; **c)** 11 Monaten; **d)** 16 Tagen; **e)** 225 Tagen?

6. Berechne zuerst die Jahreszinsen, dann die Zinsen für die angegebene Zeit.

Kapital	2 496 €	2 250 €	5 508 €	2 400 €	5 040 €	2 475 €	300 €	756 €
Zinssatz	2%	3%	5%	2,5%	4%	8%	9%	7,9%
Zeit	4 Mon.	7 Mon.	10 Mon.	11 Mon.	178 Tage	283 Tage	48 Tage	300 Tage

7. Herr Wilms erhält von der Sparkasse ein Darlehen von 4 800 € zum Zinssatz 8,5%. Nach 5 Monaten zahlt er den Betrag mit Zinsen zurück. Wie hoch ist die Zahlung von Herrn Wilms?

8. Moritz hat 9 Monate lang 300 € auf seinem Sparkonto. Der Zinssatz beträgt 2,5%. Wie viel Euro Zinsen bekommt Moritz?

9. Familie Scheffler kauft eine neue Kücheneinrichtung. Dazu nimmt sie bei der Bank ein Darlehen in Höhe von 1440 € auf. Der Zinssatz beträgt 8,8%. Nach 8 Monaten tilgen Frau und Herr Scheffler das Darlehen einschließlich der angefallenen Zinsen. Wie viel Euro überweisen sie?

10. Herr Schlüter leiht am 1. Juni bei seiner Bank 2 400 € zum Zinssatz 9,2%. Am Jahresende zahlt er den Betrag zuzüglich Zinsen zurück. Wie viel Euro zahlt Herr Schlüter?

11. Zur Eröffnung eines Geschäfts nimmt Frau Dahlmann bei der Bank am 1. Februar ein Darlehen in Höhe von 23 000 € auf, das mit 4,5% zu verzinsen ist. Ihr Geschäft läuft so gut, dass sie am Jahresende das Darlehen einschließlich der angefallenen Zinsen zurückzahlen kann. Wie viel Euro überweist Frau Dahlmann?

12. Frau Oberle kauft einen PC. Sie überzieht deshalb ihr Konto zwei Monate lang um 960 €. Der Zinssatz für die Überziehung beträgt 9,9%. Wie viel Euro Zinsen werden Frau Oberle berechnet?

13. Herr Staab überzieht sein Konto um 300 €. Die Bank rechnet bei Überziehung mit einem Zinssatz von 9%. Nach 20 Tagen kann Herr Staab sein Konto wieder ausgleichen. Wie viel Euro Zinsen berechnet die Bank?

14. Ein Landwirt hat Maschinen für 49 320 € gekauft. Er bezahlt die Rechnung 48 Tage nach dem vereinbarten Zahlungstermin mit 9,5% Verzugszinsen. Wie hoch ist die gesamte Zahlung?

15. Frau Eckener ist Versicherungskauffrau. Für ihr Büro kauft sie neue Möbel für 3 000 €. Sie leiht sich das Geld bei der Sparkasse zum Zinssatz 7,8%, kann es aber bereits nach 147 Tagen zurückzahlen. Wie viel Euro an Zinsen werden Frau Eckener berechnet?

Berechnung des Zinssatzes

Robert hat 780 € auf dem Sparbuch.
Er bekommt für 7 Monate 13,65 € Zinsen.
Wie hoch ist der Zinssatz?

$780\text{ €} \xrightarrow{\cdot p\%} Z_1 \xrightarrow{\cdot \frac{7}{12}} 13{,}65\text{ €}$

1. Schritt: Jahreszinsen berechnen

$Z_1 \xrightarrow{\cdot \frac{7}{12}} 13{,}65\text{ €}$

$Z_1 = 13{,}65 \cdot \frac{12}{7} = 23{,}40$

Die Jahreszinsen betragen 23,40 €.

2. Schritt: Zinssatz berechnen

$780\text{ €} \xrightarrow{\cdot p\%} 23{,}40\text{ €}$

$p\% = \frac{23{,}40}{780} = 0{,}03 = 3\%$

Der Zinssatz beträgt 3%.

Janina hat 540 € gespart. Nach 269 Tagen werden ihr 8,07 € Zinsen gut geschrieben.
Wie hoch ist der Zinssatz?

$540\text{ €} \xrightarrow{\cdot p\%} Z_1 \xrightarrow{\cdot \frac{269}{360}} 8{,}07\text{ €}$

1. Schritt: Jahreszinsen berechnen

$Z_1 \xrightarrow{\cdot \frac{269}{360}} 8{,}07\text{ €}$

$Z_1 = 8{,}07 \cdot \frac{360}{269} = 10{,}80$

Die Jahreszinsen betragen 10,80 €.

2. Schritt: Zinssatz berechnen

$540\text{ €} \xrightarrow{\cdot p\%} 10{,}80\text{ €}$

$p\% = \frac{10{,}80}{540} = 0{,}02 = 2\%$

Der Zinssatz beträgt 2%.

16. Berechne zuerst die Jahreszinsen, dann den Zinssatz.

Zinsen	35 €	21,78 €	15,75 €	12 €	28 €	261,80 €
Zeit	7 Mon.	11 Mon.	3 Mon.	40 Tage	45 Tage	280 Tage
Kapital	1 200 €	396 €	1 400 €	4 500 €	800 €	3 960 €

17. Tamara hat 900 € gespart. Für 4 Monate bekommt sie 7,50 € Zinsen. Wie hoch ist der Zinssatz?

18. Frau Bartels hat 90 000 € geerbt. Das Geld bringt einen monatlichen Zinsertrag von 487,50 €. Zu welchem Zinssatz hat Frau Bartels das Erbe angelegt?

19. Herr Schirmer legt 2 Monate vor Jahresende 72 000 € auf ein Sparkonto. Am Jahresende werden ihm 708 € Zinsen gut geschrieben. Zu welchem Zinssatz hat Herr Schirmer das Geld angelegt?

20. Frau Rickert nimmt einen Kredit von 8 500 € auf. Nach 170 Tagen zahlt sie den Kredit mit 361,25 € Zinsen zurück. Wie hoch war der Zinssatz?

21. Herr Martens hebt ein Guthaben von 6 000 € und zusätzlich die Zinsen für 296 Tage ab. Die Sparkasse zahlt ihm 6 222 € aus. Mit wie viel Prozent wurde das Kapital verzinst?

Berechnung des Kapitals

Herr Kugler hat sein Sparguthaben mit einer Verzinsung von 2% angelegt. Er bekommt nach 11 Monaten 82,50 € Zinsen. Wie hoch ist das angelegte Kapital von Herrn Kugler?

$K \xrightarrow{\cdot 2\%} Z_1 \xrightarrow{\cdot \frac{11}{12}} 82{,}50\ €$

1. Schritt: Jahreszinsen berechnen

$Z_1 \xrightarrow{\cdot \frac{11}{12}} 82{,}50\ €$

$Z_1 = 82{,}50 \cdot \frac{12}{11} = 90$

Die Jahreszinsen betragen 90 €.

2. Schritt: Kapital berechnen

$K \xrightarrow{\cdot 2\%} 90\ €$

$K = 90 : \frac{2}{100} = 90 : 0{,}02 = 4\,500$

Herrn Kuglers Kapital beträgt 4500 €.

Frau Caso legt einen Lotteriegewinn mit einer Verzinsung von 3% an. Nach 137 Tagen bekommt sie Zinsen in Höhe von 61,65 €. Wie hoch ist das Kapital?

$K \xrightarrow{\cdot 3\%} Z_1 \xrightarrow{\cdot \frac{137}{360}} 61{,}65\ €$

1. Schritt: Jahreszinsen berechnen

$Z_1 \xrightarrow{\cdot \frac{137}{360}} 61{,}65\ €$

$Z_1 = 61{,}65 \cdot \frac{360}{137} = 162$

Die Jahreszinsen betragen 162 €.

2. Schritt: Kapital berechnen

$K \xrightarrow{\cdot 3\%} 162\ €$

$K = 162 : \frac{3}{100} = 162 : 0{,}03 = 5400$

Frau Casos Kapital beträgt 5 400 €.

22. Berechne zuerst die Jahreszinsen, dann das Kapital.

Zinsen	36 €	21 €	58 €	14,50 €	11,25 €	27 €	176,40 €
Zeit	8 Mon.	3 Mon.	6 Mon.	145 Tage	75 Tage	225 Tage	98 Tage
Zinssatz	9%	7%	8%	4%	4,5%	5%	4,8%

23. Frau Eggers hat Geld geerbt und bei der Bank mit einem Zinssatz von 7% angelegt. Sie bekommt monatlich 437,50 € ausbezahlt. Wie hoch ist das angelegte Kapital?

24. Ein Kaufmann nimmt einen Kredit zum Zinssatz von 9,5% auf. Nach 7 Monaten werden 332,50 € Zinsen fällig. Wie hoch ist der Kredit?

25. Herr Lorenz nimmt zur Finanzierung eines Hausbaus einen Kredit zum Zinssatz von 5,9% auf. Nach einem Vierteljahr muss er 1 298 € Zinsen zahlen. Wie hoch ist der Kredit?

26. Frau Özkan bekommt eine monatliche Zusatzrente von 125 €. Wie hoch müssten ihre Ersparnisse sein, wenn sie bei einer Verzinsung von 5% den gleichen Betrag im Monat an Zinsen bekommen wollte?

27. Mareike hat nach 116 Tagen für ihr Sparguthaben 7,25 € Zinsen bekommen. Der Zinssatz ist 3%. Wie hoch ist Mareikes Sparguthaben?

28. Ein Kapital bringt bei einem Zinssatz von 3% in 72 Tagen 9,90 € Zinsen. Berechne das Kapital.

Berechnung der Zeit

Frau Freitag hat 1 260 € zum Zinssatz von 2% auf dem Sparkonto angelegt. Als sie das Geld nach einer gewissen Zeit abhebt, bekommt sie 6,30 € Zinsen ausbezahlt. Wie lange lag das Geld auf dem Sparkonto?

$1260\ € \xrightarrow{\cdot 2\%} Z_1 \xrightarrow{\cdot i} 6{,}30\ €$

1. Schritt: Jahreszinsen berechnen

$1\,260\ € \xrightarrow{\cdot 2\%} Z_1$

$Z_1 = 1260 \cdot \frac{2}{100} = 1\,260 \cdot 0{,}02 = 25{,}20$

Die Jahreszinsen betragen 25,20 €.

2. Schritt: Zeit berechnen

$25{,}20\ € \xrightarrow{\cdot i} 6{,}30\ €$

$i = \frac{6{,}30}{25{,}20} = 0{,}25 = \frac{1}{4}$

$\frac{1}{4}$ Jahr = 3 Monate

Das Geld lag 3 Monate auf dem Sparkonto.

Herr Kiehl hat 1 620 € bei der Bank zum Zinssatz von 5% für einige Zeit angelegt. Als er das Konto auflöst, bekommt er 48,60 € Zinsen. Wie lange hatte Herr Kiehl das Geld bei der Bank angelegt?

$1620\ € \xrightarrow{\cdot 5\%} Z_1 \xrightarrow{\cdot i} 48{,}60\ €$

1. Schritt: Jahreszinsen berechnen

$1\,620\ € \xrightarrow{\cdot 5\%} Z_1$

$Z_1 = 1620 \cdot \frac{5}{100} = 1\,620 \cdot 0{,}05 = 81$

Die Jahreszinsen betragen 81 €.

2. Schritt: Zeit berechnen

$81\ € \xrightarrow{\cdot i} 48{,}60\ €$

$i = \frac{48{,}60}{81} = 0{,}6 = \frac{6}{10}$

$\frac{6}{10}$ Jahr = 216 Tage

Das Geld war 216 Tage lang angelegt.

29. Berechne zuerst die Jahreszinsen, dann die Zeit in Monaten.

Kapital	1 080 €	1 800 €	7 200 €	470 €	27 720 €	54 000 €
Zinssatz	6%	4%	3%	2,4%	8,9%	9,2%
Zinsen	48,60 €	48 €	144 €	2,82 €	1 439,13 €	1 656 €

30. In wie vielen Monaten erbringt ein Kapital von 4 560 € bei einem Zinssatz vom 5% einen Ertrag von 171 €?

31. Berechne zuerst die Jahreszinsen, dann die Zeit in Tagen.

Kapital	7 200 €	6 120 €	648 €	40 000 €	2 000 €	6 000 €
Zinssatz	11%	4%	5%	9%	3,6%	7,2%
Zinsen	44 €	68 €	6,30 €	250 €	17 €	60 €

32. Wie viele Tage muss ein Kapital von 5 400 € angelegt werden, um bei einem Zinssatz von 4% einen Ertrag von 120 € zu erbringen?

33. Silvia hat 900 € auf dem Sparbuch. Der Zinssatz beträgt 2%. Als sie das Geld am Jahresende abhebt, erhält sie 10 € Zinsen. Wie lange lag das Geld auf dem Sparkonto?

34. Herr Arkan überzieht sein Konto um 480 €. Der Zinssatz für die Überziehung beträgt 10%. Die Bank belastet Herrn Arkan 9,60 € Zinsen. Wie viele Tage war das Konto überzogen?

35. Frau Ziegler ist Goldschmiedin. Für den Einbau einer Alarmanlage nimmt sie einen Kredit von 3000 € zum Zinssatz 8% auf. Sie zahlt einschließlich Zinsen 3 100 € zurück. Wie viele Tage nahm Frau Ziegler den Kredit in Anspruch?

5.3 Sachaufgaben zur Zinsrechnung

1. Stefanie hat 576 € zu einem Zinssatz von 3% für 325 Tage angelegt. Wie hoch sind die Zinsen?

2. Für den Kauf von Personalcomputern leiht Herr Graumann für 7 Monate bei seiner Bank 3 600 € zum Zinssatz von 9%. Wie viel Euro Zinsen berechnet die Bank Herrn Graumann?

3. Herr Engel hat ein Sparguthaben von 14 400 €, das mit 5,5% verzinst wird. Wie viel Euro Zinsen bekommt Herr Engel in 7 Monaten?

4. Sascha erhält von der Bank für 2 400 € bei einem Zinssatz von 3% einen Zinsertrag von 42 €. Wie viele Monate hatte Sascha das Geld bei der Bank angelegt?

5. Ali bekommt für 900 € Spargeld nach 100 Tagen 5,50 € Zinsen. Wie hoch ist der Zinssatz?

6. Frau Bertoni hat im Lotto gewonnen. Sie legt den Gewinn vorerst zu 4% an. Nach 135 Tagen hebt sie das Kapital und 180 € Zinsen ab. Wie hoch war der Lottogewinn?

7. Frau Brandt brachte 1 620 € zur Sparkasse. Für den Rest des Jahres wird ihr bei einem Zinssatz von 3% ein Zinsertrag von 9,45 € gutgeschrieben. Wie viele Tage lag das Geld auf dem Konto?

8. Ein Handwerksmeister leiht sich bei der Bank 9450 €, um eine Maschine zu kaufen. Nach 190 Tagen zahlt er den geliehenen Betrag mit 399 € Zinsen zurück. Zu welchem Zinssatz hat ihm die Bank das Geld geliehen?

9. Frau Krämer hat in der Lotterie gewonnen. Sie legt den Gewinn zu 7,5% Zinsen bei der Sparkasse an. Monatlich bekommt sie Zinserträge in Höhe von 472,50 € ausbezahlt. Wie hoch war der Lotteriegewinn von Frau Krämer?

10. Für die Renovierung ihres Hauses hat Familie Öttli einen Kredit in Höhe von 13 500 € aufgenommen. Im Vierteljahr fallen 324 € Zinsen an. Wie hoch ist der Zinssatz?

11. Herr Ulrich musste einen Kredit zum Zinssatz 9,5% aufnehmen. In einem halben Jahr werden ihm 142,50 € Zinsen berechnet. Wie hoch ist der Kreditbetrag?

12. Ein LCD-Camcorder kostet 1 240 € bei sofortiger Zahlung. Bei Zahlung in 3 Monaten muss der Kunde 1295,80 € zahlen.

a) Wie viel Euro Zinsen werden für die Zahlung in 3 Monaten verlangt?

b) Wie hoch ist der Zinssatz, der bei späterer Zahlung zu Grunde gelegt wird?

13. Ein Farbfernsehgerät kostet bei sofortiger Zahlung 1 200 €. Der Händler bietet aber auch Zahlung von 1 296 € in 8 Monaten an. Welcher Zinssatz liegt diesem Angebot zu Grunde?

14. Nach einem Wasserschaden kauft Familie Weber neue Möbel für 6 300 €. Die Sparkasse bietet einen Kredit mit 9 Monaten Laufzeit an. Danach müssen für Kreditbeitrag und Zinsen insgesamt 6961,50 € bezahlt werden. Mit welchem Zinssatz rechnet die Sparkasse?

15. Für eine Wohnungsrenovierung nimmt Herr Buck einen Kredit über 2 700 € zu 8% Zinsen auf. Er zahlt den Kredit zuzüglich 90 € Zinsen zurück. Wie viele Monate lief der Kredit von Herrn Buck?

6 Positive und negative rationale Zahlen

6.1 Grundbegriffe

Auf der **Zahlengeraden** sind die positiven und negativen ganzen Zahlen der Größe nach geordnet.

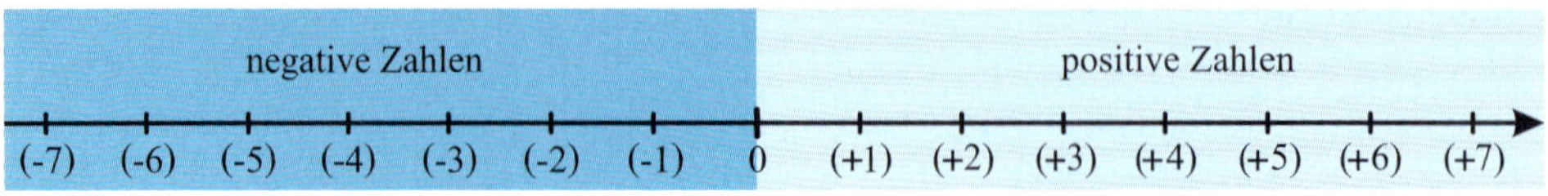

Nach rechts werden die Zahlen größer, nach links werden die Zahlen kleiner.
Die positiven Zahlen sind größer als 0, die negativen Zahlen sind kleiner als 0.

1. Setze ein: < oder >.

a) (– 7) ■ (– 4); (+ 7) ■ (+ 4); (– 7) ■ (+ 4)
b) (+ 2) ■ (– 2); (+ 6) ■ 0; 0 ■ (+ 5)
c) (– 30) ■ (– 35); (– 23) ■ (+ 23); (+ 18) ■ (– 18)
d) (– 110) ■ (– 100); (– 124) ■ (– 125); (– 170) ■ (– 200)

2. Gib Vorgänger und Nachfolger an.

a) (– 6) (– 12) (– 9) 0 (+ 9) (+ 5) (– 1)
b) (+ 1) (– 30) (+ 8) (+ 22) (– 17) (– 83) (+ 100)

(– 7) < (– 6) < (– 5)
(+ 3) < (+ 4) < (+ 5)

3. Setze die Reihen fort.

a) (+ 6), (+ 4), (+ 2), … (– 8)
b) (+ 5), (+ 2), (– 1), … (– 16)
c) (– 9), (– 5), (– 1), … (+ 19)
d) (– 17), (– 12), (– 7), … (+ 18)

Zu den **rationalen Zahlen** gehören die ganzen Zahlen und die Bruchzahlen.

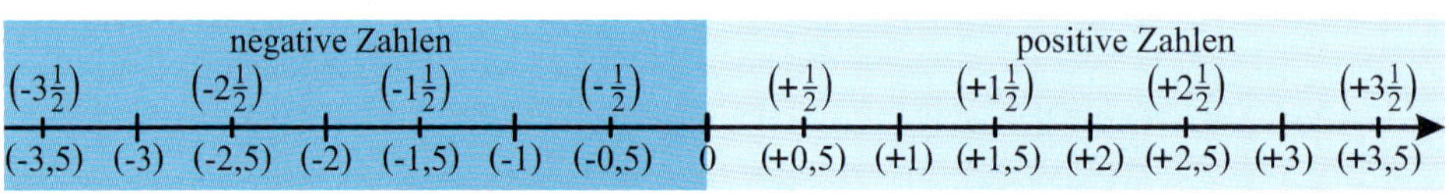

Nach rechts werden die Zahlen größer, nach links werden die Zahlen kleiner.

4. Zwischen welchen ganzen Zahlen stehen die Zahlen?

a) $\left(-\frac{1}{2}\right)$ (– 2,5) (+ 0,5) $\left(+1\frac{1}{2}\right)$ (– 1,5)
b) $\left(+\frac{1}{2}\right)$ (– 0,5) (– 3,5) (+ 2,5) $\left(-1\frac{1}{2}\right)$

$(-1) < \left(-\frac{1}{2}\right) < 0$

5. Setze ein: < oder >.

a) (– 4) ■ (– 3,5); (– 7) ■ (– 1,5); (+ 9) ■ (+ 0,5)
b) (+ 5) ■ $\left(-\frac{1}{2}\right)$; (+ 1,5) ■ (– 4); $\left(-2\frac{1}{2}\right)$ ■ (+ 1)
c) (– 6,5) ■ $\left(+\frac{1}{2}\right)$; $\left(-1\frac{1}{2}\right)$ ■ $\left(-\frac{1}{2}\right)$; (+ 3,5) ■ 0
d) $\left(-\frac{3}{4}\right)$ ■ $\left(-\frac{1}{2}\right)$; (– 1,2) ■ (– 1,5); (– 6,4) ■ (+ 1,2)

6. Ordne die Zahlen nach der Größe. Beginne mit der kleinsten Zahl.

a) $(+5)$; 0; $(-3{,}5)$; $(-1{,}5)$ **b)** (-4); $(+3{,}5)$; $(-1{,}5)$; 0

c) $\left(-1\frac{1}{2}\right)$; $\left(+\frac{1}{2}\right)$; $\left(+2\frac{1}{2}\right)$; $\left(-\frac{1}{2}\right)$ **d)** $(+2{,}9)$; $(-3{,}7)$; $(-3{,}6)$; (-5)

e) $(-0{,}75)$; $(+0{,}5)$; $(-2{,}7)$; $(+2{,}1)$ **f)** $(-1{,}3)$; $(-0{,}4)$; $(+1{,}9)$; $(+0{,}3)$

6.2 Rechnen mit rationalen Zahlen

Addition und Subtraktion

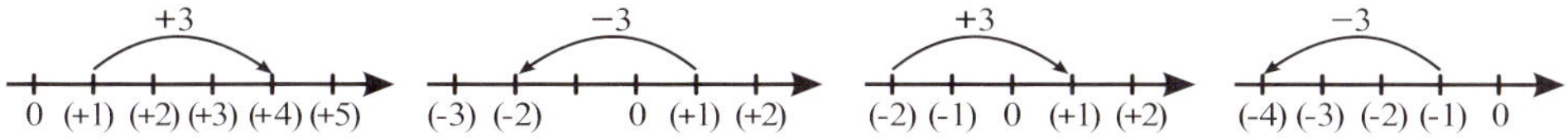

$(+1)+(+3)=(+4)$ $(+1)+(-3)=(-2)$ $(-2)+(+3)=(+1)$ $(-1)+(-3)=(-4)$

1.

a)	b)	c)	d)
$(+3)+(+5)$	$(+6)-(+3)$	$(+4)+(-2)$	$(+8)-(-4)$
$(-2)+(+5)$	$(+4)-(+3)$	$(+3)+(-2)$	$(+2)-(-4)$
$0+(+5)$	$0-(+3)$	$(-5)+(-2)$	$(-7)-(-4)$

2.

a)	b)	c)	d)
$(-8)+(-4)$	$(+69)+(+14)$	$(-5{,}5)+(+3{,}2)$	$(+1{,}6)+(-0{,}4)$
$(-16)+(+18)$	$(+27)+(-35)$	$(+18{,}6)+(-9{,}1)$	$(+2{,}7)+(-1{,}2)$
$(+6)+(-23)$	$(-35)+(-100)$	$(-3{,}4)+(-3{,}4)$	$(-3{,}4)+(+1{,}2)$

3.

a)	b)	c)	d)
$(-9)-(+2)$	$(+18)-(-10)$	$(-3{,}5)-(+0{,}5)$	$(-1{,}4)-(+0{,}4)$
$(-6)-(+7)$	$(-36)-(+20)$	$(-4{,}8)-(-6{,}8)$	$(-17{,}7)-(-1{,}2)$
$(+3)-(-4)$	$(-12)-(-18)$	$(+5{,}7)-(+1{,}6)$	$(+25{,}9)-(+3{,}4)$

4. **a)** $(+3)+(-5)-(+8)$ **b)** $(-7)-(-4)+(+10)$ **c)** $(-6)-(+2)-(-3)$

d) $(+5)+(+13)-(-20)$ **e)** $(-2{,}5)-(-1{,}5)+(-3{,}5)$ **f)** $(-4{,}8)-(-1{,}4)+(-2{,}1)$

Multiplikation und Division

gleiche Vorzeichen:	Ergebnis positiv	$(+2)\cdot(+3)=(+6)$ $(-2)\cdot(-3)=(+6)$	$(+6):(+3)=(+2)$ $(-6):(-3)=(+2)$
verschiedene Vorzeichen:	Ergebnis negativ	$(-2)\cdot(+3)=(-6)$ $(+2)\cdot(-3)=(-6)$	$(-6):(+3)=(-2)$ $(+6):(-3)=(-2)$

5.

a)	b)	c)	d)
$(-5)\cdot(+3)$	$0\cdot(-4)$	$(+7)\cdot(-5)$	$(-9)\cdot(+2)$
$(+5)\cdot(-3)$	$(-8)\cdot(-4)$	$(+7)\cdot(+8)$	$(-9)\cdot(-4)$
$(-7)\cdot(+3)$	$(+2)\cdot(-4)$	$(+7)\cdot 0$	$(-9)\cdot(-6)$

6.

a)	b)	c)	d)
$(+1{,}2)\cdot(+3)$	$(-4)\cdot(+2{,}1)$	$(+1{,}5)\cdot(+2)$	$(+2)\cdot(-3{,}4)$
$(-1{,}2)\cdot(+3)$	$(+4)\cdot(-2{,}1)$	$(-1{,}5)\cdot(-1)$	$(-5)\cdot(-0{,}5)$
$(-1{,}2)\cdot(-3)$	$(-4)\cdot(-2{,}1)$	$(-2{,}5)\cdot(+4)$	$(-3)\cdot(+1{,}3)$
$(+1{,}2)\cdot(-3)$	$(+4)\cdot(+2{,}1)$	$(+2{,}5)\cdot(-3)$	$(+7)\cdot(+2{,}1)$

7. **a)** (+ 20) : (+ 5)
(+ 20) : (− 5)
(− 20) : (− 5)
(− 20) : (+ 5)

b) (− 49) : (− 7)
(+ 49) : (+ 7)
(+ 49) : (− 7)
(− 49) : (+ 7)

c) (+ 36) : (+ 6)
(+ 36) : (− 6)
(− 36) : (− 6)
(− 36) : (+ 6)

d) (− 72) : (+ 8)
(− 72) : (− 8)
(+ 72) : (+ 8)
(+ 72) : (− 8)

8. **a)** (+ 4,5) : (+ 5)
(+ 4,5) : (− 5)
(− 4,5) : (− 5)
(− 4,5) : (+ 5)

b) (− 1,8) : (+ 0,6)
(+ 1,8) : (+ 0,6)
(− 1,8) : (− 0,6)
(+ 1,8) : (− 0,6)

c) (− 2,4) : (− 4)
(− 4,9) : (− 7)
(− 3,5) : (+ 5)
(+ 5,6) : (− 8)

d) (+ 2,8) : (+ 0,7)
(− 4,8) : (− 0,8)
(− 8,1) : (+ 0,9)
(+ 1,8) : (− 0,3)

Reihenfolge Punktrechnung (·, :) geht vor Strichrechnung (+, −).
Was in Klammern steht, wird zuerst ausgerechnet.

(+ 8) + (− 4) · (+ 3) = (+ 8) + (− 12) = (− 4)

(− 5) + (− 6) : (+ 2) = (− 5) + (− 3) = (− 8)

(+ 5) · (+ 4) − (+ 3) · (− 2) = (+ 20) − (− 6) = (+ 26)

(− 10) : (+ 2) + (+ 9) : (− 3) = (− 5) + (− 3) = (− 8)

[(− 3) + (+ 4)] · (− 7) = (+ 1) · (− 7) = (− 7)

[(− 2) − (− 8)] : (+ 3) = (+ 6) : (+ 3) = (+ 2)

9. **a)** (+ 4) + (− 2) · (+ 5)
(− 6) + (+ 5) · (− 7)
(− 9) − (− 8) · (− 2)

b) (− 5) + (+ 6) · (+ 8)
(+ 9) − (− 4) · (− 7)
(− 8) − (+ 3) · (− 9)

c) (+ 2) · (+ 6) − (− 5)
(− 4) · (+ 7) − (+ 30)
(− 5) · (− 8) + (− 60)

10. **a)** (+ 2) · (− 4) − (− 5) · (− 3)
(− 6) · (− 2) + (+ 7) · (+ 2)
(− 9) · (+ 4) − (− 8) · (+ 4)

b) (− 10) : (− 5) + (+ 25) : (− 5)
(+ 18) : (+ 6) − (− 42) : (+ 7)
(+ 45) : (− 9) + (+ 72) : (+ 8)

11. **a)** [(− 2) + (− 5)] · [(− 6) − (− 8)]
[(+ 7) − (+ 9)] · [(− 5) + (− 1)]
[(+ 8) − (− 4)] · [(− 7) − (− 8)]
[(− 3) − (− 3)] · [(+ 8) + (− 8)]

b) [(+ 9) − (− 7)] : [(− 6) + (+ 8)]
[(− 7) − (+ 8)] : [(− 4) − (− 1)]
[(− 6) + (− 6)] : [(+ 9) + (− 5)]
[(+ 5) − (− 5)] : [(− 8) + (+ 3)]

12. **a)** (+ 4) · (− 1,1) − (− 0,4)
(− 5) + (+ 2,4) : (+ 0,3)
(− 3) − (− 1,5) : (− 0,5)
(+ 2) : (− 0,4) − (− 0,8)

b) (+ 3,5) : (− 0,5) − (− 3)
(− 0,8) · (+ 1,1) + (+ 5)
(− 4,6) + (+ 0,9) : (+ 0,3)
(+ 1,5) − (− 1,2) : (− 0,4)

13. **a)** [(− 3,4) − (− 1,6)] : (+ 0,6)
[(+ 5,3) − (+ 4,5)] · (+ 1,1)
[(− 2,7) + (− 0,5)] : (+ 0,4)
[(− 7,2) − (− 6,1)] · (− 0,9)

b) [(+ 3,7) − (− 1,3)] · [(− 1,8) − (− 2,2)]
[(− 5,6) + (+ 7,7)] : [(+ 1,4) + (− 1,1)]
[(− 2,9) + (− 0,3)] : [(− 1,9) − (− 1,5)]
[(+ 6,5) − (+ 5,9)] · [(− 1,7) − (+ 1,3)]

14. **a)** $\left(-\frac{1}{4}\right) + \left(-\frac{1}{2}\right) \cdot \left(-\frac{1}{2}\right)$
$\left(+\frac{1}{3}\right) - \left(-\frac{1}{2}\right) \cdot \left(-\frac{1}{3}\right)$
$\left(-\frac{1}{8}\right) + \left(-\frac{1}{4}\right) \cdot \left(-\frac{1}{2}\right)$

b) $\left(+\frac{2}{3}\right) \cdot \left(-\frac{1}{2}\right) - \left(-\frac{1}{6}\right)$
$\left(-\frac{3}{4}\right) : \left(+\frac{3}{4}\right) + \left(-\frac{1}{2}\right)$
$\left(-\frac{3}{8}\right) : \left(-\frac{1}{2}\right) - \left(+\frac{3}{4}\right)$

c) $\left(+\frac{5}{8}\right) : \left(-\frac{1}{2}\right) + \left(-\frac{1}{4}\right)$
$\left(-\frac{3}{5}\right) \cdot \left(+\frac{1}{3}\right) - \left(-\frac{4}{5}\right)$
$\left(-\frac{2}{3}\right) \cdot \left(-\frac{1}{2}\right) + \left(+\frac{1}{3}\right)$

7 Potenzen und Wurzeln

7.1 Potenzen

Eine **Potenz** ist eine kurze Schreibweise für die mehrfache Multiplikation der gleichen Zahl.
Die **Basis** ist die Zahl, die mehrfach multipliziert wird.
Die **Hochzahl** gibt an, wie oft die Basis mit sich selbst multipliziert wird.

3^4 Basis: 3; Hochzahl: 4 $\qquad$ 2^5 Basis: 2; Hochzahl: 5

$3^4 = \underbrace{3 \cdot 3 \cdot 3 \cdot 3}_{\text{4 Faktoren}} = 81 \qquad 2^5 = \underbrace{2 \cdot 2 \cdot 2 \cdot 2 \cdot 2}_{\text{5 Faktoren}} = 32$

Potenzen mit der Hochzahl 2 heißen **Quadratzahlen**.

1. Schreibe ausführlich und berechne.
a) 2^3 **b)** 10^2 **c)** 3^5 **d)** 2^6 **e)** 5^3 **f)** 10^4 **g)** 1^5

2. Schreibe als Potenz und rechne aus.
a) $4 \cdot 4 \cdot 4$ $\quad 5 \cdot 5$ $\quad 10 \cdot 10 \cdot 10$ $\quad 1 \cdot 1 \cdot 1$ $\quad 8 \cdot 8 \cdot 8$
b) $2 \cdot 2 \cdot 2 \cdot 2 \cdot 2 \cdot 2 \cdot 2$ $\quad 3 \cdot 3 \cdot 3$ $\quad 7 \cdot 7 \cdot 7$ $\quad 3 \cdot 3 \cdot 3 \cdot 3 \cdot 3$

$6 \cdot 6 \cdot 6 = 6^3 = 216$
$2 \cdot 2 \cdot 2 \cdot 2 = 2^4 = 16$

3. **a)** Berechne die Quadratzahlen. 2^2 $\quad 5^2$ $\quad 6^2$ $\quad 10^2$ $\quad 12^2$ $\quad 16^2$ $\quad 18^2$ $\quad 20^2$
b) Schreibe als Quadratzahl. 9 16 49 64 121 289 441 625

4. Rechne aus, dann setze ein: <, > oder =.
a) 2^3 ▒ 3^2 **b)** 3^4 ▒ 4^3 **c)** 5^2 ▒ 2^5 **d)** 5^3 ▒ 3^5 **e)** 2^4 ▒ 4^2

Große Zahlen kann man als **Zehnerpotenz** schreiben.

$10 = 10^1$	$100\,000 = 10^5$	
$100 = 10^2$	$1\,000\,000 = 10^6$	1 Million
$1\,000 = 10^3$	$1\,000\,000\,000 = 10^9$	1 Milliarde
$10\,000 = 10^4$	$1\,000\,000\,000\,000 = 10^{12}$	1 Billion

5. Schreibe die Zahl mit allen Nullen und als Zehnerpotenz.
a) 1 Million **b)** 100 Tausend **c)** 1 Milliarde **d)** 10 Millionen **e)** 10 Tausend

6. Schreibe mit Zehnerpotenzen wie im Beispiel.
a) 200 000 $\quad$ 30 000 $\quad$ 50 000 000 $\quad$ 80 000 000
b) 900 $\quad$ 40 000 $\quad$ 8 000 $\quad$ 70 000 000 000
c) 13 000 $\quad$ 24 000 000 $\quad$ 85 000 000 000

$300\,000 = 3 \cdot 100\,000$
$= 3 \cdot 10^5$

7. Schreibe mit allen Nullen.
a) $7 \cdot 10^3$ $\quad 8 \cdot 10^6$ $\quad 4 \cdot 10^7$ $\quad 2 \cdot 10^9$
b) $13 \cdot 10^3$ $\quad 24 \cdot 10^5$ $\quad 38 \cdot 10^9$ $\quad 71 \cdot 10^6$

$6 \cdot 10^5 = 6 \cdot 100\,000$
$= 600\,000$

Man kann große Zahlen als Kommazahl mit Zehnerpotenz schreiben.

$250\,000 = 25 \cdot 10^4$ $\quad$ $38 \cdot 10^5 = 3\,800\,000$

$250\,000 = 2{,}5 \cdot 10^5$ $\quad$ $3{,}8 \cdot 10^6 = 3\,800\,000$

8. Schreibe als Kommazahl mit Zehnerpotenz

a) 360 000 **b)** 25 000 **c)** 4 300 000 **d)** 6 500 000 000 **e)** 3 700 000 000 000

9. Schreibe ohne Komma mit allen Nullen.

a) $6{,}4 \cdot 10^3$ **b)** $7{,}2 \cdot 10^6$ **c)** $1{,}8 \cdot 10^5$ **d)** $2{,}3 \cdot 10^9$

e) 3,9 Millionen **f)** 6,4 Millionen **g)** 5,5 Milliarden **h)** 1,2 Billionen

10. Runde. Schreibe die gerundete Zahl als Kommazahl mit Zehnerpotenz.

a) 6 243 748 3 826 **b)** 7 254 364 778 135 477

c) 7 210 009 1 361 482 111 **d)** 1 191 425 616 440

$5\,384\,261 \approx 5\,400\,000$

$5\,400\,000 = 5{,}4 \cdot 10^6$

11. Runde, dann schreibe die gerundete Zahl als Kommazahl mit Zehnerpotenz.

a) Lichtgeschwindigkeit: $300\,000\ \frac{km}{s}$ **b)** Entfernung Erde – Mond: 384 000 km

c) Entfernung Erde – Sonne: 149 500 000 km **d)** Radius der Sonne: 696 000 km

e) Durchmesser der Sonne: 1 392 000 km **f)** Volumen des Mondes: $22\,000\,000\,000\ km^3$

12. Schreibe ohne Komma mit allen Nullen.

a) Lichtgeschwindigkeit: $3 \cdot 10^8\ \frac{m}{s}$ **b)** Erdoberfläche: $5{,}3 \cdot 10^8\ km^2$

c) Fläche Afrikas: $3{,}1 \cdot 10^7\ km^2$ **d)** Fläche Europas: $1{,}1 \cdot 10^7\ km^2$

Kleine Zahlen kann man als Zehnerpotenz schreiben.

$$10^{-1} = \left(\frac{1}{10}\right)^1 = \frac{1}{10} = 0{,}1 \qquad 10^{-4} = \left(\frac{1}{10}\right)^4 = \frac{1}{10\,000} = 0{,}0001$$

$$10^{-2} = \left(\frac{1}{10}\right)^2 = \frac{1}{100} = 0{,}01 \qquad 10^{-5} = \left(\frac{1}{10}\right)^5 = \frac{1}{100\,000} = 0{,}00001$$

$$10^{-3} = \left(\frac{1}{10}\right)^3 = \frac{1}{1\,000} = 0{,}001 \qquad 10^{-6} = \left(\frac{1}{10}\right)^6 = \frac{1}{1\,000\,000} = 0{,}000001$$

13. Schreibe als Bruch und als Kommazahl: 10^{-3} 10^{-4} 10^{-5} 10^{-7} 10^{-8} 10^{-11}

14. Schreibe als Zehnerpotenz: 0,01 0,0001 0,000001 0,00000001 0,1

15. Rechne aus und schreibe als Kommazahl.

a) $8 \cdot 10^{-2}$ $3 \cdot 10^{-5}$ $9 \cdot 10^{-6}$ $5 \cdot 10^{-7}$

b) $31 \cdot 10^{-3}$ $42 \cdot 10^{-6}$ $18 \cdot 10^{-2}$ $29 \cdot 10^{-4}$

$4 \cdot 10^{-3} = 4 \cdot 0{,}001$

$= 0{,}004$

16. Schreibe mit Zehnerpotenz.

a) 0,03 0,004 0,0007 0,00008 0,5

b) 0,064 0,0037 0,000075 0,0000086

$0{,}06 = 6 \cdot 10^{-2}$

$0{,}042 = 42 \cdot 10^{-3}$

7.2 Quadratwurzeln und Kubikwurzeln

Das Wurzelziehen ist die Umkehrung des Potenzierens.

$5^2 = 25$ — Potenzieren

$\sqrt{25} = 5$ — Wurzelziehen

Die (Quadrat-)Wurzel aus 25 ist 5.

$4^3 = 64$ — Potenzieren

$\sqrt[3]{64} = 4$ — Wurzelziehen

Die Kubikwurzel aus 64 ist 4.

Ein Quadrat hat den Flächeninhalt 49 cm². Wie groß ist die Seitenlänge?

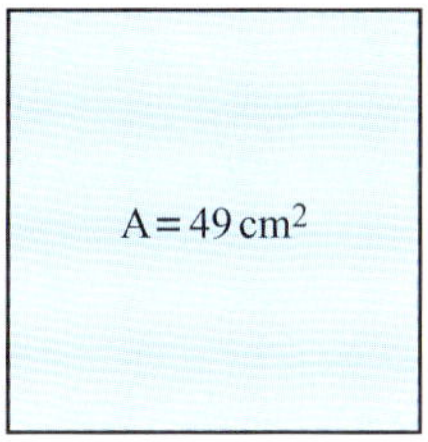

$A = a^2$
$49 = a^2$
$a = \sqrt{49}$
$a = 7$,
denn $7^2 = 7 \cdot 7 = 49$

Das Quadrat hat die Seitenlänge 7 cm.

Ein Würfel hat das Volumen 125 cm³. Wie groß ist die Kantenlänge?

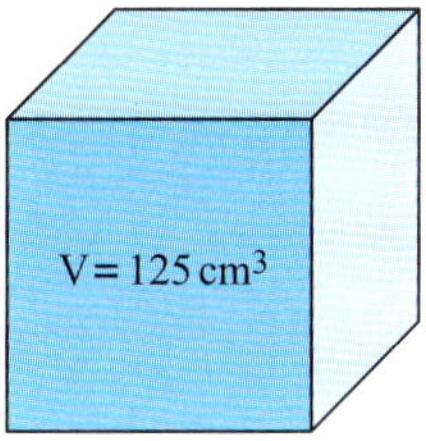

$V = a^3$
$125 = a^3$
$a = \sqrt[3]{125}$
$a = 5$,
denn $5^3 = 5 \cdot 5 \cdot 5 = 125$

Der Würfel hat die Kantenlänge 5 cm.

1. Berechne die Seitenlänge des Quadrats mit dem angegebenen Flächeninhalt.
a) 1 m² **b)** 4 m² **c)** 9 m² **d)** 25 m² **e)** 81 m² **f)** 121 m² **g)** 144 m² **h)** 400 m²

2. Die Seitenlänge eines Quadrats ist a, der Flächeninhalt ist a^2. Ergänze die fehlenden Größen.

a	6 m		10 m		13 m		50 m	
a^2		64 m²		625 m²		225 m²		324 m²

3. Berechne die Kantenlänge des Würfels mit dem angegebenen Volumen.
a) 1 m³ **b)** 8 m³ **c)** 27 m³ **d)** 64 m³ **e)** 1 000 m³

4. Die Kantenlänge eines Würfels ist a, das Volumen ist a^3. Ergänze die fehlenden Größen.

a	2 cm		6 cm	10 cm			4 cm	
a^3		125 cm³			343 cm³	729 cm³		512 cm³

5. Berechne die Quadratwurzel. Prüfe wie im Beispiel.
a) $\sqrt{4}$ $\sqrt{1}$ $\sqrt{100}$ **b)** $\sqrt{81}$ $\sqrt{144}$ $\sqrt{49}$
c) $\sqrt{121}$ $\sqrt{900}$ $\sqrt{144}$ **d)** $\sqrt{196}$ $\sqrt{225}$ $\sqrt{400}$

$\sqrt{25} = 5$, denn
$5^2 = 5 \cdot 5 = 25$

6. Berechne die Kubikwurzel. Prüfe wie im Beispiel.
a) $\sqrt[3]{8}$ $\sqrt[3]{64}$ $\sqrt[3]{1\,000}$ **b)** $\sqrt[3]{125}$ $\sqrt[3]{216}$
c) $\sqrt[3]{512}$ $\sqrt[3]{729}$ $\sqrt[3]{1}$ **d)** $\sqrt[3]{27}$ $\sqrt[3]{8\,000}$

$\sqrt[3]{343} = 7$, denn
$7^3 = 7 \cdot 7 \cdot 7 = 343$

7. Berechne mit dem Taschenrechner. Runde auf zwei Stellen nach dem Komma.

a) $\sqrt{18}$ $\sqrt{43}$ $\sqrt{150}$ $\sqrt{216}$ **b)** $\sqrt{4\,000}$ $\sqrt{738}$ $\sqrt{356}$ $\sqrt{8\,116}$

c) $\sqrt{25}$ $\sqrt{250}$ $\sqrt{2\,500}$ $\sqrt{25\,000}$ **d)** $\sqrt{250\,000}$ $\sqrt{500\,000}$

8. Mit manchen Taschenrechnern kann man auch Kubikwurzeln berechnen. Runde auf zwei Stellen nach dem Komma.

a) $\sqrt[3]{17}$ $\sqrt[3]{39}$ $\sqrt[3]{72}$ **b)** $\sqrt[3]{217}$ $\sqrt[3]{509}$ $\sqrt[3]{100}$

c) $\sqrt[3]{8}$ $\sqrt[3]{80}$ $\sqrt[3]{800}$ **d)** $\sqrt[3]{8\,000}$ $\sqrt[3]{80\,000}$ $\sqrt[3]{800\,000}$

9. Ein Rechteck ist 18 cm lang und 7 cm breit. Welche Seitenlänge hat ein Quadrat mit dem gleichen Flächeninhalt? Runde auf mm.

10. Ein Kreis und ein Quadrat haben den gleichen Flächeninhalt. Der Radius des Kreises ist 6,8 m. Wie groß ist die Seitenlänge des Quadrats? Rechne mit $\pi = 3{,}14$. Runde das Ergebnis auf cm.

11. Ein Quader ist 34 cm lang, 12 cm breit und 7 cm hoch. Welche Kantenlänge hat ein Würfel mit dem gleichen Volumen?

12. Eine Kugel und ein Würfel haben das gleiche Volumen. Der Radius der Kugel ist 35 cm. Wie groß ist die Kantenlänge des Würfels? Rechne mit $\pi = 3{,}14$. Runde das Ergebnis auf mm.

8 Gleichungen

8.1 Rechnen mit Variablen

Buchstaben als Platzhalter für Zahlen heißen *Variable*.
In den Bildern ist die Länge der einzelnen Strecken mit Buchstaben bezeichnet. Die Länge der Streckenzüge wird berechnet.

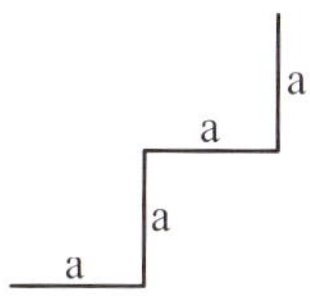

$a + a + a + a = 4 \cdot a = 4a$

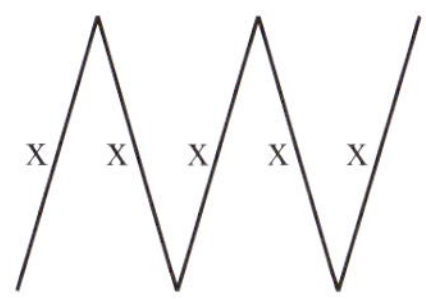

$x + x + x + x + x = 5 \cdot x = 5x$

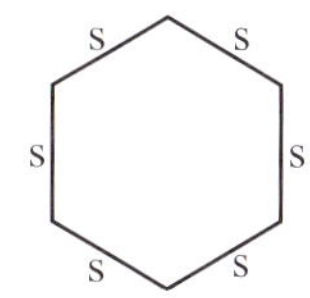

$s + s + s + s + s + s = 6 \cdot s = 6s$

1. Gib die Länge der Streckenzüge an.

a) 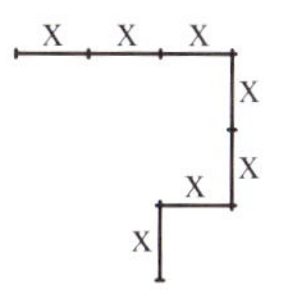

b) 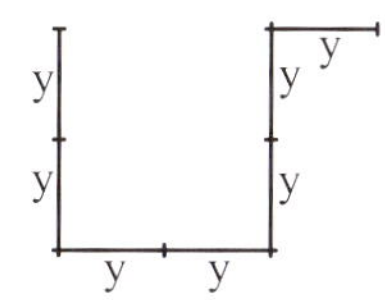

c) 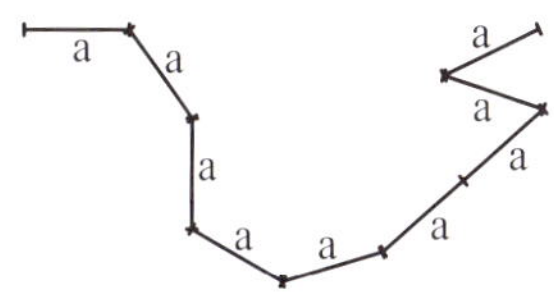

2. Setze in Aufgabe 1 für x die Zahl 4, für y die Zahl 5 und für a die Zahl 6 ein. Rechne aus.

3. Schreibe die Länge der Streckenzüge auf wie im Beispiel.

a) 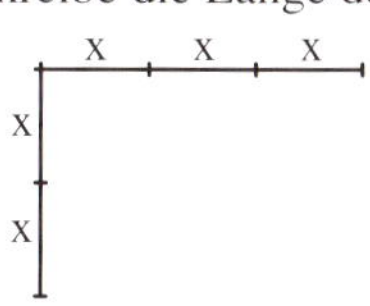

b) 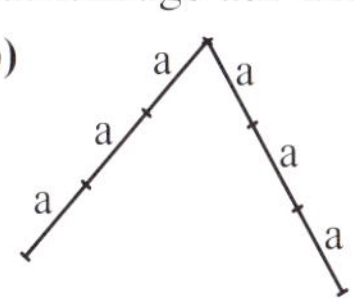

c) 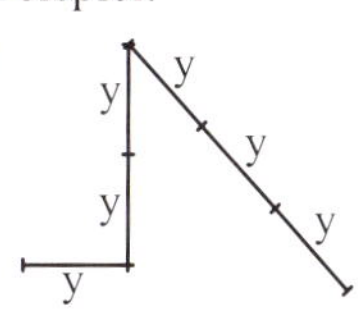

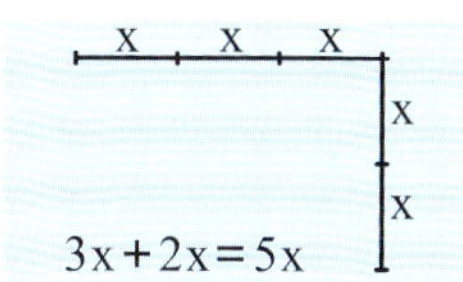

4. Fasse zusammen.

a) $2x + 4x + 5x$
$7x + x + 2x$

b) $4y - 2y - y$
$9y - 3y - 2y$

c) $8a - 5a + 3a$
$7a - 2a + a$

d) $7z - 9z + 6z$
$4z - 6z + 5z$

5. Setze für x die angegebene Zahl ein und rechne aus.

a) [5]
$4x$
$x + 3$

b) [2]
$x + 9$
$7x$

c) [7]
$2x + 6$
$3 + x$

d) [10]
$x + 5$
$x : 2$

e) [4]
$x + 8$
$5x - 2$

Gleiche Variablen kann man zusammenfassen.

Beispiel:

$11x + 9 - 3x + 4 = 11x - 3x + 9 + 4$	1. Schritt: Ordnen
$= 8x + 13$	2. Schritt: Zusammenfassen

6. Ordne, dann fasse zusammen.

a) $5x + 9 - 2x - 4$
$7x + 8 - x + 2$

b) $7 + 2x - 3 + x$
$8 + 5x + 7 - 2x$

c) $12x - 5 - 2x - 3$
$10x - 3 - 4x + 5$

7. Ordne, dann fasse gleiche Variablen zusammen.

a) $x + y + x + y$
$9a + 3b - b + 7a$
$12u - 9v + 7v - 11u$
$7s - 2t + 3s + 8t$

b) $13a + 7b - 9a + 11b$
$7x + 11y - 3x - 2y$
$8u + 3v + 4u - 7v$
$12s + 3t - 5s - t$

c) $10x + 5 + 2y - 3 - y - x$
$12b + 3a - b - 2a - 4$
$8x - 2y - 5x + 7 + 9y$
$x + 10 + 3x - 2y - 4y$

Die Regeln für das Rechnen mit Zahlen gelten auch für das Rechnen mit Variablen.

$3 \cdot (5 + 2) = 3 \cdot 5 + 3 \cdot 2 = 21$
$3 \cdot (a + b) = 3 \cdot a + 3 \cdot b$
$3 \cdot (5 - 2) = 3 \cdot 5 - 3 \cdot 2 = 9$
$3 \cdot (a - b) = 3 \cdot a - 3 \cdot b$

$3 \cdot (2 \cdot 5) = (3 \cdot 2) \cdot 5 = 30$
$3 \cdot (a \cdot b) = (3 \cdot a) \cdot b$
$2 \cdot 5 = 5 \cdot 2$
$a \cdot b = b \cdot a$

Plus vor der Klammer: Vorzeichen lassen
$10 + (4 + 2) = 10 + 4 + 2 = 16$
$x + (y + z) = x + y + z$
$10 + (4 - 2) = 10 + 4 - 2 = 12$
$x + (y - z) = x + y - z$

Minus vor der Klammer: Vorzeichen ändern
$10 - (2 + 4) = 10 - 2 - 4 = 4$
$x - (y + z) = x - y - z$
$10 - (4 - 2) = 10 - 4 + 2 = 8$
$x - (y - z) = x - y + z$

8. Schreibe ohne Klammern.

a) $7x + (2x + 4x)$
$3a + (7a + 2a)$
$8r + (2r - 9r)$
$9z + (5z - 3z)$

b) $9b - (3b + 2b)$
$6u - (u + 3u)$
$8a - (5a + 2a)$
$5x - (3x + 2x)$

c) $10y - (6y - 2y)$
$12v - (5v - v)$
$14b - (5b - 2b)$
$12z - (3z - 5z)$

9. Schreibe ohne Klammern. Dann ordne und fasse zusammen.

a) $(12 + 6x) + (8 - 2x)$
$(16 - 4y) + (2y - 6)$
$(20x - 4) + (2x - 16)$

b) $(4y - 6) - (6 - y)$
$(4a + 30) + (4a - 30)$
$(7 + 3b) - (2b + 3)$

c) $(9x - 4) - (2x - 7)$
$(5 - 3b) + (8 - 2b)$
$(2 - 6a) - (1 - 9a)$

10. Schreibe ohne Klammern.

a) $2 \cdot (x + 5)$
$7 \cdot (a + 2)$

b) $2 \cdot (x - 4)$
$3 \cdot (7 - b)$

c) $5 \cdot (u + v)$
$3 \cdot (x - y)$

d) $2 \cdot (3x - 2y)$
$7 \cdot (2x - 3y)$

11. Vereinfache.

a) $2 \cdot (5x)$
$7 \cdot (3x)$

b) $4 \cdot (2x)$
$8 \cdot (5x)$

c) $(7x) \cdot 2$
$(5x) \cdot 4$

d) $(3x) \cdot 6$
$(8x) \cdot 2$

12. Schreibe mit Bruchstrich, dann kürze.

a) $(8x) : 4$
$(10x) : 2$

b) $(27x) : 9$
$(40x) : 8$

c) $(12a) : 3$
$(14a) : 7$

$(4x) : 2 = \frac{4x}{2}$
$= 2x$

13. Beachte die Regeln für das Auflösen von Klammern.

a) $20 + 4 \cdot (x + 2)$
$30 + 2 \cdot (x - 4)$

b) $10 - 2 \cdot (x + 3)$
$12 - 3 \cdot (x - 7)$

c) $14 + 5 \cdot (2 - x)$
$23 - 2 \cdot (8 - x)$

d) $25 - 2 \cdot (2x - 4)$
$30 + 4 \cdot (2x + 1)$

8.2 Lösen von Gleichungen

Gleichungen löst man durch Umformen.
- Auf beiden Seiten der Gleichung dieselbe Zahl addieren oder subtrahieren.
- Beide Seiten der Gleichung mit derselben Zahl multiplizieren oder durch dieselbe Zahl dividieren.

Beispiele:

$$\begin{aligned} x + 7 &= 19 \quad | -7 \\ x + 7 - 7 &= 19 - 7 \\ x &= 12 \end{aligned}$$

Probe: $12 + 7 = 19$
$19 = 19$

$$\begin{aligned} x - 8 &= 7 \quad | +8 \\ x - 8 + 8 &= 7 + 8 \\ x &= 15 \end{aligned}$$

Probe: $15 - 8 = 7$
$7 = 7$

$$\begin{aligned} 22 - x &= 14 \quad | +x \\ 22 - x + x &= 14 + x \\ 22 &= 14 + x \quad | -14 \\ 8 &= x \end{aligned}$$

Probe: $22 - 8 = 14$
$14 = 14$

1. Löse die Gleichungen durch Umformen. Mache die Probe.

a) $x + 8 = 22$; $x + 9 = 31$; $x + 7 = 17$
b) $x - 4 = 18$; $x - 9 = 23$; $x - 8 = 38$
c) $x + 2{,}1 = 6{,}5$; $x + 4{,}2 = 10{,}1$; $x + 3{,}7 = 7{,}2$
d) $x - 2{,}5 = 7{,}3$; $x - 3{,}4 = 8{,}8$; $x - 4{,}3 = 2{,}9$

2. **a)** $x + \frac{1}{4} = \frac{1}{2}$; $x + \frac{1}{3} = \frac{2}{3}$
b) $x + \frac{1}{2} = 2\frac{1}{4}$; $x + \frac{2}{3} = 1\frac{1}{6}$
c) $x - \frac{1}{2} = \frac{1}{4}$; $x - \frac{1}{6} = \frac{1}{3}$
d) $x - \frac{1}{2} = \frac{3}{4}$; $x - \frac{1}{3} = \frac{5}{6}$

3. **a)** $14 + x = 26$; $19 + x = 33$; $12 + x = 41$
b) $33 - x = 21$; $41 - x = 18$; $52 - x = 27$
c) $2{,}3 + x = 4{,}9$; $3{,}7 + x = 5{,}1$; $8{,}5 + x = 9{,}2$
d) $8{,}1 - x = 3{,}9$; $7{,}2 - x = 4{,}7$; $6{,}4 - x = 3{,}8$

4. **a)** $\frac{1}{4} + x = \frac{1}{2}$; $\frac{1}{6} + x = \frac{2}{3}$
b) $\frac{3}{4} - x = \frac{1}{2}$; $\frac{5}{6} - x = \frac{1}{3}$
c) $\frac{1}{3} + x = 1\frac{1}{6}$; $\frac{1}{8} + x = 1\frac{1}{4}$
d) $1\frac{1}{2} - x = \frac{3}{4}$; $1\frac{1}{3} - x = \frac{5}{6}$

5. **a)** $4x = 32$; $8x = 16$; $7x = 35$; $9x = 81$
b) $45 = 5x$; $28 = 7x$; $32 = 8x$; $54 = 6x$
c) $x : 2 = 8$; $x : 4 = 7$; $x : 5 = 12$; $x : 7 = 14$
d) $1{,}5x = 4{,}5$; $2{,}6x = 5{,}2$; $1{,}3x = 3{,}9$; $1{,}2x = 7{,}2$

$$\begin{aligned} 5x &= 20 \quad | :5 \\ x &= 20 : 5 \\ x &= 4 \end{aligned}$$

6. Löse die Gleichungen. Mache auch die Probe.

a) $\frac{24}{x} = 3$; $\frac{15}{x} = 5$; $\frac{48}{x} = 6$; $\frac{63}{x} = 7$
b) $16 = \frac{48}{x}$; $20 = \frac{80}{x}$; $14 = \frac{42}{x}$; $19 = \frac{95}{x}$
c) $\frac{5x}{4} = 10$; $\frac{2x}{5} = 4$; $\frac{3x}{8} = 6$; $\frac{3x}{7} = 18$
d) $\frac{2x}{9} = \frac{1}{2}$; $\frac{x}{2} = \frac{1}{3}$; $\frac{3x}{5} = \frac{6}{7}$; $\frac{5x}{3} = \frac{1}{2}$

$$\begin{aligned} \frac{14}{x} &= 7 \quad | \cdot x \\ 14 &= 7 \cdot x \quad | :7 \\ 2 &= x \end{aligned}$$

7. **a)** $3x + 5 = 20$; $7x + 4 = 32$; $6x - 9 = 45$; $8x - 6 = 58$
b) $2x + 1 = 2$; $4x + 2 = 4$; $6x + 5 = 7$; $9x + 2 = 8$
c) $7x = 2x + 25$; $9x = 6x + 27$; $4x = 7x - 18$; $5x = 9x - 32$

$$\begin{aligned} 2x + 7 &= 19 \quad | -7 \\ 2x &= 12 \quad | :2 \\ x &= 6 \end{aligned}$$

8. **a)** $\frac{x}{2} + 9 = 17$ $\quad$ $\frac{x}{4} + 4 = 13$ $\quad$ $\frac{x}{8} - 5 = 10$

b) $\frac{x}{3} + \frac{1}{2} = \frac{5}{6}$ $\quad$ $\frac{x}{2} + \frac{1}{3} = \frac{1}{3}$ $\quad$ $\frac{x}{5} - \frac{1}{2} = 0$

c) $\frac{27}{x} + 2 = 11$ $\quad$ $\frac{48}{x} - 4 = 8$ $\quad$ $\frac{56}{x} - 2 = 6$

$\frac{x}{5} + 3 = 7 \quad | -3$
$\frac{x}{5} = 4 \quad | \cdot 5$
$\underline{\underline{x = 20}}$

9. Löse die Gleichungen. Mache auch die Probe.

a) $3 \cdot (x + 5) = 18$
$4 \cdot (x + 7) = 44$
$6 \cdot (x - 8) = 0$
$5 \cdot (x - 3) = 20$

b) $7 \cdot (3x + 2) = 35$
$5 \cdot (4x + 5) = 65$
$6 \cdot (7x - 7) = 42$
$8 \cdot (2x - 3) = 56$

c) $8 + (2 - x) = 7 - (3 - x)$
$6 + (8 - 3x) = 9 - (x - 1)$
$9 - (8 - 2x) = 4 + (6 - x)$
$5 - (2 - 6x) = 8 + (5x - 1)$

8.3 Rechnen mit Formeln in der Geometrie

Quadrat $\quad$ **Rechteck** $\quad$ **Parallelogramm**

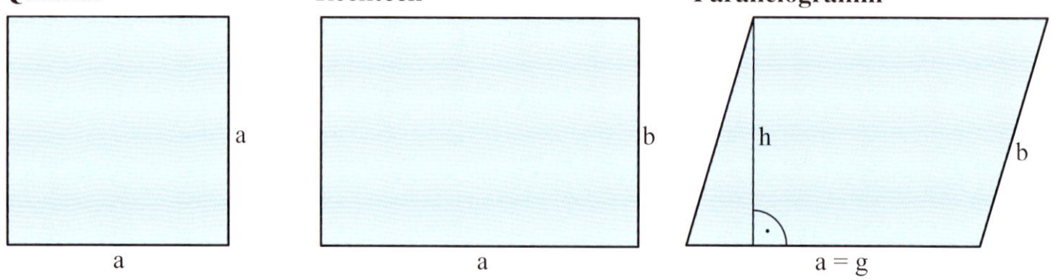

Quadrat: $A = a \cdot a$; $u = 4 \cdot a = 4a$

Rechteck: $A = a \cdot b$; $u = 2 \cdot (a + b)$

Parallelogramm: $A = g \cdot h$; $u = 2 \cdot (a + b)$

1. Ein Quadrat hat den Umfang 36 cm. Wie lang sind die Seiten?

2. Der Zaun um einen quadratischen Garten ist 68 m lang. Wie lang sind die Seiten des Gartens?

3. Ein Rechteck hat den Umfang 56 cm. Die Seite a ist 17 cm lang. Wie lang ist die Seite b?

$u = 60$ cm $\quad u = 4a$
$60 = 4a \quad | : 4$
$\underline{\underline{15 = a}}$
Probe: $60 = 4 \cdot 15$
Die Seite a ist 15 cm lang.

4. Der Flächeninhalt eines Rechtecks ist 98 cm^2. Die Seite a ist 14 cm lang. Wie lang ist die Seite b?

5. Der Flächeninhalt eines Parallelogramms beträgt 78 cm^2. Die Höhe ist 6 cm lang. Wie lang ist die Grundseite des Parallelogramms?

6. Der Umfang eines Parallelogramms beträgt 42 cm. Die Seite b ist 4 cm lang. Wie lang ist die Seite a?

7. Der Zaun um einen rechteckigen Garten ist 74 m lang. Die eine Seite hat eine Länge von 12 m. Wie lang ist die andere Seite?

8. Der Flächeninhalt eines Quadrates ist 144 cm^2. Wie lang sind die Seiten?

9. Landwirt Carstensen möchte ein rechteckiges Feld von 81 m Länge und 64 m Breite gegen ein quadratisches Feld mit gleichem Flächeninhalt in der Nachbarschaft tauschen. Wie lang sind die Seiten des quadratischen Feldes?

10. Ein rechteckiger Bauplatz ist 400 m^2 groß. Eine Seite ist 16 m lang. Wie lang ist die andere Seite?

11. Ein Parallelogramm hat einen Umfang von 37 cm. Die Seite b beträgt 8,9 cm. Berechne die Seite a.

12. Ein Parallelogramm hat Flächeninhalt von 48,1 cm^2. Die Grundseite ist 7,4 cm lang. Wie lang ist die zugehörige Höhe?

Dreieck

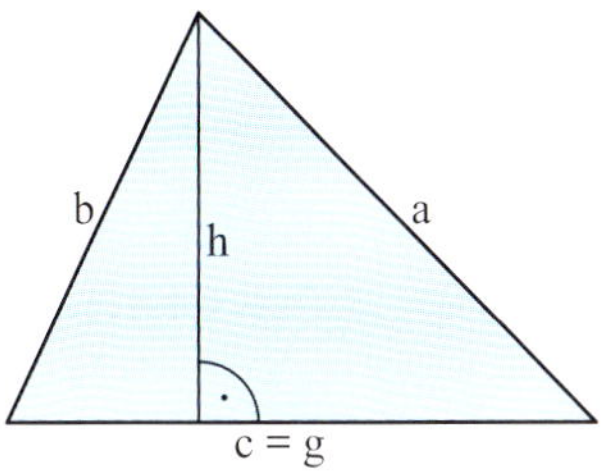

$A = \frac{g \cdot h}{2}$

$u = a + b + c$

Trapez

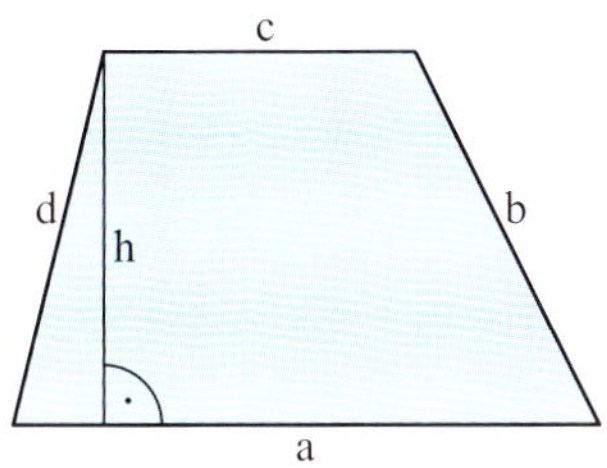

$A = \frac{(a + c) \cdot h}{2}$

$u = a + b + c + d$

Kreis

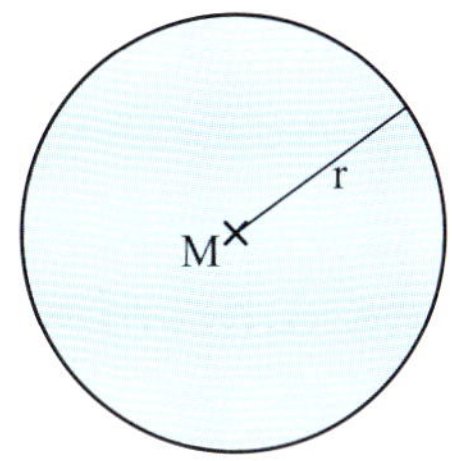

$A = \pi \cdot r^2$

$u = 2 \cdot \pi \cdot r$

13. Ein Dreieck hat den Flächeninhalt 45 cm^2. Seine Höhe ist 6 cm lang. Wie lang ist die Grundseite?

14. Der Flächeninhalt eines Dreiecks beträgt 31 cm^2. Die Höhe des Dreiecks ist 4 cm lang. Wie lang ist seine Grundseite?

15. Ein Dreieck hat den Flächeninhalt 48 cm^2. Die Grundseite ist 12 cm lang. Bestimme die Höhe des Dreiecks.

Dreieck mit $A = 25\ cm^2$ und $h = 5$ cm. Grundseite?

$A = \frac{g \cdot h}{2}$ *Probe:* $25 = \frac{10 \cdot 5}{2}$

$25 = \frac{g \cdot 5}{2} \quad | \cdot 2$ $25 = \frac{50}{2}$

$50 = g \cdot 5 \quad | : 5$

$\underline{\underline{10 = g}}$

Die Grundseite ist 10 cm lang.

16. Eine dreieckige Holzplatte hat den Umfang 250 cm. Eine Seite ist 70 cm lang, eine andere ist 80 cm lang. Wie lang ist die dritte Seite? Schreibe die Gleichung auf und löse sie durch Umformen.

17. Ein dreieckiges Stück Sperrholz ist 19,5 cm^2 groß. Die Grundseite ist 6,5 cm lang. Wie lang ist die Höhe?

18. Ein Trapez hat den Umfang 42 cm. Die Seite a ist 17 cm lang, die Seite b ist 8 cm und die Seite c ist 14 cm lang. Wie lang ist die Seite d?

19. Ein Trapez hat den Flächeninhalt 21 cm^2. Die Grundseite a ist 8 cm lang, die Seite c ist 6 cm lang. Wie lang ist die Höhe des Trapezes?

20. Ein trapezförmiger Bauplatz ist 468 m^2 groß. Die Grundseite a ist 35 m lang, die Höhe h ist 18 m lang. Wie lang ist die Seite c?

21. Ein Kreis hat den Umfang 12,56 cm. Wie groß ist der Radius des Kreises?

22. Ein Kreis hat den Flächeninhalt 78,5 cm². Berechne den Radius.

23. Der Umfang eines kreisförmigen Blumenbeetes beträgt 15,7 m. Berechne zuerst den Radius, dann den Flächeninhalt des Blumenbeetes.

Säule (Prisma)

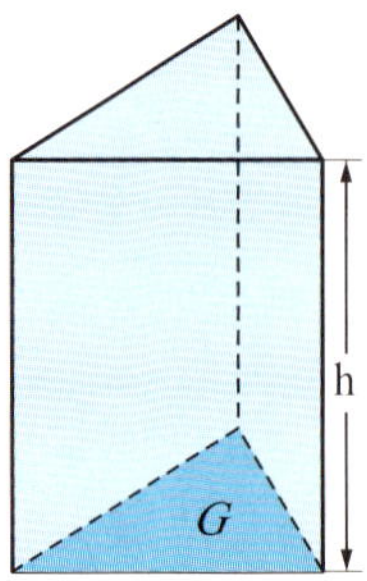

$V = G \cdot h$

Zylinder

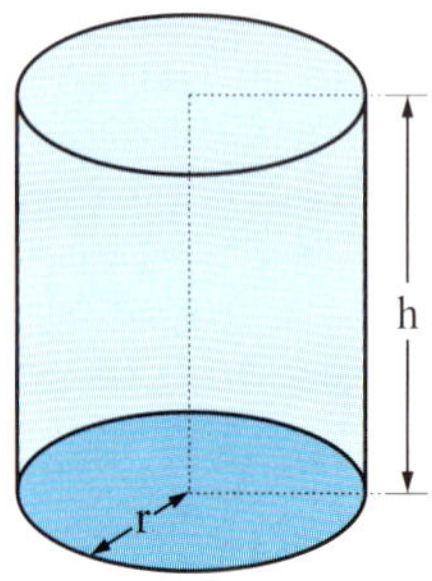

$V = \pi \cdot r^2 \cdot h$

Pyramide

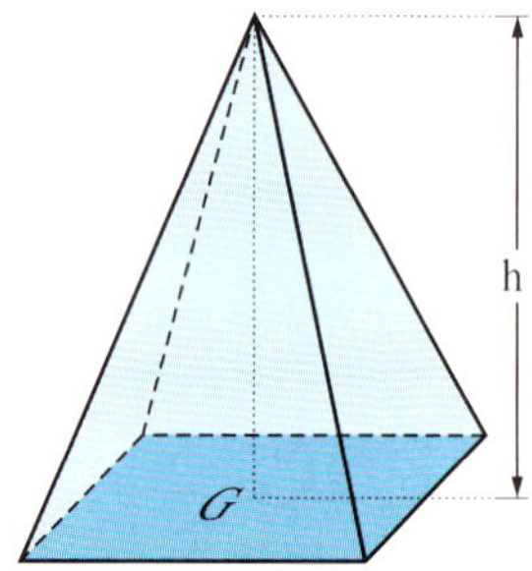

$V = \frac{G \cdot h}{3}$

Kegel

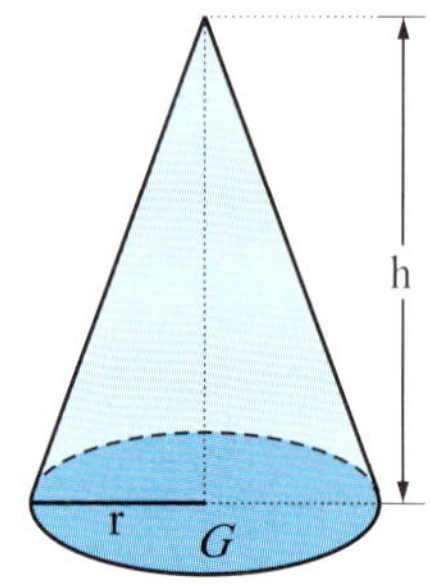

$V = \frac{\pi \cdot r^2 \cdot h}{3}$

24. Ein Zylinder hat ein Volumen von 785 cm³. Der Radius des Kreises ist 5 cm lang. Wie hoch ist der Zylinder?

25. Eine Konservendose fasst 471 cm³. Der Radius des Kreises beträgt 5 cm. Wie hoch ist die Dose? Setze in die Formel ein, löse die Gleichung.

Zylinder mit V = 2 198 cm³ und r = 10 cm. Höhe?

$V = \pi \cdot r^2 \cdot h$	*Probe:*
$2\,198 = 3{,}14 \cdot 100 \cdot h$	$2\,198 = 3{,}14 \cdot 100 \cdot 7$
$2\,198 = 314 \cdot h \quad \vert : 314$	$2\,198 = 2\,198$
$\underline{\underline{7 = h}}$	

Der Zylinder ist 7 cm hoch.

26. Ein Zylinder mit dem Volumen 1 695,6 cm³ ist 15 cm hoch. Berechne den Radius des Zylinders.

27. Ein Quader mit dem Volumen 5 781 cm³ ist 23,5 cm lang und 16,4 cm breit. Wie hoch ist er?

28. Eine Dreiecksäule hat das Volumen 140 cm³. Die Grundseite g der dreieckigen Grundfläche ist 8 cm lang, die Dreieckshöhe ist 5 cm lang. Wie hoch ist die Säule?

29. Eine Pyramide hat ein Volumen von 101,76 cm³. Die rechteckige Grundfläche ist 6,4 cm lang und 5,3 cm breit. Wie hoch ist die Pyramide?

30. Eine Säule mit quadratischer Grundfläche hat ein Volumen von 1,6 m³ und eine Höhe von 2,5 m. Berechne die Grundkante a.

31. Eine quadratische Pyramide hat eine Grundkante von 7,5 cm und das Volumen 180 cm³. Wie hoch ist die Pyramide?

32. Eine Dreiecksäule hat das Volumen 266 cm³. Die Säule ist 7 cm hoch. Die Grundseite g der Grundfläche ist 9,5 cm lang. Wie lang ist die Dreieckshöhe h_g?

33. Ein Kegel mit dem Volumen 188,4 cm³ ist 5 cm hoch. Wie groß ist der Radius des Grundkreises?

34. Ein Kegel mit dem Volumen 2 119,5 cm³ hat den Radius 9 cm. Wie hoch ist der Kegel?

8.4 Rechnen mit Formeln in der Prozent- und Zinsrechnung

$P = G \cdot \frac{p}{100}$	Grundwert G	Prozentsatz $p\% = \frac{p}{100}$	Prozentwert P	Zeit i
$Z = K \cdot \frac{p}{100} \cdot i$	Kapital K	Zinssatz $p\% = \frac{p}{100}$	Zinsen Z	*(Bruchteil eines Jahres)*

1. Von den 380 Schülerinnen und Schülern der Sternschule kommen 35% mit dem Fahrrad zur Schule. Wie viele Schülerinnen und Schüler sind das? Setze die Zahlen in die Formel ein und rechne aus.

2. In Neustadt wurden Fahrräder überprüft. Von den überprüften Fahrrädern waren nur 143, das sind 65%, verkehrssicher ausgerüstet. Wie viele Fahrräder wurden überprüft?

3. Ein Sportverein hat 240 Mitglieder. Von ihnen sind 156 in der Leichtathletikabteilung. Wie viel Prozent der Mitglieder des Vereins gehören der Leichtathletikabteilung an?

4. Setze die Zahlen in die Formel ein und berechne die fehlenden Werte.

Grundwert G	27 000 €	€	2 880 €	3 250 €	€	980 €
Prozentsatz $\frac{p}{100}$	7%	3,8%	%	3,4%	4,6%	%
Prozentwert P	€	72,20 €	129,60 €	€	56,12 €	24,50 €

5. Frau Ehlers legt 2 600 € für 9 Monate fest und erhält am Ende der Festlegungszeit 78 € Zinsen. Zu welchem Zinssatz ist das Geld festgelegt?

6. Ein Handwerksbetrieb nimmt für 5 Monate einen Kredit von 15 000 € zum Zinssatz von 8,9% auf. Wie hoch sind die Zinsen?

7. Nadja hat 900 € auf dem Sparkonto. Der Zinssatz beträgt 3%. Wie lange dauert es, bis 9 € Zinsen angefallen sind?

5 600 € bringen in 8 Monaten 168 € Zinsen.

$$Z = K \cdot \frac{p}{100} \cdot i$$

$$168 = 5600 \cdot \frac{p}{100} \cdot \frac{8}{12}$$

$$\underline{\underline{4{,}5 = p}}$$

Der Zinssatz ist 4,5%.

8. Eine Bank bietet kurzfristige Kapitalanlagen mit dem Zinssatz 4% an. Herr Siebert überlegt, welchen Betrag er anlegen muss, wenn er nach 8 Monaten 100 € Zinsen bekommen möchte.

9. Setze die Zahlen in die Zinsformel ein und berechne die fehlenden Werte. Denke daran, dass i immer der Bruchteil eines Jahres ist.

Kapital K	2 800 €	7 500 €	4 550 €	€	7 280 €	2 700 €
Zinssatz $\frac{p}{100}$	3%	%	2,4%	3,9%	%	4,2%
Zeit i	$\frac{3}{4}$ Jahr	8 Monate	7 Monate	4 Monate	234 Tage	Jahr
Zinsen Z	€	300 €	€	48,10 €	118,30 €	85,05 €

9 Geometrie

9.1 Grundkonstruktionen mit Geodreieck, Zirkel und Lineal

Mit dem Geodreieck kann man zur Geraden g die Senkrechte durch den Punkt A zeichnen.

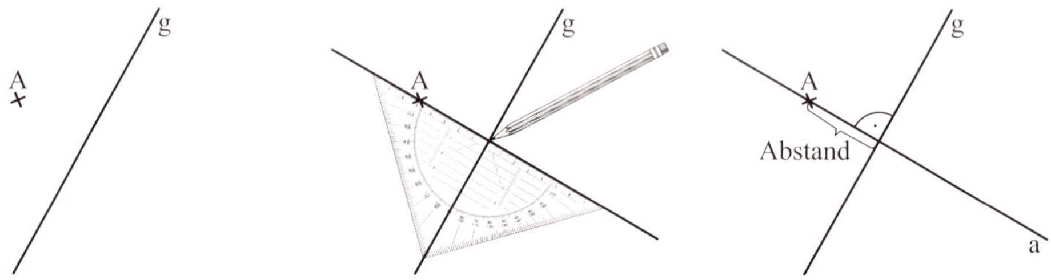

a ist **senkrecht** zu g, in Zeichen: $a \perp g$

1. Zeichne eine Gerade g. Lege fünf Punkte A, B, C, D, E fest, die nicht auf g liegen. Zeichne durch jeden dieser Punkte die Senkrechte zu g.

2. Zeichne eine Gerade h. Wähle fünf Punkte A, B, C, D, E auf h. Zeichne durch jeden dieser Punkte die Senkrechte zu h.

3. Zeichne eine Gerade g und eine Gerade h, die zu g senkrecht ist. Dann zeichne eine zu h senkrechte Gerade. Was fällt dir auf?

Parallelen kann man mithilfe der parallelen Linien auf dem Geodreieck zeichnen. Man kann auch eine zu g und h senkrechte Hilfslinie nutzen.

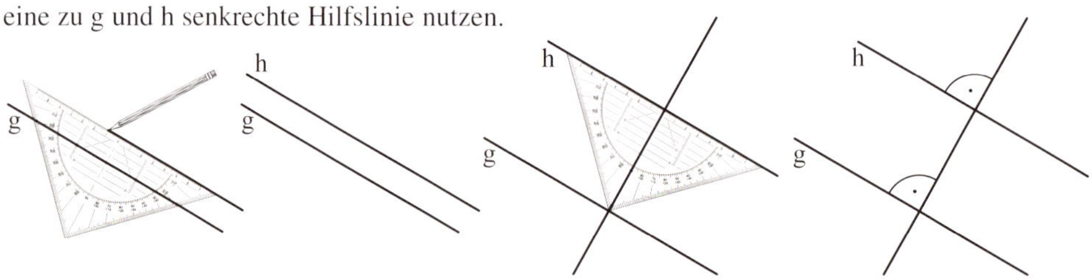

h ist **parallel** zu g, in Zeichen: $h \parallel g$

4. Zeichne eine Gerade g und vier Punkte A, B, C, D, die nicht auf g liegen. Zeichne durch jeden der Punkte die Parallele zu g.

5. Zeichne eine Gerade g und eine zu g parallele Gerade im angegebenen Abstand.

a) 2 cm **b)** 1,8 cm **c)** 3 cm **d)** 3,5 cm

6. Zeichne ein Dreieck ABC und durch jeden Eckpunkt die Senkrechte zur gegenüberliegenden Seite. Prüfe, ob die drei Senkrechten durch einen Punkt gehen.

Winkel

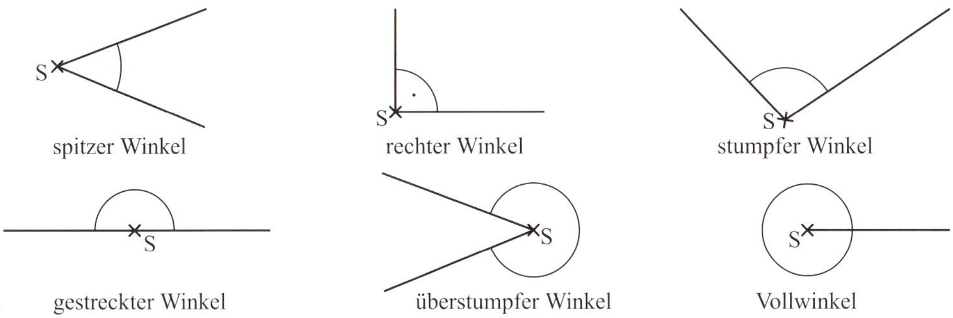

Bezeichnung:

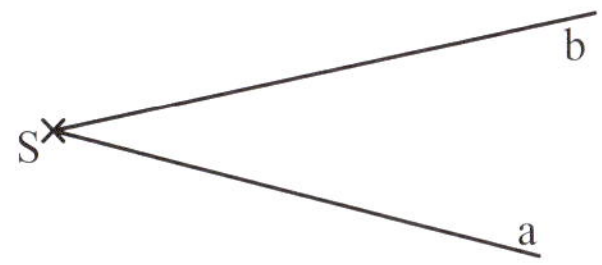

$\sphericalangle$ a b = Winkel mit den Schenkeln a und b
Der Punkt S heißt Scheitel des Winkels.

Mit dem Geodreieck kann man Winkel messen und zeichnen. Dabei liegt der Nullpunkt des Geodreiecks im Scheitel des Winkels.

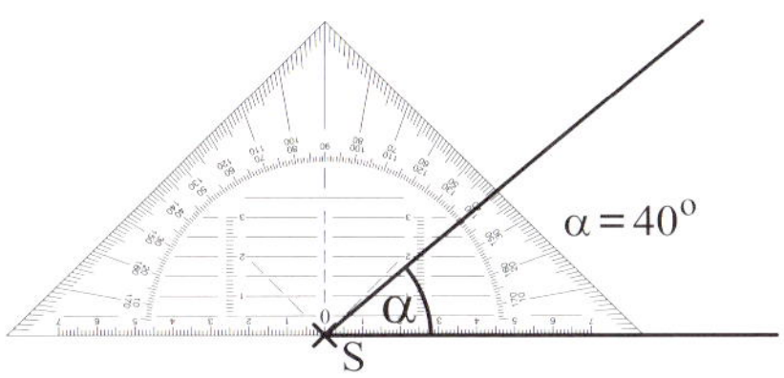

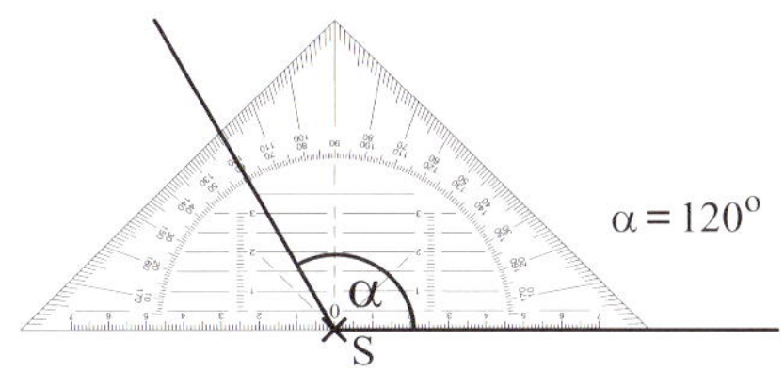

7. Miss die Winkel im Bild.
Schreibe auf: $\sphericalangle$ a b = ▒; $\sphericalangle$ a c = ▒; $\sphericalangle$ a d = ▒; $\sphericalangle$ b c = ▒; $\sphericalangle$ b d = ▒; $\sphericalangle$ c d = ▒

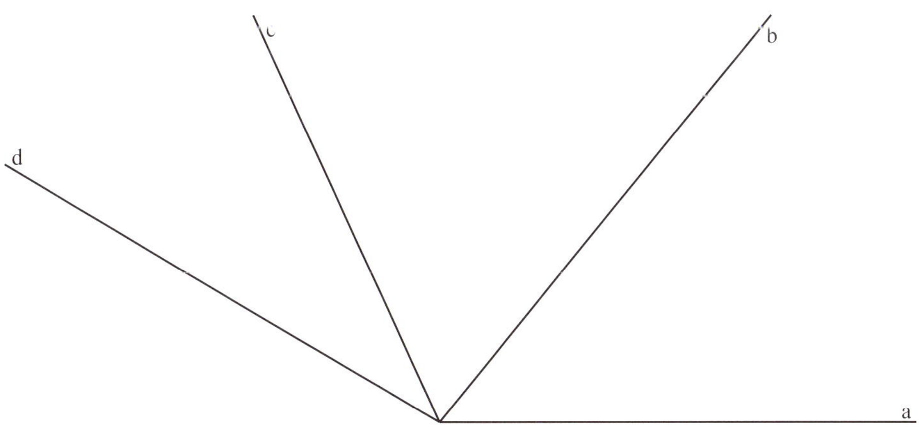

8. Zeichne die Winkel.

a) 30° **b)** 60° **c)** 40° **d)** 80° **e)** 45° **f)** 68° **g)** 37° **h)** 90°

i) 100° **j)** 120° **k)** 135° **l)** 150° **m)** 170° **n)** 108° **o)** 127° **p)** 154°

Mit dem Geodreieck kann man die Senkrechte durch den Mittelpunkt einer Strecke $\overline{AB}$ zeichnen. Alle Punkte der **Mittelsenkrechten** m haben von den Endpunkten der Strecke den gleichen Abstand.

Mit dem Geodreieck kann man einen Winkel halbieren. Alle Punkte der **Winkelhalbierenden** w haben von den Schenkeln des Winkels den gleichen Abstand.

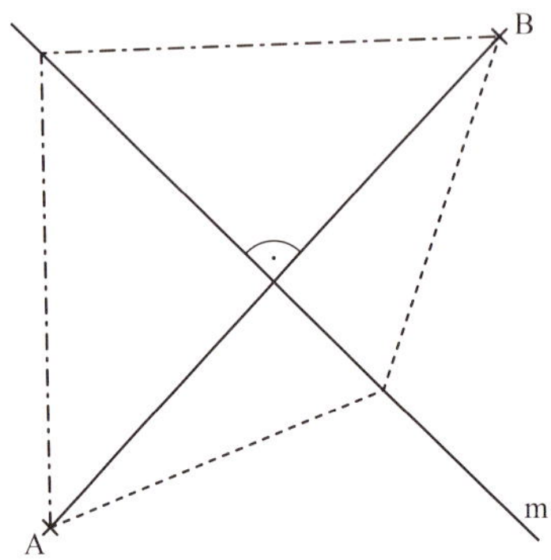

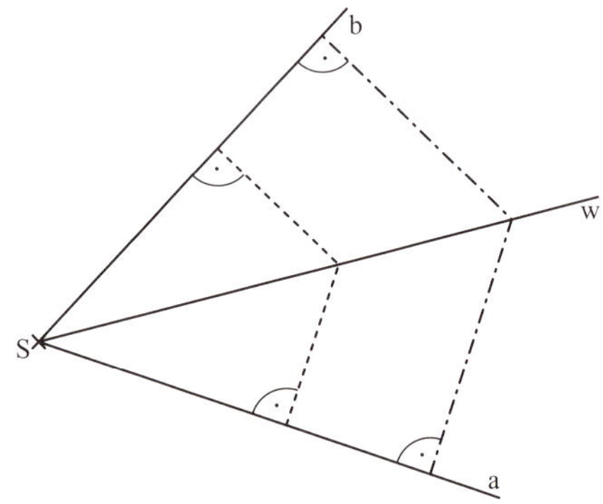

Beide Konstruktionen können mit dem Geodreieck, aber auch mit Zirkel und Lineal durchgeführt werden.

9. **a)** Zeichne die Strecke $\overline{AB}$ = 7 cm. Dann zeichne die Mittelsenkrechte mit dem Geodreieck.

b) Wähle einen Punkt auf der Mittelsenkrechten. Miss seinen Abstand von A und von B. Was stellst du fest?

10. Zeichne die Strecke. Dann konstruiere die Mittelsenkrechte.

a) $\overline{AB}$ = 6 cm **b)** $\overline{XY}$ = 7 cm **c)** $\overline{ST}$ = 8,4 cm

11. Halbiere die Strecke durch Konstruktion der Mittelsenkrechten mit Zirkel und Lineal. Prüfe die Länge der Teilstrecken.

a) $\overline{AB}$ = 5 cm **b)** $\overline{CD}$ = 6,8 cm **c)** $\overline{EF}$ = 7,5 cm

12. **a)** Zeichne den Winkel ∢ a b = 80°. Dann zeichne die Winkelhalbierende mit dem Geodreieck.

b) Wähle einen Punkt auf der Winkelhalbierenden. Miss seinen Abstand von a und von b. Was stellst du fest?

13. Zeichne den Winkel. Dann konstruiere die Winkelhalbierende. Prüfe mit dem Geodreieck, ob die beiden Teilwinkel gleich groß sind.

a) $\alpha = 40°$ **b)** $\beta = 60°$ **c)** $\gamma = 70°$

14. Halbiere den Winkel durch Konstruktion der Winkelhalbierenden mit Zirkel und Lineal. Prüfe die Größe der beiden Teilwinkel.

a) $\alpha = 67°$ **b)** $\beta = 75°$ **c)** $\gamma = 56°$ **c)** $\delta = 135°$

9.2 Konstruktion von Vierecken

Rechteck

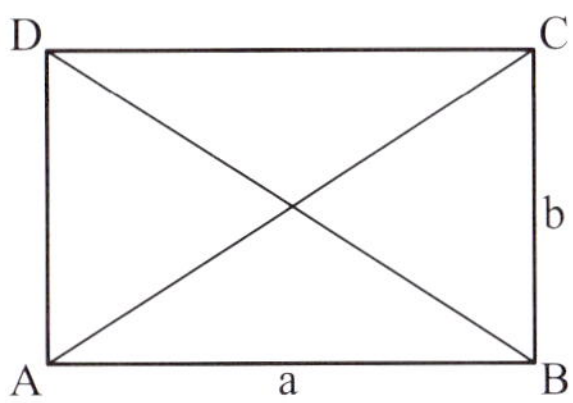

- Alle vier Winkel sind rechte Winkel.
- Gegenüberliegende Seiten sind parallel zueinander und gleich lang.
- Die Diagonalen sind gleich lang und halbieren sich.

Quadrat

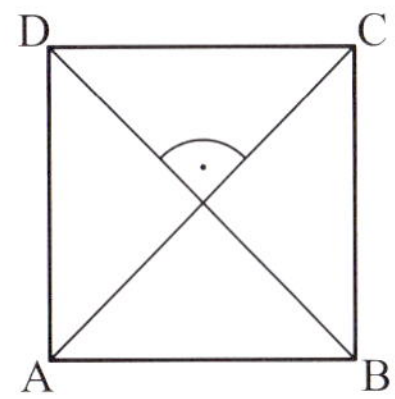

Das Quadrat ist ein spezielles Rechteck.
Zusätzliche Eigenschaften:
- Alle Seiten sind gleich lang.
- Die Diagonalen sind senkrecht zueinander.

1. Zeichne das Rechteck. Gib an, ob es ein Quadrat ist.

a) a = 6 cm; b = 3 cm **b)** a = 8,5 cm; b = 2,5 cm **c)** a = 4 cm; b = 4 cm **d)** a = 4,5 cm; b = 6,2 cm **e)** a = 5,4 cm; b = 5,4 cm

2. Zeichne die Figur in dein Heft. Spiegele an der farbigen Linie. Welche Gesamtfigur entsteht?

a)
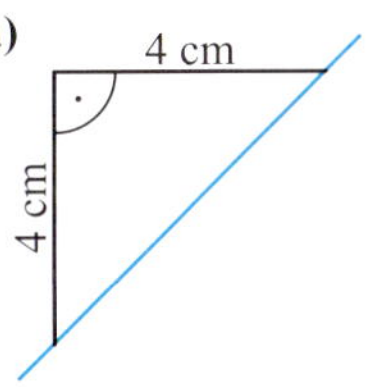

b)
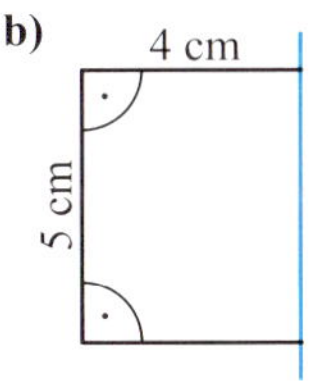

c)
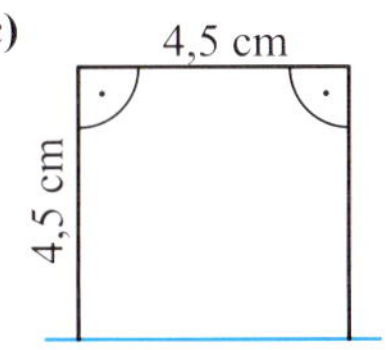

d)
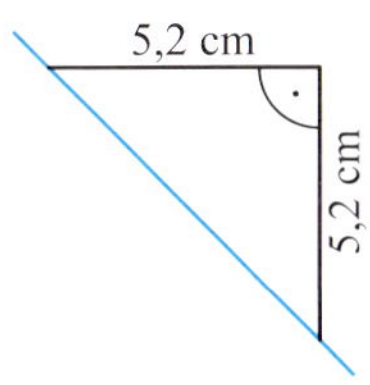

3. Die beiden Diagonalen eines Quadrats sind 4 cm lang. Zeichne das Quadrat.

Parallelogramm

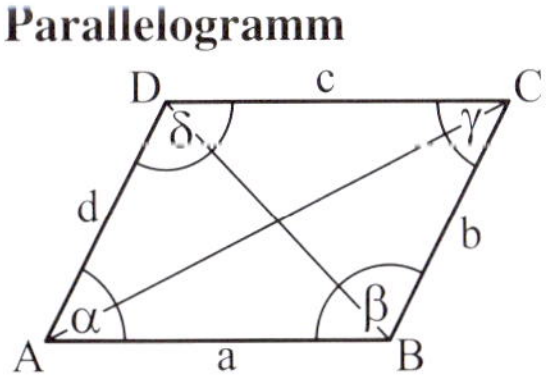

- Gegenüberliegende Seiten sind parallel und gleich lang.
- Gegenüberliegende Winkel sind gleich groß.
- Die Diagonalen halbieren sich.
- $\alpha + \beta = \gamma + \delta = 180°$

Raute

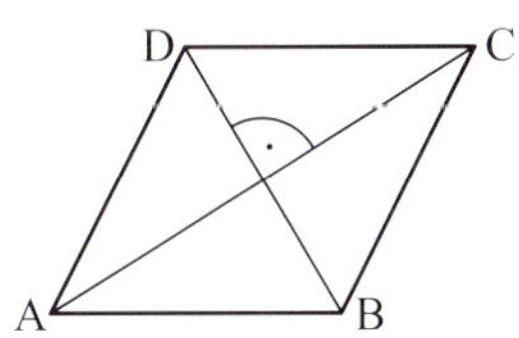

Die Raute ist ein spezielles Parallelogramm.
Zusätzliche Eigenschaften:
- Alle Seiten sind gleich lang.
- Die Diagonalen sind senkrecht zueinander.

4. Zeichne das Parallelogramm.

a) a = 6 cm; b = 4 cm; $\alpha = 70°$ **b)** a = 7 cm; b = 5 cm; $\alpha = 130°$ **c)** a = 5 cm; b = 7 cm; $\beta = 140°$

5. Zeichne die Raute.

a) $a = 5$ cm, $\alpha = 45°$ **b)** $a = 6$ cm, $\alpha = 60°$ **c)** $a = 6{,}5$ cm, $\beta = 70°$ **d)** $a = 5{,}3$ cm, $\alpha = 135°$ **e)** $a = 6{,}6$ cm, $\beta = 115°$

6. Zeichne das Parallelogramm. Gib an, ob es eine Raute ist.

a) $a = 5{,}9$ cm, $b = 4{,}5$ cm, $h = 3$ cm
b) $a = 7$ cm, $b = 6{,}5$ cm, $h = 3{,}5$ cm
c) $a = 7{,}3$ cm, $b = 5{,}5$ cm, $h = 2{,}8$ cm
d) $a = 6{,}5$ cm, $b = 3{,}2$ cm, $h = 2{,}6$ cm
e) $a = 5{,}3$ cm, $b = 5{,}3$ cm, $h = 3{,}4$ cm

7. Von einer Raute sind die Längen der beiden Diagonalen gegeben. Zeichne die Raute. Beachte, dass die Diagonalen zueinander senkrecht sind und einander halbieren.

a) $d_1 = 6$ cm, $d_2 = 4$ cm **b)** $d_1 = 5$ cm, $d_2 = 4$ cm **c)** $d_1 = 4{,}8$ cm, $d_2 = 6{,}6$ cm **d)** $d_1 = 5{,}6$ cm, $d_2 = 3{,}8$ cm **e)** $d_1 = 4$ cm, $d_2 = 4$ cm

Trapez

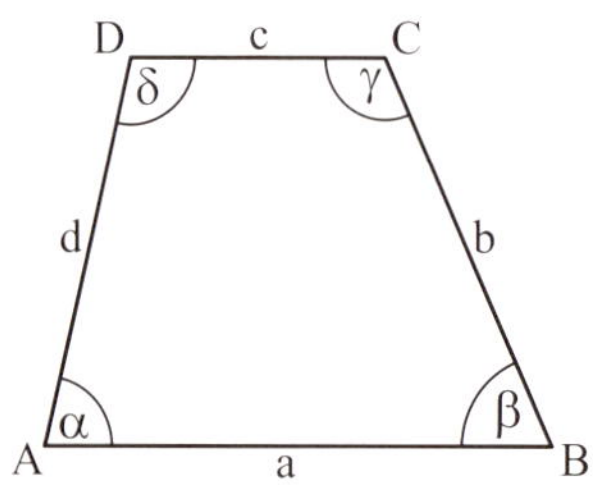

Zwei Seiten (die Grundseiten) sind parallel.
$a \parallel c$

Gleichschenkliges Trapez

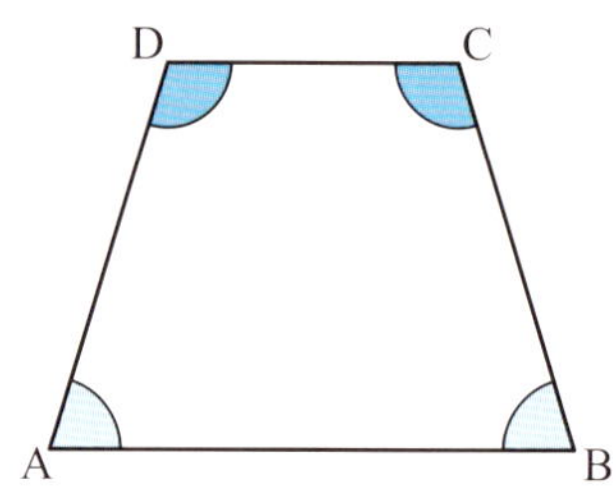

Die Schenkel sind gleich lang.
Die Winkel an den Grundseiten sind gleich.
Die Diagonalen sind gleich lang.

8. Zeichne das Trapez. Gib an, ob es gleichschenklig ist.

a) $a = 6{,}5$ cm, $d = 2{,}5$ cm, $\alpha = 45°$, $\beta = 70°$
b) $a = 6{,}8$ cm, $d = 5$ cm, $\alpha = 70°$, $\beta = 70°$
c) $a = 6{,}3$ cm, $c = 3{,}8$ cm, $h = 3{,}5$ cm, $\alpha = 65°$
d) $a = 6{,}7$ cm, $c = 3{,}9$ cm, $h = 4{,}2$ cm, $\alpha = 70°$

Drachen

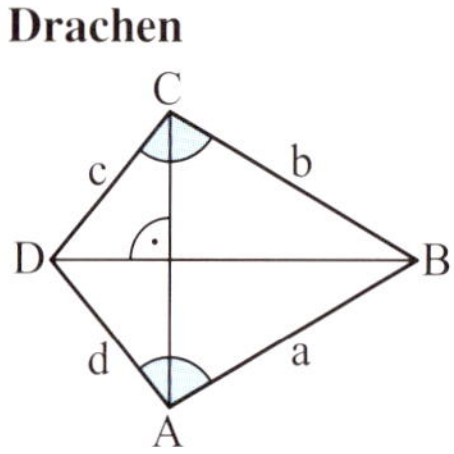

- Zwei Paare benachbarter Seiten sind gleich lang: $a = b$; $c = d$
- Ein Paar gegenüberliegender Winkel ist gleich groß: $\alpha = \gamma$
- Die Diagonalen sind senkrecht zueinander.
- Eine der Diagonalen wird von der anderen halbiert.

9. Zeichne den Drachen.

a) $a = b = 5$ cm, $\alpha = \gamma = 115°$, $\beta = 40°$
b) $a = b = 7$ cm, $\alpha = \gamma = 132°$, $\beta = 45°$
c) $c = d = 4{,}7$ cm, $\alpha = \gamma = 130°$, $\delta = 50°$

9.3 Konstruktion von Dreiecken

Gleichschenkliges Dreieck

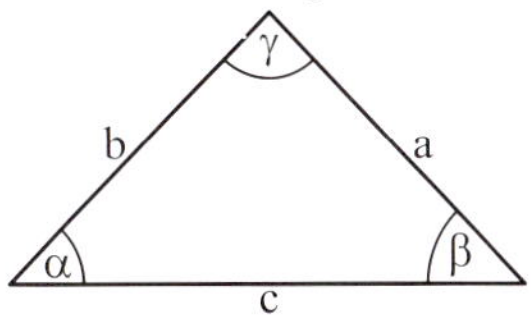

Zwei Seiten sind gleich lang (Schenkel); Die Basiswinkel sind gleich groß.
$a = b$; $\alpha = \beta$

Gleichseitiges Dreieck

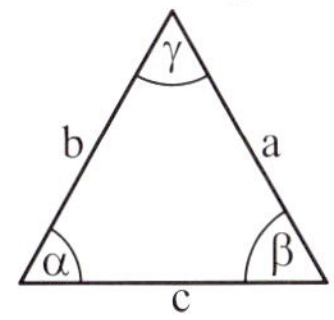

Alle Seiten sind gleich lang.
Alle Winkel sind 60°.
$a = b = c$;
$\alpha = \beta = \gamma = 60°$

Rechtwinkliges Dreieck

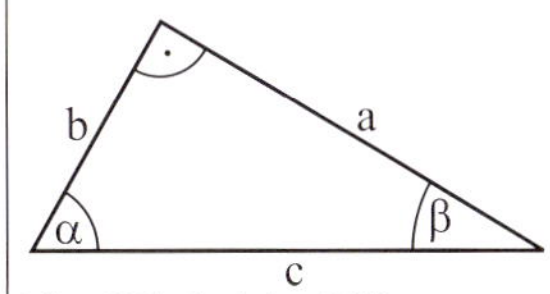

Ein Winkel ist 90°.

In allen Dreiecken ist die Winkelsumme 180°: $\alpha + \beta + \gamma = 180°$

Zuerst immer eine **Planfigur** zeichnen. Gegebene Stücke farbig einzeichnen.

Planfigur: *Konstruktion:*

Gegeben: 3 Seiten
$a = 4{,}6$ cm
$b = 3{,}2$ cm
$c = 5{,}8$ cm

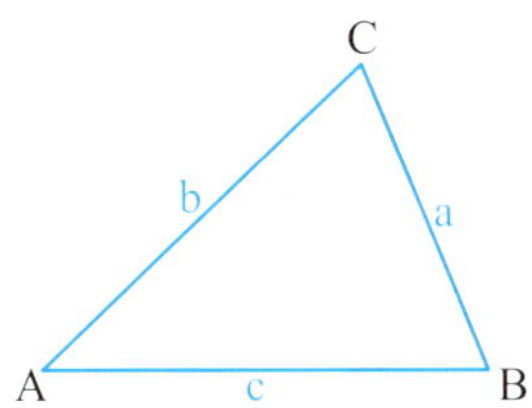

1. Strecke $\overline{AB}$ zeichnen
2. Kreisbogen um A mit Radius b
3. Kreisbogen um B mit Radius a

Gegeben: 2 Seiten und der eingeschlossene Winkel
$a = 4{,}8$ cm
$b = 6{,}4$ cm
$\gamma = 54°$

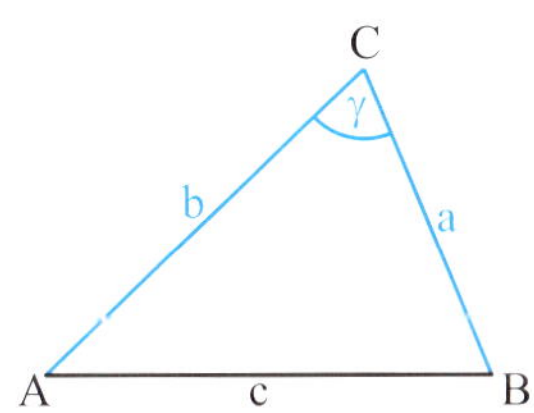

1. Strecke $\overline{AC}$ zeichnen
2. Winkel γ an $\overline{AC}$ antragen
3. Strecke $\overline{BC}$ abtragen

Gegeben: Eine Seite und die beiden anliegenden Winkel
$c = 6{,}4$ cm
$\alpha = 52°$
$\beta = 60°$

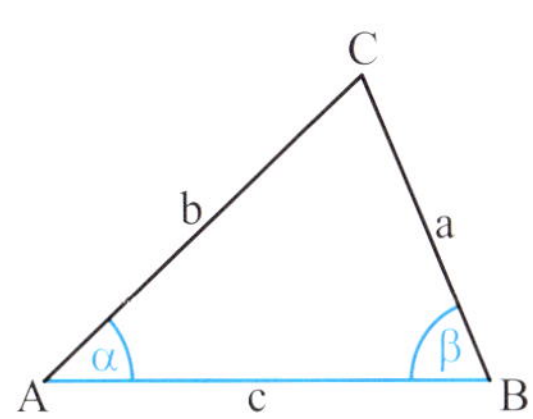

1. Strecke $\overline{AB}$ zeichnen
2. Winkel α und β antragen

1. Konstruiere das Dreieck. Zeichne zuerst eine Planfigur.

a) $a = 5{,}2$ cm, $b = 4{,}5$ cm, $c = 6{,}8$ cm
b) $a = 68$ mm, $b = 56$ mm, $c = 34$ mm
c) $a = 6{,}2$ cm, $b = 6{,}2$ cm, $c = 6{,}2$ cm
d) $a = 5{,}7$ cm, $b = 4{,}8$ cm, $c = 5{,}7$ cm
e) $a = 74$ mm, $b = 68$ mm, $c = 21$ mm

2. Konstruiere das Dreieck. Miss die fehlenden Seiten und Winkel. Ist es ein besonderes Dreieck?

a) $b = 4{,}7$ cm	**b)** $a = 59$ mm	**c)** $b = 4{,}2$ cm	**d)** $a = 65$ mm	**e)** $a = 5{,}6$ cm
$c = 6{,}5$ cm	$c = 38$ mm	$c = 4{,}2$ cm	$b = 56$ mm	$c = 5{,}6$ cm
$\alpha = 48°$	$\beta = 70°$	$\alpha = 60°$	$\gamma = 112°$	$\beta = 38°$

3. Konstruiere das Dreieck. Liegt eine Sonderform vor?

a) $c = 6{,}4$ cm	**b)** $c = 58$ mm	**c)** $a = 4{,}7$ cm	**d)** $b = 6{,}6$ mm	**e)** $a = 7{,}2$ cm
$\alpha = 52°$	$\alpha = 60°$	$\beta = 60°$	$\alpha = 42°$	$\beta = 38°$
$\beta = 62°$	$\beta = 30°$	$\gamma = 60°$	$\gamma = 30°$	$\gamma = 38°$

4. Konstruiere ein gleichschenkliges Dreieck. Die Schenkel sollen 5,2 cm lang sein und den Winkel 43° einschließen.

5. Konstruiere ein gleichschenkliges Dreieck mit $a = b = 5{,}4$ cm und $\alpha = 32°$. Berechne zuerst den Winkel an der Spitze mithilfe der Winkelsumme.

6. Konstruiere ein gleichseitiges Dreieck. Die Seiten sollen 58 mm lang sein.

7. Konstruiere das rechtwinklige Dreieck mit $a = 4{,}2$ cm, $b = 6{,}5$ cm und $\gamma = 90°$.

9.4 Berechnungen an Vierecken

Rechteck

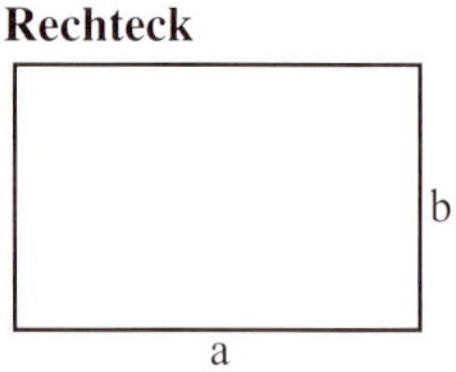

Flächeninhalt:
$A = a \cdot b$

Umfang:
$u = 2 \cdot a + 2 \cdot b$
$u = 2 \cdot (a + b)$

Beispiel: $a = 5$ cm; $b = 3$ cm

$A = 5 \cdot 3$ $\quad A = 15\ \text{cm}^2$
$u = 2 \cdot (5 + 3)$ $\quad u = 16$ cm

Spezialfall: Quadrat

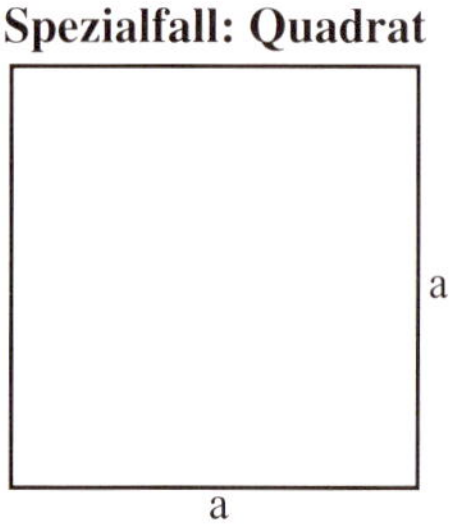

Flächeninhalt:
$A = a \cdot a$

Umfang:
$u = 4 \cdot a$

Beispiel: $a = 6$ cm

$A = 6 \cdot 6$ $\quad A = 36\ \text{cm}^2$
$u = 4 \cdot 6$ $\quad u = 24$ cm

1. Berechne Umfang und Flächeninhalt des Rechtecks.

a) $a = 7$ cm	**b)** $a = 15$ cm	**c)** $a = 12$ cm	**d)** $a = 14$ mm
$b = 3$ cm	$b = 6$ cm	$b = 12$ cm	$b = 49$ mm

2. Familie Steinmeier kauft ein rechteckiges Grundstück mit einer Fläche von $350\ \text{m}^2$. Die Straßenfront ist 14 m lang. Wie lang sind die anderen Seiten des Grundstücks?

3. Herr Dold errichtet einen Zaun um seinen rechteckigen Garten. Der Zaun wird mit Tür 60 m lang.

a) Eine Seite des Gartens ist 14 m lang. Wie lang sind die anderen Seiten?

b) Wie groß ist die Gartenfläche?

4. Nurdane hat einen Draht von 48 cm Länge. Sie biegt daraus ein Quadrat. Wie lang sind die Seiten des Quadrats?

5. Carla hat einen Draht von 24 cm Länge. Evas Draht ist halb so lang. Sie biegen daraus Quadrate.

a) Welche Seitenlänge haben die Quadrate?

b) Wie groß ist der Flächeninhalt der Quadrate?

6. Berechne die fehlenden Größen für das Rechteck. Prüfe, ob das Rechteck ein Quadrat ist.

Seite a	8 cm	4 cm		1,30 m	6 dm			0,36 m
Seite b	2,5 cm		8 mm			22 cm	8,4 km	
Flächeninhalt A		16 cm^2	96 mm^2	1,95 m^2			79,8 km^2	
Umfang u					28 dm	56 cm		2,42 m

7. Ein Poster ist 45 cm lang und 30 cm breit. Es soll hinter Glas gerahmt werden.

a) Wie viel Zentimeter Leiste werden für den Rahmen benötigt?

b) Wie groß wird die Glasfläche?

8. Ein Einzelspielfeld für Tennis ist 23,70 m lang und 8,23 m breit. Berechne die Spielfläche.

9. Frau Christensen hat einen Tisch, der 2,20 m lang und 1,60 m breit ist. Sie möchte die Tischfläche rundum mit einer Leiste einfassen. Wie viel Meter Leiste braucht Frau Christensen?

10. Die Weidefläche für die Ziegen von Landwirt Oberle ist 125 m lang und 64 m breit.

a) Berechne die Weidefläche.

b) Herr Oberle möchte die Weide einzäunen. Für das Tor lässt er eine 4 m große Lücke. Wie viel Meter Zaun braucht Herr Oberle?

11. Das Wohnzimmer von Familie Stellmacher ist 5,50 m breit und 6,30 m lang.

a) Das Zimmer wird mit Teppichboden ausgelegt. Wie viel m^2 werden gebraucht?

b) Der Rand des Fußbodens wird mit einer Leiste eingefasst. Die Tür ist 1,10 m breit. Wie viel Meter Leiste werden benötigt?

12. Eine rechteckige Tischdecke ist 90 cm lang und bedeckt eine Fläche von 0,72 m^2. Wie breit ist die Decke?

13. Berechne die fehlenden Größen für das Rechteck. Achte auf die Einheiten.

Seite a	26 mm	1,75 m	0,12 m	35 m			38 cm
Seite b	3,5 cm	64 cm			7,5 cm	64 cm	
Flächeninhalt A			96 cm^2			1,6 m^2	2,85 m^2
Umfang u				180 m	24,2 cm		

Parallelogramm

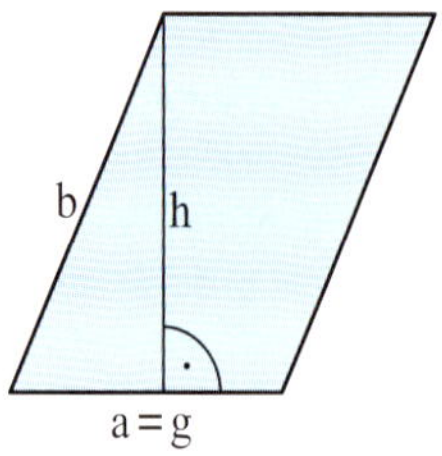

Flächeninhalt:
$A = g \cdot h$

Umfang:
$u = 2 \cdot a + 2 \cdot b$
$u = 2 \cdot (a + b)$

Beispiel: $a = g = 4\,cm$; $b = 3\,cm$; $h = 2\,cm$
$A = 4 \cdot 2$ $A = 8\,cm^2$
$u = 2 \cdot (4 + 3)$ $u = 14\,cm$

14. Berechne Umfang und Flächeninhalt der Parallelogramme (Maße in cm).

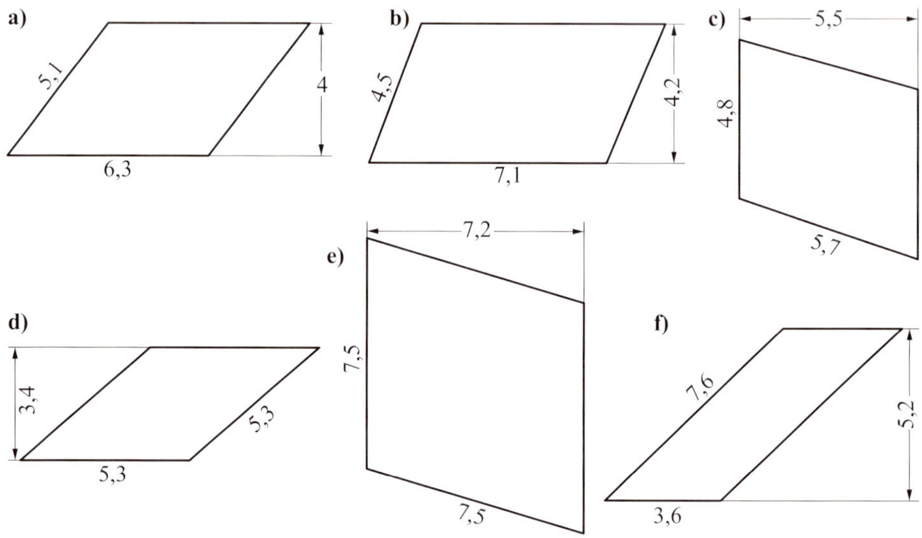

15. Berechne den Flächeninhalt des Parallelogramms. Beachte die Einheiten.
a) $g = 9\,cm$, $h = 5\,cm$ **b)** $g = 8\,dm$, $h = 31\,cm$ **c)** $g = 45\,mm$, $h = 3{,}8\,cm$ **d)** $g = 0{,}96\,m$, $h = 125\,cm$

16. Ein Maisfeld hat die Form eines Parallelogramms. Es ist 45 m lang. Die zugehörige Höhe beträgt 17,5 m. Berechne die Fläche.

17. Ein Parallelogramm hat den Umfang 162 cm. Die Seite a ist 46 cm lang. Wie lang ist die Seite b?

18. Berechne die fehlenden Größen für das Parallelogramm. Ist das Parallelogramm eine Raute?

Seite a = g	14 cm	2,50 m	18 cm		16 dm		25 cm
Seite b			18 cm	3,75 m	17,5 dm		
Höhe h			12 cm	3,50 m		48 mm	22 cm
Flächeninhalt A	140 cm^2	5 m^2		14,7 m^2	256 dm^2	2 640 mm^2	
Umfang u	52 cm	12 m				220 mm	100 cm

Trapez

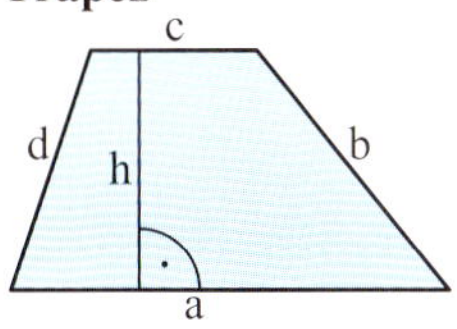

Flächeninhalt: $A = \frac{(a + c) \cdot h}{2}$

Umfang: $u = a + b + c + d$

Beispiel: a = 8 cm; b = 5 cm; c = 6 cm; d = 4 cm; h = 3 cm

$A = \frac{(8+6) \cdot 3}{2}$ $\quad A = 21\ cm^2$

$u = 8 + 5 + 6 + 4 \quad u = 23$ cm

19. Berechne Flächeninhalt und Umfang des Trapezes (Maße in cm). Beachte, dass die Höhe senkrecht auf den beiden parallelen Grundseiten steht.

a)

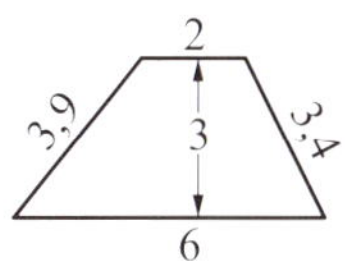

b)

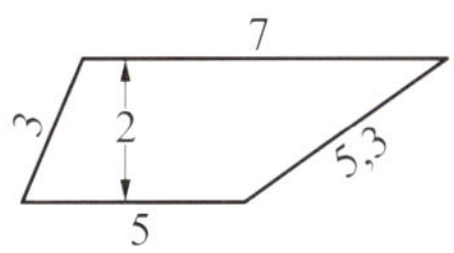

c)

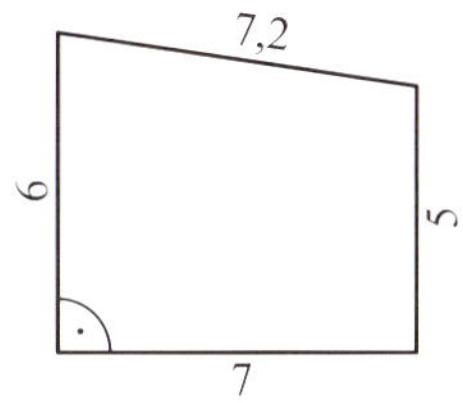

d)

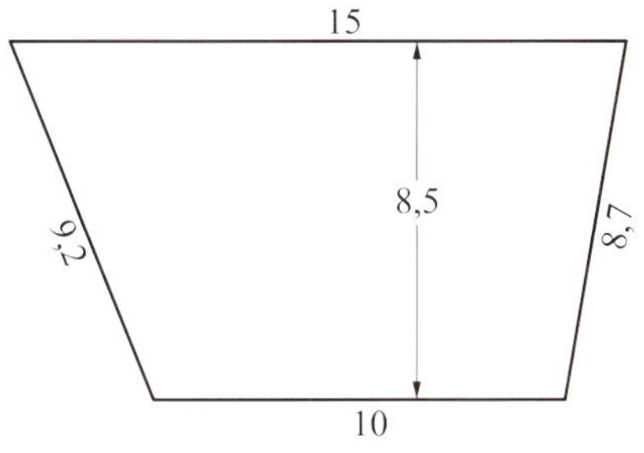

e)

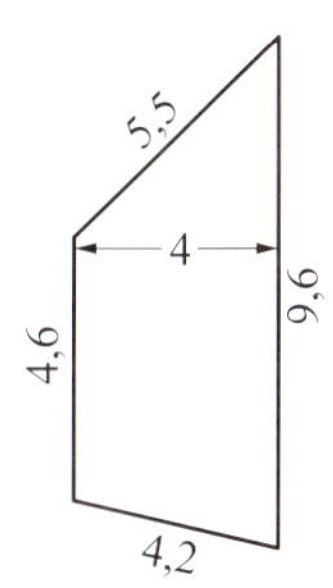

20. Berechne den Flächeninhalt des Trapezes. Achte auf die Einheiten.

Seite a	110 m	53 cm	2,70 m	2,5 dm	36 mm	1,27 m	44 cm
Seite c	98 m	35 cm	4,30 m	1,8 dm	1,4 cm	2,75 m	64 cm
Höhe h	85 m	40 cm	98 cm	13 cm	23 mm	80 cm	2 m

21. Berechne die fehlenden Größen für das Trapez.

Seite a	7 cm	6,4 m	69 cm	9 mm		6,3 dm	
Seite c	4 cm	3,8 m	47 cm		3 m		4,20 m
Höhe h				8 mm	4 m	5,4 dm	3,00 m
Flächeninhalt A	55 cm^2	22,95 m^2	2 204 cm^2	56 mm^2	18 m^2	25,38 dm^2	14,70 m^2

22. Ein Kanal hat einen trapezförmigen Querschnitt. Er ist unten 12,20 m breit und oben 15,60 m breit. Seine Tiefe beträgt 4,20 m. Berechne die Fläche des Querschnitts.

23. Der trapezförmige Querschnitt eines Deiches ist unten 45 m breit und oben 17 m breit. Der Flächeninhalt des Querschnitts beträgt 372 m^2. Berechne die Höhe des Deiches.

9.5 Berechnungen an Dreiecken

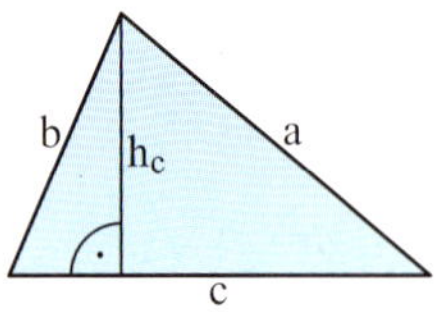

Flächeninhalt: $A = \frac{g \cdot h}{2}$

Umfang: $u = a + b + c$

Beispiel: $a = 6\text{ cm}; b = 5\text{ cm}; c = 4\text{ cm}$
$g = c; h_c = 3\text{ cm}$

$A = \frac{4 \cdot 3}{2}$ $\quad A = 6\text{ cm}^2$

$u = 6 + 5 + 4 \quad u = 15\text{ cm}$

1. Berechne Flächeninhalt und Umfang des Dreiecks (Maße in cm).

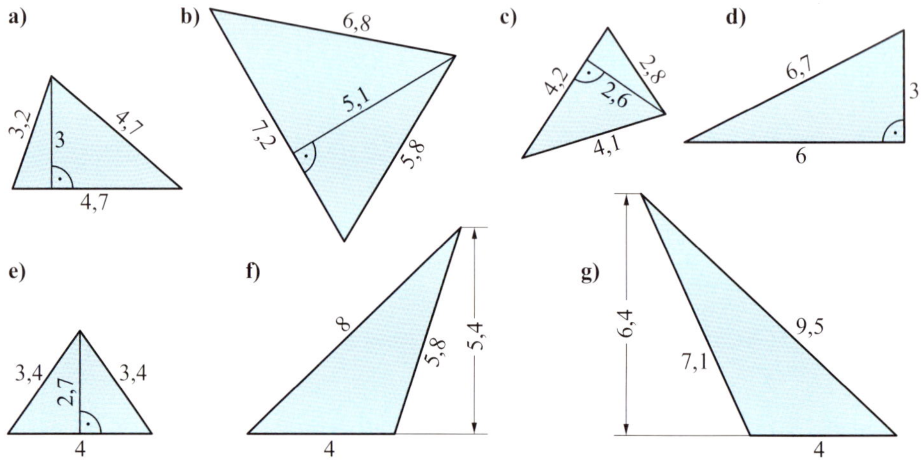

2. Berechne den Flächeninhalt des Dreiecks. Achte auf die Einheiten.

Grundseite g	4,2 cm	6,2 cm	79 mm	8,20 mm	1,35 m	2,5 dm
Höhe h	5 cm	4,8 cm	20 mm	20 mm	0,68 m	1,7 dm

3. Ein gleichschenkliges Dreieck hat den Umfang 4,70 m. Jeder Schenkel ist 1,20 m lang. Wie lang ist die Grundseite?

4. Der Umfang eines gleichseitigen Dreiecks beträgt 13,8 cm. Wie lang sind die Seiten?

5. Ein rechtwinkliges Dreieck hat die Seitenlängen a = 6,3 cm, b = 8,4 cm, c = 10,5 cm. Zeichne das Dreieck, dann berechne Umfang und Flächeninhalt.

6. Berechne die fehlende Größe für das Dreieck. Achte auf die Einheiten.

Grundseite g	4,5 cm	6 cm		32 mm		43 mm	25 cm
Höhe h	2,2 cm		4 cm	2,4 cm	0,7 m		
Flächeninhalt A		24 cm^2	50 cm^2		$2{,}80\text{ m}^2$	$3{,}44\text{ cm}^2$	225 cm^2

7. Ein Dreieck hat die Grundseite g = 6 cm und die Höhe h = 8 cm. Ein anderes Dreieck mit demselben Flächeninhalt ist 4 cm hoch. Wie lang ist die Grundseite dieses Dreiecks?

9.6 Flächeninhalt von Vielecken

Um den Flächeninhalt zu berechnen, zerlegt man Vielecke in Figuren, die sich leicht berechnen lassen.

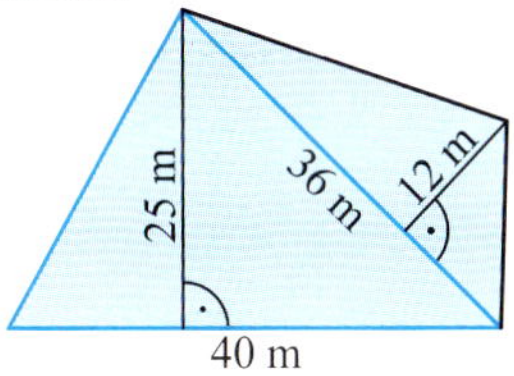

$A = A_1 + A_2$ $\qquad$ $A = 500 + 216$

$A_1 = \frac{40 \cdot 25}{2} = 500$ $\qquad$ $A = 716\ m^2$

$A_2 = \frac{36 \cdot 12}{2} = 216$

1. Berechne den Flächeninhalt der Figur (Maße in cm).

a)

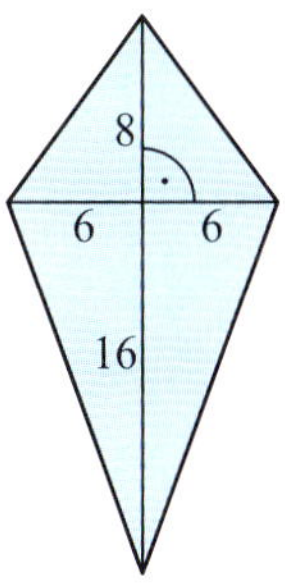

b)

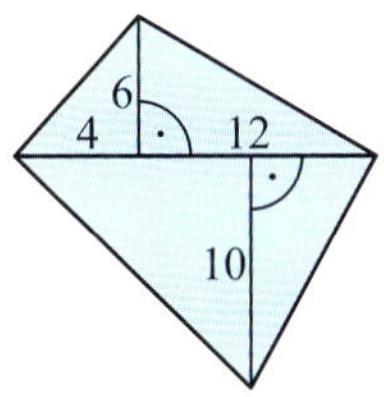

c)

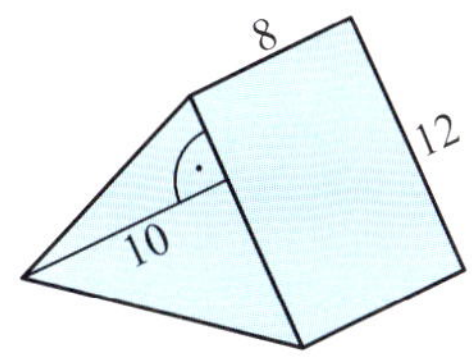

d)

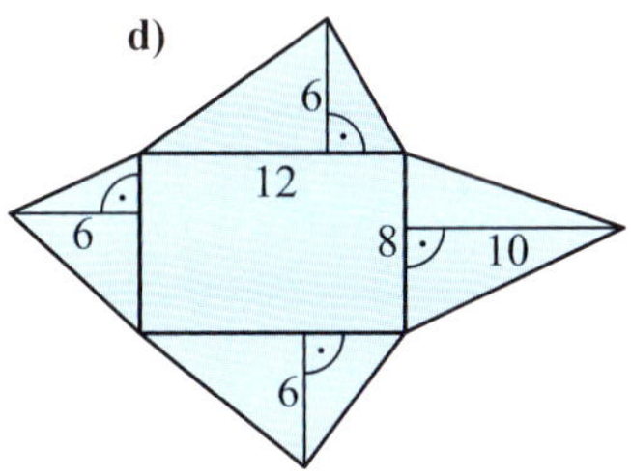

e)

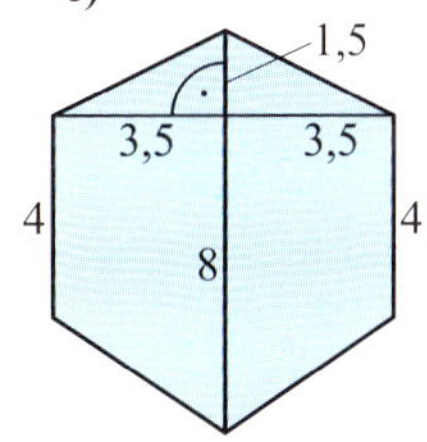

2. Im Bild ist eine Weidefläche dargestellt (Maße in m). Berechne den Flächeninhalt.

a)

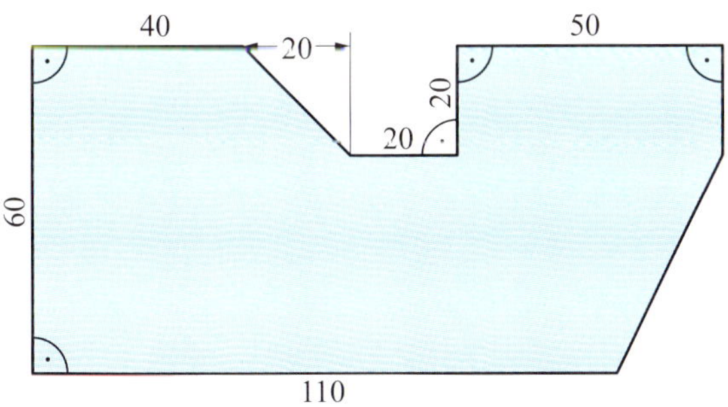

b)

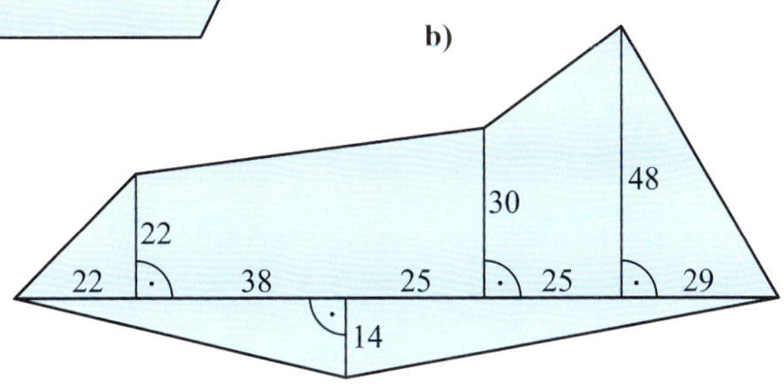

9.7 Berechnungen am Kreis

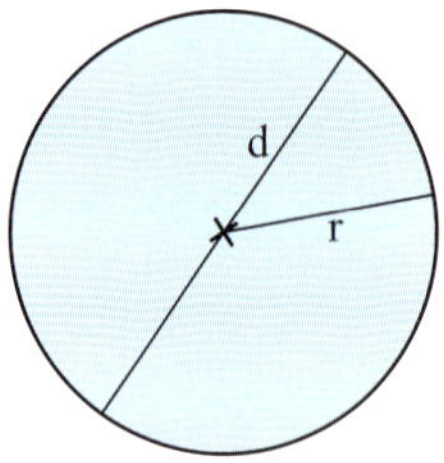

$d = 2 \cdot r$

Flächeninhalt: $A = \pi \cdot r^2$

$A = \pi \cdot \frac{d^2}{4}$

Beispiel: $r = 3$ cm

$A = \pi \cdot 3^2$
$A = 28{,}26\ \text{cm}^2$

Umfang: $u = 2 \cdot \pi \cdot r$
$u = \pi \cdot d$

$u = 2 \cdot \pi \cdot 3$
$u = 18{,}84$ cm

$\pi = 3{,}14159 \ldots$
Wir rechnen mit $\pi = 3{,}14$

1. Berechne Umfang und Flächeninhalt des Kreises.
a) r = 4 cm; r = 2,7 cm; r = 7,5 cm
b) r = 12 m; r = 5 m; r = 1,8 m
c) r = 14 mm; r = 7 mm; r = 28 mm
d) d = 1,62 m; d = 4,84 m; d = 3,75 m
e) d = 6,3 cm; d = 7,5 cm; d = 2,1 cm

2. Der Umfang des Kreises ist gegeben. Berechne zuerst seinen Radius, dann den Flächeninhalt.
a) u = 25,12 cm **b)** u = 15,7 cm **c)** u = 21,98 m **d)** u = 53,38 m **e)** u = 81,64 m

3. Der Umfang eines Kreises ist 1 m lang. Berechne den Radius. Runde auf cm.

4. Eine kreisförmige Verkehrsinsel hat einen Durchmesser von 5 m. Der Rand soll mit Buchsbaum eingefasst werden. Der Gärtner rechnet mit 6 Pflanzen pro m. Wie viele Buchsbaumpflanzen braucht er?

5. Ein kreisrundes Blumenbeet im Stadtpark hat einen Umfang von 21,98 m. Wie groß ist der Durchmesser des Blumenbeetes?

6. Der Flächeninhalt des Kreises ist gegeben. Berechne zuerst den Radius, dann den Umfang.
a) 50, 24 m² **b)** 78,50 cm² **c)** 7,065 m² **d)** 16,6106 m² **e)** 38,465 m²

7. Der Flächeninhalt eines Kreises ist 1 m². Berechne den Radius des Kreises. Runde auf cm.

8. Ein kreisförmiger Fischteich hat eine Wasserfläche von 200,96 m². Bestimme den Durchmesser.

9. Berechne die fehlende Größe für den Kreis.

Radius r	16 mm				2,65 m		
Umfang u		28,26 m		12,56 m		40,82 m	3,14 m
Flächeninhalt A			12,56 cm²				

10. Ein kreisförmiger Spiegel hat einen Durchmesser von 50 cm. Berechne die Spiegelfäche.

11. Ein kreisförmiges Beet hat einen Durchmesser von 5 m. Der Gärtner rechnet mit 8 Pflanzen pro m². Wie viele Pflanzen braucht der Gärtner?

12. Eine alte Eiche hat einen Umfang von 5 m. Wie groß ist der Durchmesser des Baumstamms? Runde das Ergebnis auf cm.

13. Die Räder eines Fahrrads haben mit Reifen den Durchmesser 68 cm.

a) Wie lang ist die Strecke, die das Rad bei einer Umdrehung zurücklegt?

b) Wie viele Umdrehungen macht das Rad auf 1 km?

14. Ein Kreisring hat den äußeren Radius $r_a = 5$ cm und den inneren Radius $r_i = 3$ cm. Berechne den Flächeninhalt des Kreisrings.

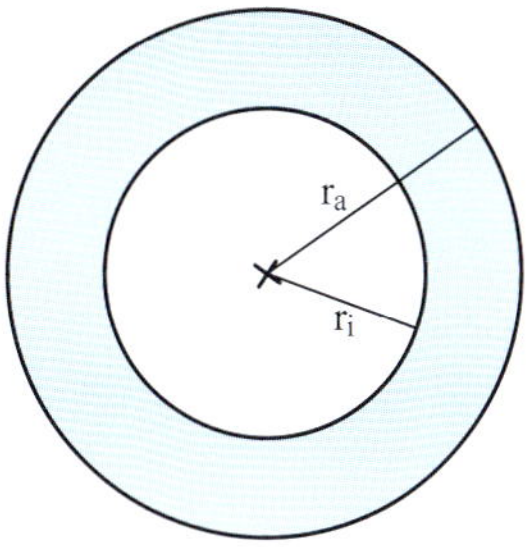

$A = \pi \cdot r_a^2 - \pi \cdot r_i^2$

15. Ein Rohr hat den äußeren Durchmesser $d_a = 4$ cm und den inneren Durchmesser $d_i = 3{,}8$ cm. Berechne die Querschnittsfläche des Rohrs.

16. In einem Park wird ein Beet in Form eines Kreisringes angelegt. Der innere Druchmesser beträgt 2 m, der äußere Durchmesser beträgt 3,2 m. Berechne den Flächeninhalt des Beetes.

Kreisausschnitt

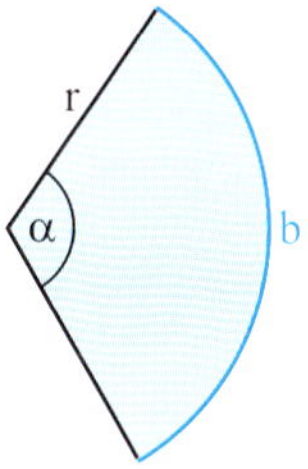

Flächeninhalt:

$A = \pi \cdot r^2 \cdot \frac{\alpha}{360°}$

Bogenlänge:

$b = 2 \cdot \pi \cdot r \cdot \frac{\alpha}{360°}$

Beispiel: r = 5 cm; α = 80°

$A = \pi \cdot 5^2 \cdot \frac{80°}{360°}$

$A = 17{,}44\ cm^2$

$b = 2 \cdot \pi \cdot 5 \cdot \frac{80°}{360°}$

$b = 6{,}98$ cm

α heißt **Mittelpunktswinkel**.

17. Zeichne den Kreisausschnitt. Dann berechne die Bogenlänge b und den Flächeninhalt A.

Radius r	5 cm	2 cm	4 cm	6,4 cm	2,7 cm	44 mm
Mittelpunktswinkel α	40°	70°	36°	50°	120°	90°

18. Berechne die fehlenden Größen des Kreisausschnitts.

Radius r	2 cm	3,6 cm	3 m		10 m		2,5 cm
Mittelpunkts-winkel α	45°	80°		50°		60°	100°
Bogenlänge b					7,85 m	6,28 m	
Flächeninhalt A			$7{,}065\ m^2$	$15{,}7\ cm^2$			

19. Ein kreisrundes Blumenbeet im Stadtpark hat den Radius 12 m. Das Beet wird in 6 gleiche Teile eingeteilt. Jeder Teil wird mit andersfarbigen Blumen bepflanzt.

a) Wie groß ist der Mittelpunktswinkel für jeden der 6 Kreisausschnitte?

b) Wie groß ist die Fläche für jede Blumenfarbe?

9.8 Sachaufgaben zu ebenen Figuren

1. Firma Simm hat eine Hauswand mit wetterfesten Kunststoffplatten verkleidet. Die Wand ist 12,50 m lang und 5,30 m hoch. Wie groß ist die Wandfläche?

2. Für einen Bilderrahmen soll eine quadratische Glasplatte von 0,36 m^2 Fläche rundum mit einer Leiste eingefasst werden. Wie viel Meter Leiste werden gebraucht?

3. Ein Blumenbeet hat die Form einer Raute. Das Beet soll mit 80 cm langen Kantsteinen eingefasst werden. Eine Seite des Beetes ist 12,80 m lang. Wie viele Kantsteine werden gebraucht?

4. Ein rechteckiges Beet ist 4,40 m lang und 2,50 m breit. Der Gärtner bepflanzt das Beet mit Blumen. Er rechnet mit 14 Blumen pro m^2. Wie viele Blumen braucht der Gärtner?

5. Das Dach eines Kirchturms wird mit Schiefer gedeckt. Es besteht aus 4 gleich großen dreieckigen Flächen. Die Grundseite g eines jeden Dreiecks ist 4 m lang, die Höhe misst 5,50 m. Die Kosten betragen 29 € pro m^2. Wie teuer wird das Dach?

6. Aus einer rechteckigen Holzplatte ($a = 1{,}30$ m; $b = 80$ cm) wird ein Parallelogramm mit der Grundseite $g = 1{,}05$ m und der Höhe $h = 68$ cm herausgesägt. Wie viel cm^2 Abfall gibt es?

7. Ein rechteckiger Platz ist 342 m^2 groß. Eine Seite ist 19 m lang.
a) Wie lang sind die anderen Seiten des Platzes?
b) Der Platz wird mit Kantsteinen von 50 cm Länge eingefasst. Wie viele Steine braucht man?

8. Ein dreieckiger Lagerplatz mit dem Maßen $a = 42{,}50$ m, $b = 54{,}50$ m und $c = 63{,}00$ m wird mit einem Bretterzaun umgeben. Man braucht 5 Bretter pro m. Wie viele Bretter werden benötigt?

9. In einem Kanal mit trapezförmigem Querschnitt hat das Wasser eine Tiefe von 3,60 m. Der Wasserspiegel ist 42,80 m breit, die Kanalsohle ist 25,60 m breit. Berechne die Querschnittsfläche.

10. Das Walmdach eines Hauses besteht aus 2 Dreiecken und zwei Trapezen (Maße in m).
a) Wie groß ist die Dachfläche?
b) Auf 1 m^2 passen 12 Ziegel. Wie viele Ziegel werden zum Decken des Daches gebraucht?

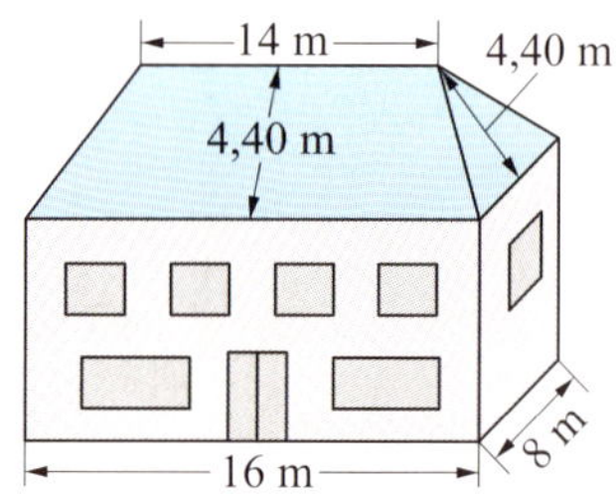

11. Zwei Quadrate von 6,2 cm Seitenlänge werden zu einem Rechteck zusammengelegt. Berechne zuerst Umfang und Flächeninhalt eines Quadrats, dann berechne Umfang und Flächeninhalt des entstandenen Rechtecks.

12. Aus zwei gleichseitigen Dreiecken (Seitenlänge $g = 5$ cm; Höhe $h = 4{,}3$ cm) wird eine Raute gelegt. Berechne zuerst Umfang und Flächeninhalt eines Dreiecks, dann berechne Umfang und Flächeninhalt der Raute.

13. Für eine kreisrunde Tischplatte von 1,10 m Durchmesser soll eine Tischdecke genäht werden. Die Decke soll rundum 20 cm überhängen. Wie viel m^2 Stoff werden gebraucht?

14. Eine kreisförmige Verkehrsinsel hat den Durchmesser 7,50 m. Berechne Umfang und Flächeninhalt der Verkehrsinsel.

15. Eine Konservendose hat den Umfang u = 28,26 cm. Berechne den Durchmesser der Dose.

16. Der Minutenzeiger einer Uhr ist 7,2 cm lang.

a) Wie lang ist der Weg, den die Spitze des Zeigers in 60 min (30 min, 15 min, 5 min) zurücklegt? Runde auf mm.

b) Welche Fläche überstreicht der Zeiger in 45 min (20 min, 10 min)? Runde auf mm^2.

17. Das Rad eines Traktors hat einen Durchmesser von 1,23 m.

a) Welche Strecke legt der Traktor mit einer Umdrehung zurück?

b) Legt der Traktor mit 2 500 Umdrehungen des Rades mehr als 10 km zurück?

18. In der Pizzeria *Da Claudio* gibt es Pizzas mit dem Durchmesser 16 cm. Der Pizzabäcker möchte auch Familienpizzas mit der vierfachen Fläche anbieten. Wie groß muss der Durchmesser sein?

19. Der Teich im Stadtpark hat einen Durchmesser von 9 m. Er wird von einem 1,20 m breiten Weg eingefasst. Berechne die Fläche, die der Weg einnimmt.

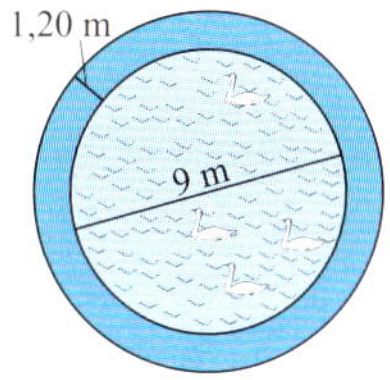

20. In ein kreisrundes Blech mit dem Radius 40 cm wird ein kreisförmiges Loch mit dem Radius 35 cm geschnitten. Wie groß ist der Flächeninhalt den verbleibenden Kreisrings?

21. Aus einem quadratischen Brett (Seitenlänge 13 cm) wird ein Kreis mit möglichst großem Durchmesser ausgeschnitten. Zeichne eine Skizze, dann berechne die Fläche des Reststücks.

22. Aus einem kreisförmigen Stück Pappe mit dem Radius 9 cm wird ein Kreisausschnitt mit dem Mittelpunktswinkel 30° ausgeschnitten. Berechne Bogenlänge und Flächeninhalt.

9.9 Satz des Pythagoras

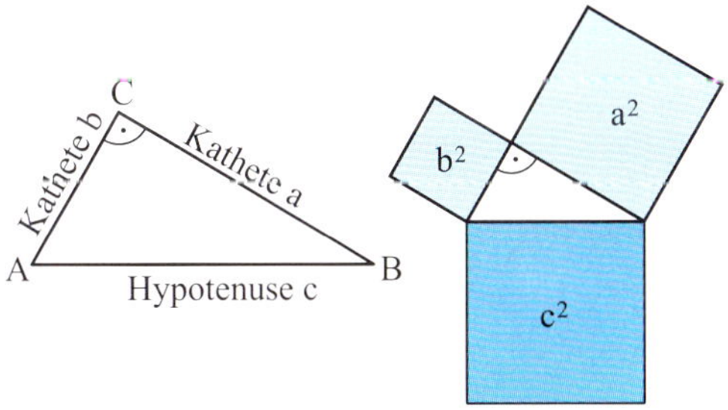

Für jedes rechtwinklige Dreieck ($\gamma = 90°$) gilt:
Die Quadrate über den beiden kürzeren Seiten (Katheten) sind zusammen so groß wie das Quadrat über der längsten Seite (Hypotenuse).

$a^2 + b^2 = c^2$

Beispiele:

1 gegeben: a = 3 cm; b = 2 cm
gesucht: Hypotenuse c

$$a^2 + b^2 = c^2$$
$$3^2 + 2^2 = c^2$$
$$13 = c^2$$
$$c = \sqrt{13}$$
$$\underline{\underline{c \approx 3{,}6\text{ cm}}}$$

2 gegeben: a = 4 cm; c = 6 cm
gesucht: Kathete b

$$a^2 + b^2 = c^2$$
$$4^2 + b^2 = 6^2$$
$$16 + b^2 = 36 \quad | - 16$$
$$b^2 = 20$$
$$b = \sqrt{20}$$
$$\underline{\underline{b \approx 4{,}5\text{ cm}}}$$

1. Berechne mithilfe des Satzes des Pythagoras die fehlende Seitenlänge (Maße in cm).

a)
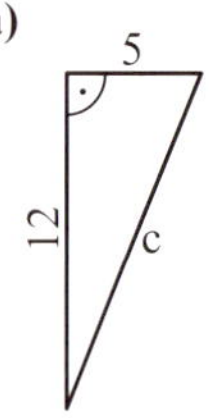

b)
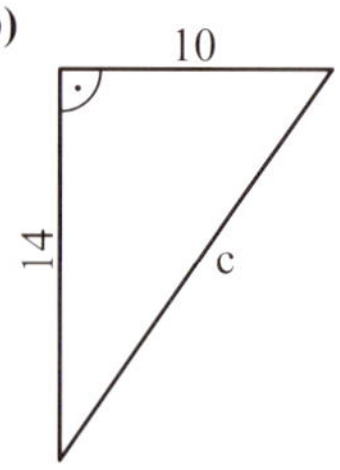

c)
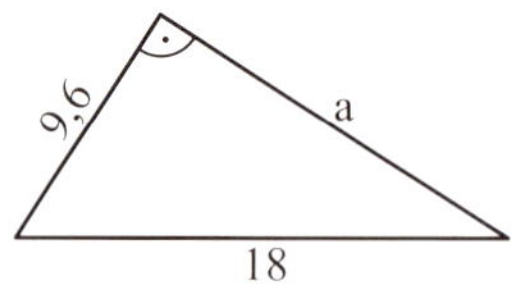

d) **e)**
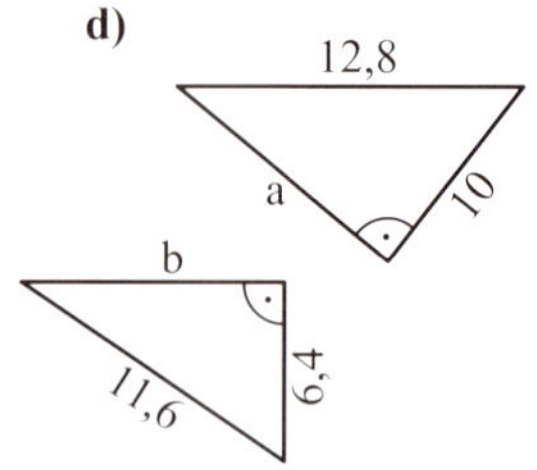

2. Berechne für das rechtwinklige Dreieck ($\gamma = 90°$) die Länge der fehlenden Seite. Runde auf mm.

a) a = 6 cm b = 8 cm	**b)** a = 3 cm c = 5 cm	**c)** a = 7 cm b = 9 cm	**d)** b = 7,2 cm c = 12,5 cm

3. Berechne die Länge der farbigen Strecke.

a)
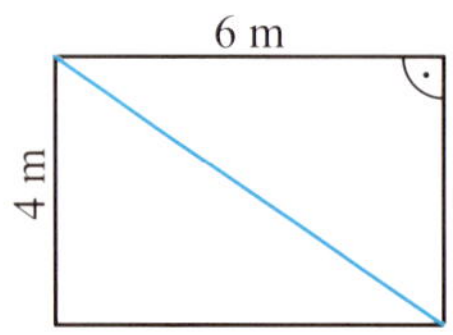

b)
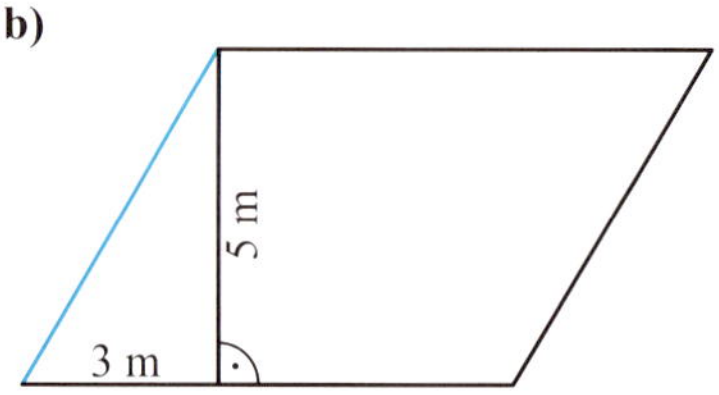

c)
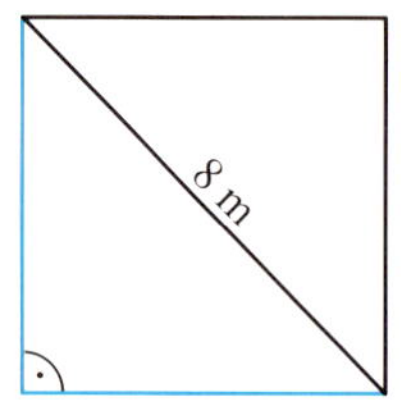

4. Welche der Dreiecke sind nicht rechtwinklig?

① a = 4 cm b = 3 cm c = 5 cm	② a = 4 cm b = 5 cm c = 6 cm	③ a = 1,5 cm b = 2 cm c = 2,5 cm	④ a = 9 cm b = 12 cm c = 15 cm	⑤ a = 12 cm b = 6 cm c = 14 cm

5. Berechne im Quadrat mit der Seitenlänge a die Länge der Diagonalen d.

a) a = 15 cm	**b)** a = 14 cm	**c)** a = 700 m	**d)** a = 68,5 m	**e)** a = 31,2 m

6. Berechne die Länge der Diagonalen im Rechteck.

a) a = 8 cm b = 3 cm	**b)** a = 12 cm b = 5 cm	**c)** a = 2,9 km b = 6,7 km	**d)** a = 36 mm b = 48 mm	**e)** a = 44 mm b = 33 mm

7. Von dem Rechteck ist die Länge der Diagonalen d und die Länge der einen Seite gegeben. Berechne die Länge der anderen Seite.

a) d = 5 cm a = 4 cm	**b)** d = 13 cm a = 5 cm	**c)** d = 7,5 m a = 6 m	**d)** d = 87,5 m b = 24,5 m	**e)** d = 9,34 m a = 6,12 m

8. Berechne die Länge der farbigen Strecke. Runde auf mm.

a)
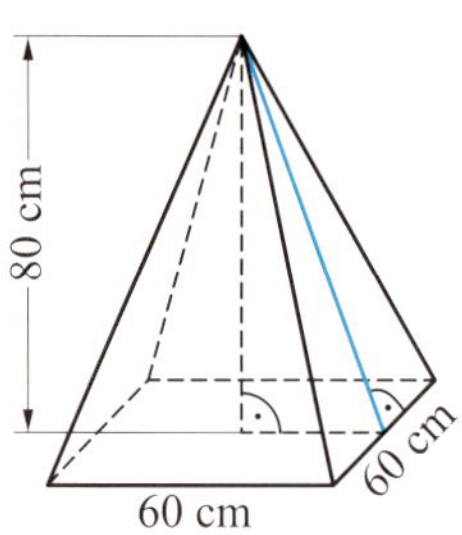

b)
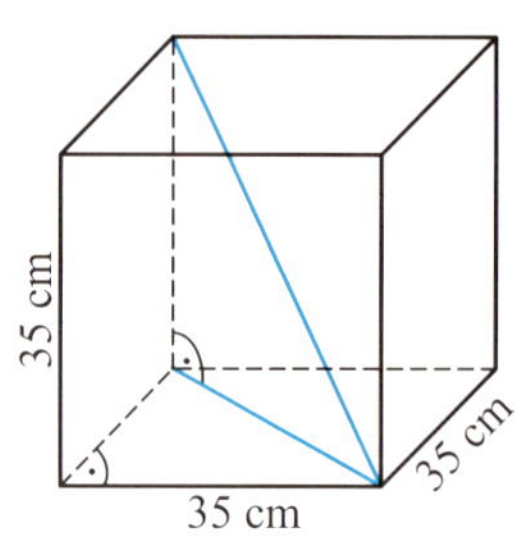

c)
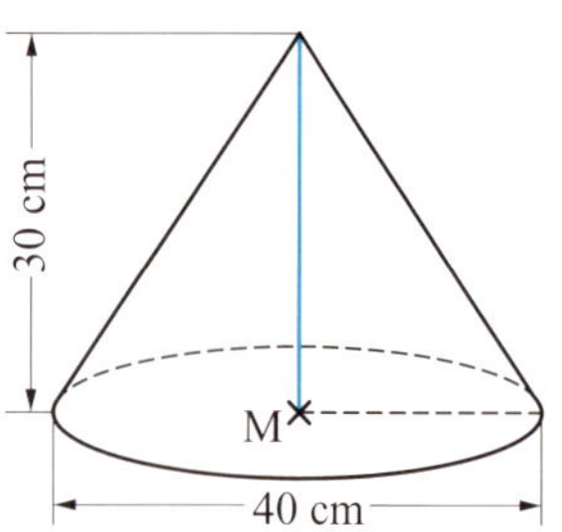

10 Darstellen und Berechnen von Körpern

10.1 Schrägbilder und Netze

Schrägbilder

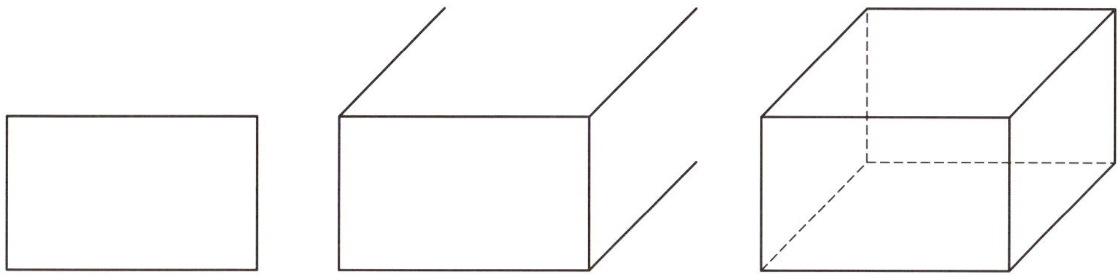

Vorderfläche in wahrer Länge zeichnen.

Senkrecht nach hinten laufende Kanten in halber Länge und schräg (45°) zeichnen.

Fehlende Kanten ergänzen, nicht sichtbare Kanten stricheln.

1. Zeichne das Schrägbild eines Quaders (a = 5 cm, b = 6 cm, c = 3 cm) schrittweise.

2. Zeichne das Schrägbild des Quaders..

a)	b)	c)	d)
a = 5 cm	a = 7 cm	a = 5 cm	a = 6 cm
b = 4 cm	b = 5 cm	b = 5 cm	b = 12 cm
c = 2 cm	c = 3 cm	c = 8 cm	c = 3 cm

3. Zeichne das Schrägbild des Würfels.

a) a = 5 cm   b) a = 7,2 cm   c) a = 8,6 cm   d) a = 9 cm

4. Zeichne das Schrägbild der liegenden Dreieckssäule.
Dreiecksseiten: a = 5 cm; b = 3 cm; c = 4 cm;
Körperhöhe h = 6 cm.

5. Zeichne das Schrägbild der liegenden Dreieckssäule.

a)	**b)**	**c)**
a = 4 cm	a = 4 cm	a = 4 cm
b = 6 cm	b = 5 cm	b = 4 cm
c = 7 cm	c = 8 cm	c = 6 cm
h = 8 cm	h = 8 cm	h = 10 cm

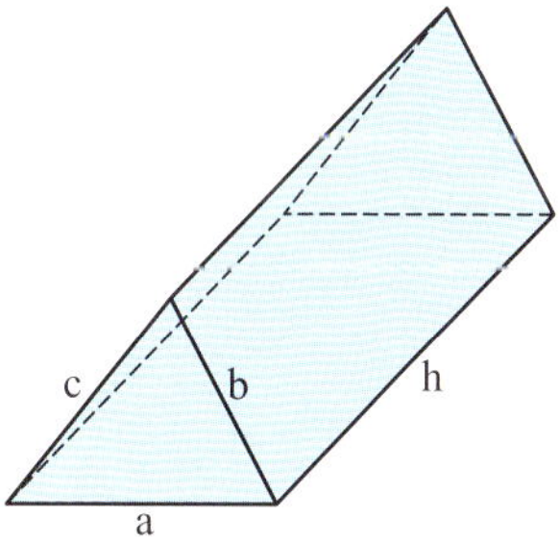

6. Zeichne das Schrägbild der liegenden Säule. Die Vorderfläche ist ein Trapez. Zeichne zuerst die Vorderfläche in wahrer Länge.

a)	**b)**	**c)**
a = 6 cm	a = 5 cm	a = 7 cm
α = 60°	α = 70°	α = 75°
d = 4 cm	d = 3 cm	d = 3,5 cm
c = 3 cm	c = 1,5 cm	c = 4 cm
h = 6 cm	h = 5 cm	h = 7 cm

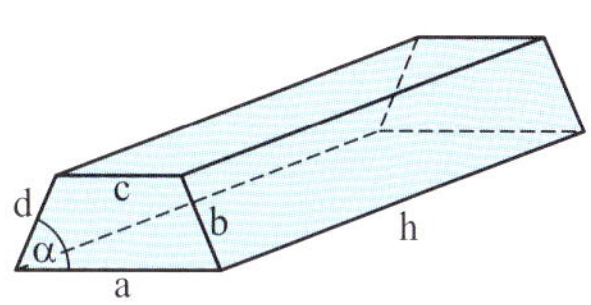

Stehende Säule

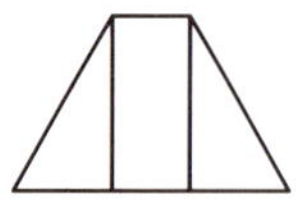

Grundfläche in wahrer Länge zeichnen, Höhen eintragen und messen.

Vorderfläche in wahrer Länge zeichnen, Höhenfußpunkte eintragen, Höhen in halber Länge schräg (45°) nach hinten zeichnen.

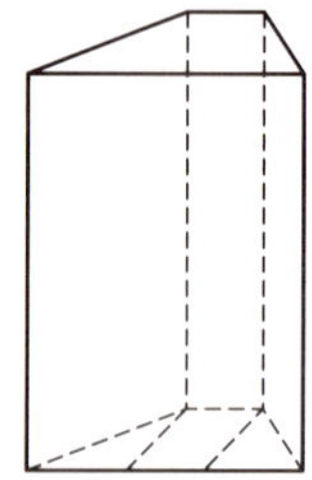

Fehlende Kanten der Grundfläche gestrichelt einzeichnen, Kanten der Seitenflächen in wahrer Länge zeichnen. Fehlende Kanten ergänzen.

7. Zeichne das Schrägbild der stehenden Säule mit der angegebenen Grundfläche. Die Körperhöhe ist 10 cm. Zeichne zuerst die Grundfläche.

a)

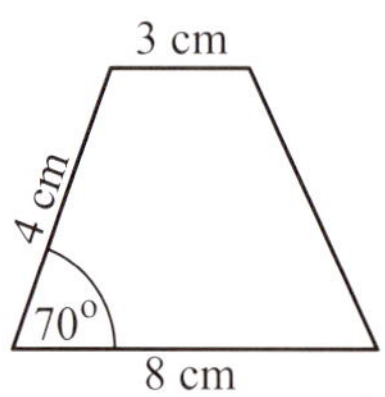

b)

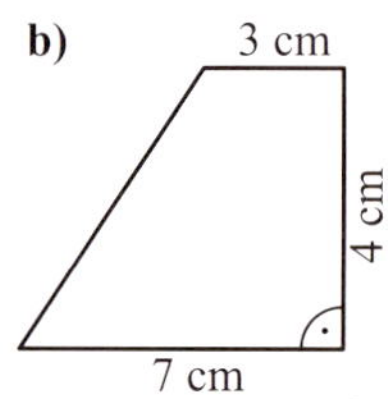

c)

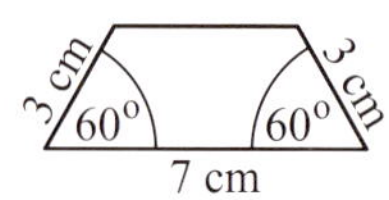

d)

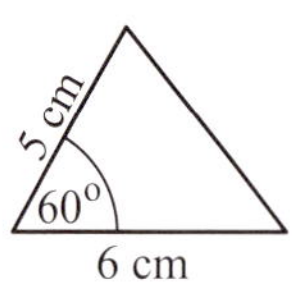

e)

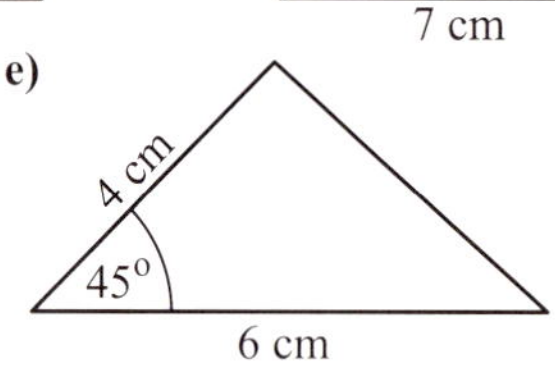

f)

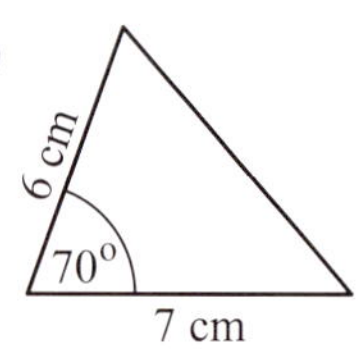

g)

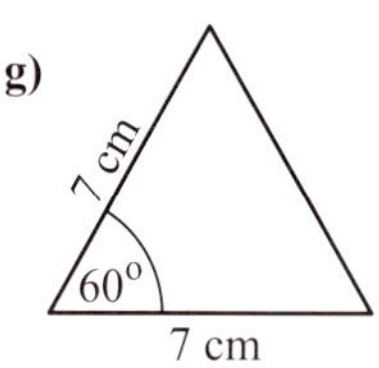

Pyramide

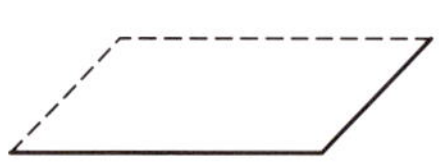

Grundfläche zeichnen, Kanten nach hinten schräg (45°) in halber Länge zeichnen, unsichtbare Kanten stricheln

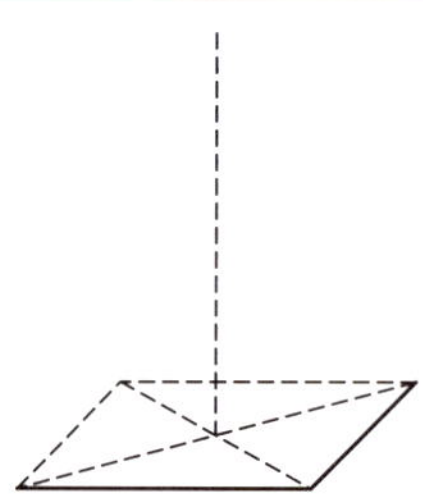

Diagonalen zeichnen, Körperhöhe in wahrer Länge zeichnen

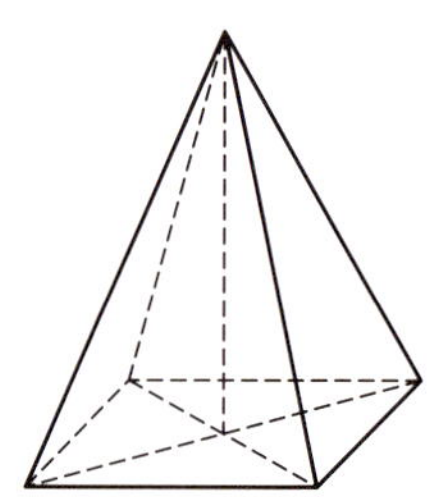

Spitze mit den Ecken verbinden, unsichtbare Kanten stricheln

8. Zeichne das Schrägbild der Pyramide mit rechteckiger Grundfläche.

a) a = 5 cm
b = 6 cm
h = 8 cm

b) a = 6 cm
b = 7 cm
h = 6 cm

c) a = 4 cm
b = 8 cm
h = 10 cm

d) a = 6 cm
b = 10 cm
h = 8 cm

9. Zeichne das Schrägbild der Pyramide. Die Grundfläche ist ein Quadrat.
a) a = 5 cm; h = 7 cm **b)** a = 6 cm; h = 6 cm **c)** a = 4,7 cm; h = 7,2 cm

Durch Aufschneiden eines Körpers entlang einiger Kanten und Entfalten erhält man ein **Netz** des Körpers. Je nachdem, welche Kanten man aufschneidet, erhält man verschiedene Netze ein und desselben Körpers.

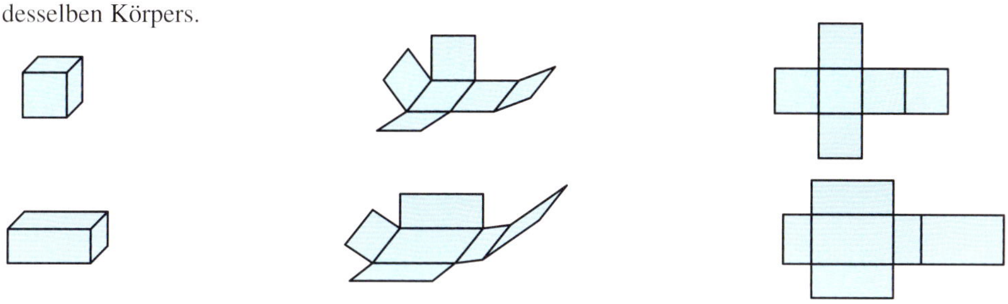

10. Zeichne das Netz eines Würfels mit der Kantenlänge 3 cm.

11. Zeichne das Netz eines Quaders. Die Kantenlängen sind 5 cm, 4 cm und 3 cm.

12. Zeichne zwei verschiedene Netze eines Würfels. Die Kantenlänge ist 3,5 cm.

13. Ordne den Körpern die Netze zu.

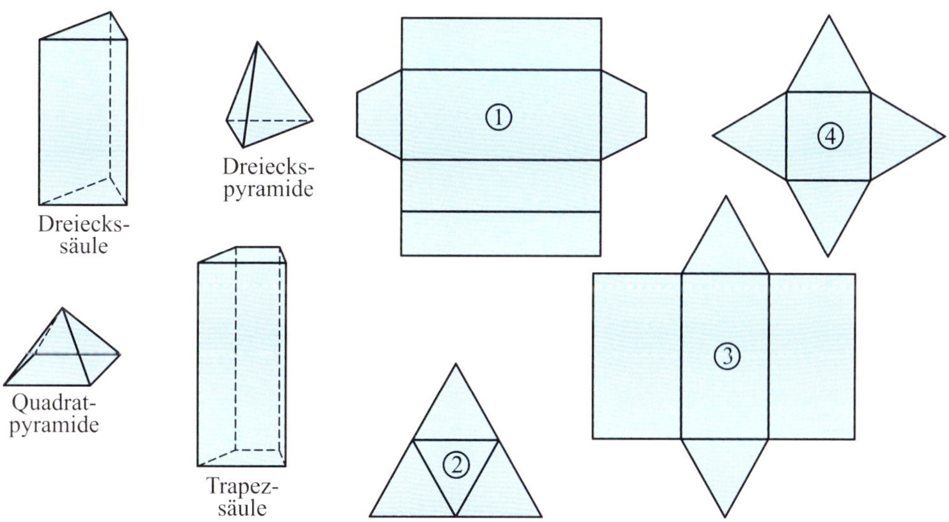

14. Zeichne das Netz des Körpers.
a) Dreieckssäule: a = 3 cm; b = 3 cm; c = 4 cm; h = 6 cm.
b) Trapezsäule: a = 6 cm; $\alpha = 60°$; $\beta = 60°$; b = 3 cm; h = 7 cm.
c) Pyramide mit quadratischer Grundfläche: a = 4 cm; Seitenkante s = 5 cm.
d) Pyramide mit dreieckiger Grundfläche: a = b = c = s = 4 cm.
e) Pyramide mit rechteckiger Grundfläche: a = 5 cm; b = 3 cm; Seitenkante s = 6 cm

10.2 Quader

Quader

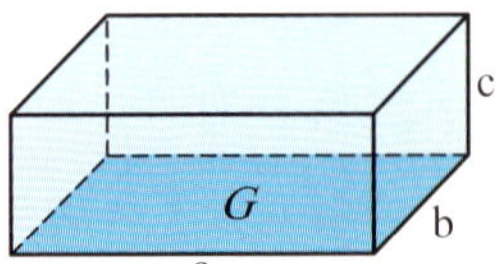

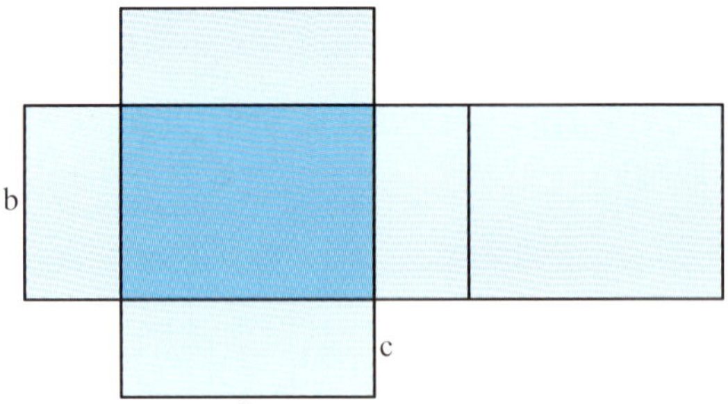

Grundfläche: $G = a \cdot b$

Volumen: $V = G \cdot h$

$V = a \cdot b \cdot c$

Grund- und Deckfläche:	$2 \cdot a \cdot b$
Vordere und hintere Seitenfläche:	$2 \cdot a \cdot c$
Rechte und linke Seitenfläche:	$2 \cdot b \cdot c$

Oberfläche: $O = 2 \cdot a \cdot b + 2 \cdot a \cdot c + 2 \cdot b \cdot c$

$O = 2 \cdot (a \cdot b + a \cdot c + b \cdot c)$

Beispiel: $a = 8$ cm; $b = 6$ cm; $c = 3$ cm

$V = 8 \cdot 6 \cdot 3$ $V = 144\ \text{cm}^3$ $O = 2 \cdot (8 \cdot 6 + 8 \cdot 3 + 6 \cdot 3)$ $O = 180\ \text{cm}^2$

Spezialfall Würfel

Volumen: $V = a \cdot a \cdot a = a^3$ **Oberfläche:** $O = 6 \cdot a \cdot a = 6 \cdot a^2$

Beispiel: $a = 5$ cm

$V = 5^3$ $V = 125\ \text{cm}^3$ $O = 6 \cdot 5^2$ $O = 150\ \text{cm}^2$

1. Berechne Volumen und Oberfläche des Quaders.

a) a = 4 cm, b = 8 cm, c = 7 cm
b) a = 12 mm, b = 9 mm, c = 10 mm
c) a = 6 m, b = 2,50 m, c = 4 m
d) a = 4 dm, b = 3,5 dm, c = 1,2 dm

2. Schreibe alle Längen in m, dann berechne Volumen und Oberfläche des Quaders.

a) a = 60 cm, b = 2,05 m, c = 40 cm
b) a = 1,75 m, b = 80 cm, c = 2,55 m
c) a = 2,44 m, b = 2,60 m, c = 75 cm
d) a = 64 cm, b = 1,50 m, c = 45 cm

3. Berechne das Volumen des Quaders. Runde, wenn nötig, auf 3 Stellen nach dem Komma.

a) a = 6,5 cm, b = 4,2 cm, c = 3,8 cm
b) a = 7,3 cm, b = 8,7 cm, c = 3,9 cm
c) a = 7,48 m, b = 5,37 m, c = 9,66 m
d) a = 3,29 m, b = 8,17 m, c = 7,33 m

4. Berechne die Oberfläche des Quaders. Runde, wenn nötig, auf 2 Stellen nach dem Komma.

a) a = 3,6 cm, b = 2,7 cm, c = 5,3 cm
b) a = 8,3 cm, b = 5,9 cm, c = 0,7 cm
c) a = 7,48 m, b = 0,85 m, c = 1,29 m
d) a = 6,27 m, b = 2,43 m, c = 5,11 m

5. Berechne Volumen und Oberfläche des Würfels.

a) a = 4 cm **b)** a = 15 mm **c)** a = 2,3 dm **d)** a = 2,34 m

6. Das Volumen des Würfels ist bekannt. Bestimme die Kantenlänge.

a) $V = 125\ cm^3$ **b)** $V = 64\ cm^3$ **c)** $V = 216\ dm^3$ **d)** $V = 0{,}125\ m^3$

7. Berechne die fehlende Kantenlänge des Quaders.

Länge a	7 cm		7,5 cm	6,5 cm	3,50 m	3,84 m
Breite b		9 m	6 cm	5 cm		5,00 m
Höhe c	8 cm	8 m			4 m	
Volumen V	$280\ cm^3$	$216\ m^3$	$180\ cm^3$	$91\ cm^3$	$42\ m^3$	$115{,}20\ m^3$

8. Berechne die fehlenden Größen des Quaders.

Länge a	12 cm	7,2 cm		3,48 m	1,28 m	1,24 m
Breite b	4,5 cm		1,25 m			3,55 m
Höhe c		3,5 cm	3,60 m	1,75 m	0,10 m	
Volumen V	$324\ cm^3$	$126\ cm^3$	$24{,}75\ m^3$	$30{,}45\ m^3$	$0{,}8\ m^3$	$6{,}603\ m^3$
Oberfläche O						

9. Ein Würfel hat die Kantenlänge 8 cm. Durch einen Schnitt wird der Würfel in zwei gleich große Quader zerlegt.

a) Berechne das Volumen und die Oberfläche des Würfels.

b) Berechne das Volumen und die Oberfläche eines einzelnen Quaders.

10. Zwei gleiche Würfel mit der Kantenlänge 7 cm werden zu einem Quader zusammengeklebt. Berechne Volumen und Oberfläche des Quaders.

11. Elif hat einen Würfel mit 4 cm Kantenlänge und einen Würfel mit doppelter Kantenlänge.

a) Ist das Volumen des großen Würfels doppelt so groß wie das Volumen des kleinen Würfels?

b) Ist die Oberfläche des großen Würfels doppelt so groß wie die Oberfläche des kleinen?

12. Ein Klassenraum ist 8 m lang, 6 m breit und 3 m hoch. Wie viel m^3 Luft sind in dem Klassenraum?

13. Ein Blumenkasten ist 1,20 m lang, 30 cm breit und 20 cm hoch. Wie viel Liter Blumenerde passen in den Blumenkasten? Beachte: $1\ l = 1\ dm^3$.

14. Ein Aquarium ist 65 cm lang, 40 cm breit und 50 cm hoch.

a) Es wird eine 4 cm hohe Sandschicht eingefüllt. Wie viel cm^3 Sand werden gebraucht?

b) Anschließend wird das Aquarium bis 6 cm unter den Rand mit Wasser gefüllt. Wie viel Liter Wasser werden benötigt? Beachte: $1\ l = 1\ dm^3$.

15. Eine Baugrube ist 13 m lang, 9 m breit und 3,50 m tief. Wie viel m^3 Erde wurden ausgehoben?

16. Im Baumarkt werden Holzkisten mit Deckel angeboten. Berechne jeweils, wie viel m^2 Holz zur Herstellung benötigt werden.

a) $a = b = c = 50$ cm
b) $a = b = 50$ cm; $c = 40$ cm
c) $a = 60$ cm; $b = 30$ cm; $c = 40$ cm
d) $a = 65$ cm; $b = 45$ cm; $c = 55$ cm

17. Ein Backblech ist 68 cm lang und 45 cm breit. Die vier Ränder sind 3 cm hoch. Wie viel m^2 Blech wurden verarbeitet?

18. Ein Wasserbecken ist 12 m lang, 8 m breit und 3 m tief. Das Wasser steht 40 cm unter dem Rand.

a) Wie viel m^3 Wasser sind in dem Becken?
b) Wie viel m^3 Wasser können noch eingefüllt werden?

19. Ein Behälter mit 14 m^2 Grundfläche wird mit Wasser gefüllt. Mittags steht das Wasser 1,40 m hoch, am Abend sind es 2,90 m. Wie viel m^3 Wasser wurden von Mittag bis Abend eingefüllt?

20. Ein Wasserbehälter hat eine Grundfläche von 24 m^2. Das Wasser steht 5 m hoch. Es werden 36 m^3 Wasser entnommen. Wie hoch steht das Wasser nun im Behälter?

10.3 Säulen

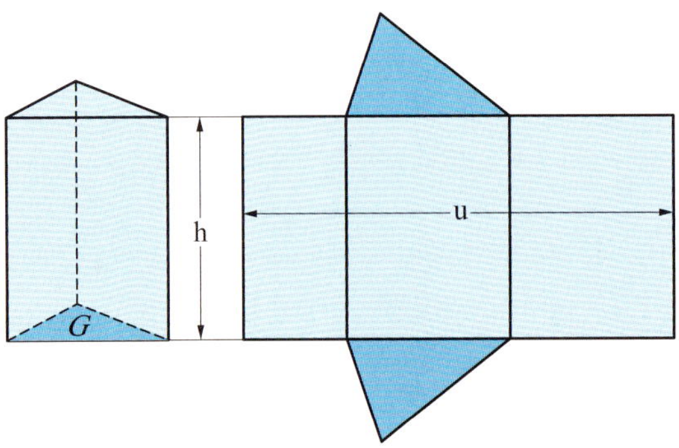

Volumen: $V = G \cdot h$

Mantelfläche: $M = u \cdot h$

Oberfläche: $O = 2 \cdot G + M$

G = Grundfläche   u = Umfang der Grundfläche

Beispiel: Dreieckssäule Grundfläche: $a = 8$ cm; $b = 5$ cm; $c = 4$ cm; $h_c = 2{,}1$ cm
Körperhöhe: $h = 6$ cm

$G = \frac{4 \cdot 2{,}1}{2}$ $G = 4{,}2\ cm^2$ $M = (8 + 5 + 4) \cdot 6$ $M = 102\ cm^2$

$V = 4{,}2 \cdot 6$ $V = 25{,}2\ cm^3$ $O = 2 \cdot 4{,}2 + 102$ $O = 110{,}4\ cm^2$

1. Berechne Oberfläche und Volumen der Dreieckssäule. Die Grundfläche ist ein rechtwinkliges Dreieck ($\gamma = 90°$).

a)	b)	c)	d)
$a = 3$ cm	$a = 5{,}2$ cm	$a = 14{,}4$ cm	$a = 3{,}5$ cm
$b = 4$ cm	$b = 3{,}9$ cm	$b = 6$ cm	$b = 8{,}4$ cm
$c = 5$ cm	$c = 6{,}5$ cm	$c = 15{,}6$ cm	$c = 9{,}1$ cm
$h = 7$ cm	$h = 18$ cm	$h = 17$ cm	$h = 22$ cm

2. Berechne Volumen und Oberfläche der Dreieckssäule.

a)	**b)**	**c)**	**d)**
a = 5,2 cm	a = 6 m	a = 2 m	a = 3,2 dm
b = 6,1 cm	b = 9,6 m	b = 2,5 m	b = 3,5 dm
c = 7,6 cm	c = 4,8 m	c = 3 m	c = 3,3 dm
h_c = 4,2 cm	h_c = 7,2 m	h_c = 1,7 m	h_c = 2,9 dm
h = 12 cm	h = 15 m	h = 8 m	h = 12,5 dm

3. Ein Säule ist 4 m hoch. Die Grundfläche ist ein Trapez mit den Maßen a = 2,30 m, b = 1 m; c = 0,90 m, d = 0,84 m, h = 0,60 m. Berechne das Volumen und die Oberfläche der Säule.

4. Die Grundfläche einer 2,50 m hohen Säule ist ein Quadrat mit der Seitenlänge 0,67 m. Berechne Volumen und Oberfläche der Säule.

5. Eine Säule wird aus Beton gegossen. Sie ist 4 m hoch. Die Grundfläche ist ein Quadrat mit der Seitenlänge 0,75 m. Wie viel m^3 Beton werden gebraucht?

6. Berechne die fehlenden Größen für die Säulen.

Grundfläche G	34 cm^2		28 cm^2		48 m^2	
Körperhöhe h	6,2 cm	7,6 cm		8,5 cm		12,4 m
Volumen V		110,2 cm^3	252 cm^3	54,4 cm^3	552 m^3	3 162 m^3

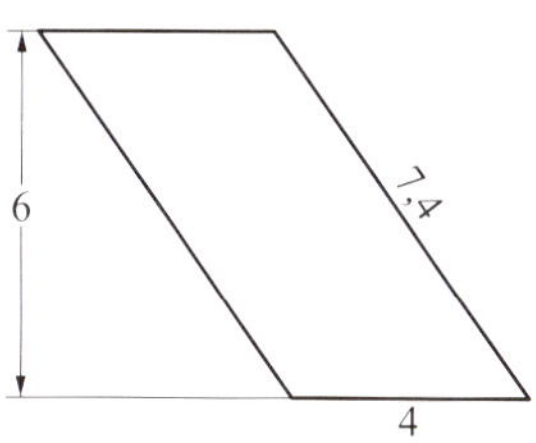

Bild (1)

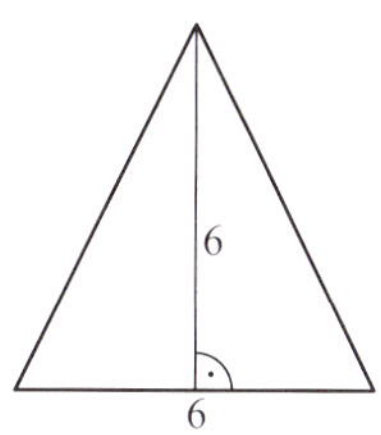

Bild (2)

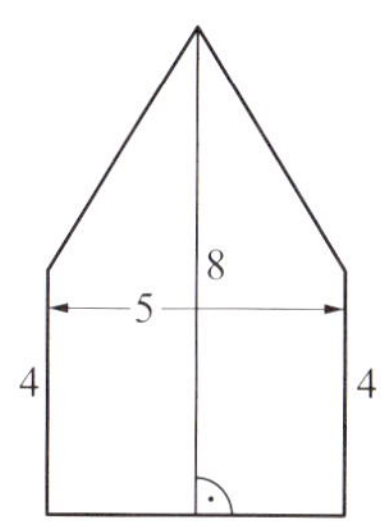

Bild (3)

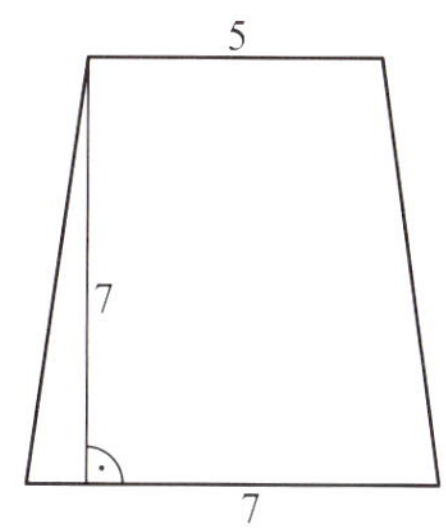

Bild (4)

7. In Bild (1) ist die Grundfläche einer Säule dargestellt (Körperhöhe 6,5 cm; Maße in cm). Berechne Volumen und Oberfläche der Säule.

8. In Bild (2) ist die Grundfläche einer Dreieckssäule dargestellt (Körperhöhe 12 cm; Maße in cm).

a) Berechne das Volumen der Säule.

b) Berechne die Länge der Schenkel des gleichschenkligen Dreiecks mithilfe des Satzes von Pythagoras. Dann berechne die Oberfläche der Säule.

9. Die Grundfläche einer Säule ist ein Fünfeck (Bild (3); Maße in cm). Die Säule ist 10,4 cm hoch.

a) Berechne das Volumen der Säule.

b) Berechne die fehlenden Seitenlängen des Fünfecks mithilfe des Satzes von Pythagoras. Dann berechne die Oberfläche der Säule.

10. Die Grundfläche der Säule in Bild (4) ist ein gleichschenkliges Trapez (Maße in cm). Die Körperhöhe ist h = 35 cm.

a) Berechne das Volumen der Säule.

b) Berechne die Oberfläche der Säule. Fehlende Seitenlängen kannst du mithilfe des Satzes von Pythagoras bestimmen.

10.4 Zylinder

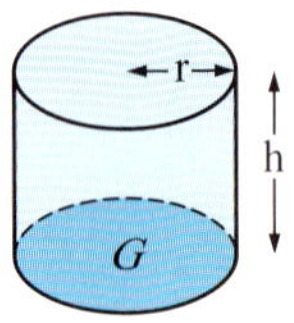

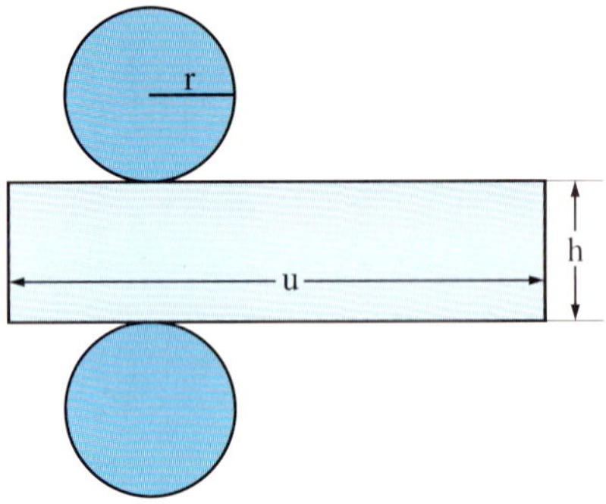

Grundfläche $G = \pi \cdot r^2$ Umfang der Grundfläche $u = 2 \cdot \pi \cdot r$

Volumen: $V = G \cdot h$ **Mantelfläche:** $M = u \cdot h$ **Oberfläche:** $O = 2 \cdot G + M$

$V = \pi \cdot r^2 \cdot h$ $M = 2 \cdot \pi \cdot r \cdot h$ $O = 2 \cdot \pi \cdot r^2 + 2 \cdot \pi \cdot r \cdot h$

Beispiel: r = 5 cm; h = 7 cm

$G = \pi \cdot 5^2$ $G = 78{,}5\ cm^2$ $M = 2 \cdot \pi \cdot 5 \cdot 7$ $M = 219{,}8\ cm^2$

$V = 78{,}5 \cdot 7$ $V = 549{,}5\ cm^3$ $O = 2 \cdot 78{,}5 + 219{,}8$ $O = 376{,}8\ cm^2$

1. Berechne das Volumen und die Oberfläche des Zylinders.

a) r = 3 cm, h = 7 cm **b)** r = 6,5 cm, h = 4 cm **c)** r = 1,5 m, h = 2,4 m **d)** r = 21 mm, h = 34 mm

2. Berechne die fehlenden Größen des Zylinders.

Radius r	7,2 cm				24 cm	
Durchmesser d		8 cm				
Körperhöhe h	11,4 cm		5 m	7,5 m		8 cm
Volumen V		$401{,}92\ cm^3$	$141{,}3\ m^3$			
Mantelfläche M				$23{,}55\ m^2$	$150{,}72\ cm^2$	$502{,}4\ cm^2$
Oberfläche O						

3. Ein Mess-Zylinder hat einen Durchmesser von 6 cm und ist 18 cm hoch.

a) Wie viel Liter Wasser fasst der Zylinder?

b) In welcher Höhe ist der Eichstrich für $500\ cm^3$ Wasser eingezeichnet?

4. Eine Konservendose ist 12 cm hoch und hat den Durchmesser 10,5 cm. Wie viel cm^2 Blech werden für die Herstellung der Dose benötigt?

5. Eine zylinderförmige Dose ist 8 cm hoch und hat die Mantelfläche $251{,}2\ cm^2$. Berechne den Radius der Dose.

6. Eine Fertigsuppe wird in Dosen von 5 cm Durchmesser und 11 cm Höhe angeboten. Wie viel ml Suppe kann die Dose enthalten? Beachte: $1\ cm^3 = 1\ ml$.

7. Eine Konservendose hat einen Durchmesser von 6 cm und ist 10,8 cm hoch. Beim Aufkleben des Etiketts bleibt oben und unten ein Rand von jeweils 4 mm frei. Berechne die Fläche des Etiketts.

8. Ein Stahlstift hat die Form eines Zylinders. Der Stift ist 9 cm lang und hat den Durchmesser 7 mm.

a) Berechne das Volumen des Stahlstifts.

b) Wie viel Gramm wiegt der Stahlstift? ($1\ cm^3$ Stahl wiegt 7,85 g.)

9. Eine Gedenkmünze hat einen Durchmesser von 32 mm und ist 3 mm dick. Die Münze wiegt 25,3 g. Kann die Münze aus Silber bestehen? ($1\ cm^3$ Silber wiegt 10,5 g.)

10. Berechne die Oberfläche und das Volumen des Werkstückes (Maße in mm).

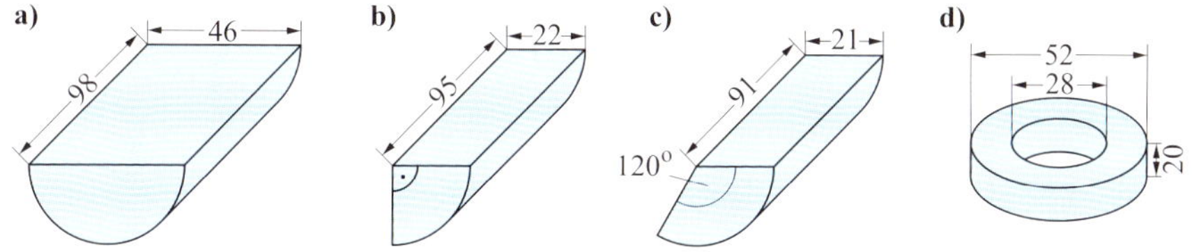

10.5 Pyramiden

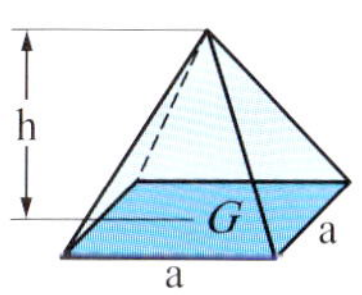

G=Grundfläche

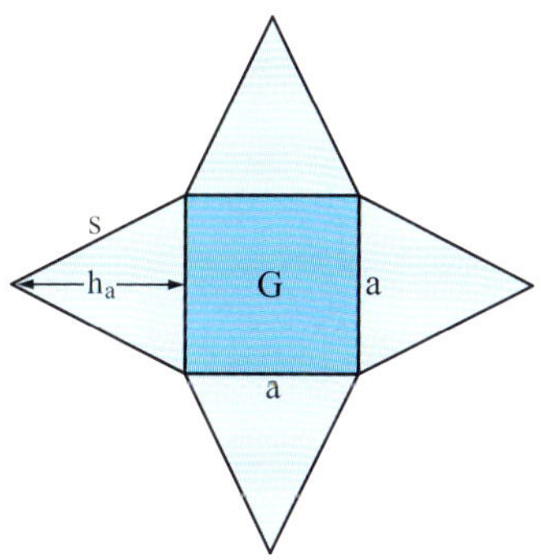

Volumen: $V = \frac{G \cdot h}{3}$

Oberfläche: $O = G + M$

Die Mantelfläche M setzt sich aus mehreren Dreiecken zusammen.

Beispiel: Pyramide mit quadratischer Grundfläche; Seitenlänge a = 4 cm; Körperhöhe h = 3,6 cm. Alle Seitendreiecke sind gleich ($h_a = 4{,}1$ cm)

$G = 4 \cdot 4$ $\quad$ $G = 16\ cm^2$ $\quad$ $M = 4 \cdot \frac{4 \cdot 4{,}1}{2}$ $\quad$ $M = 32{,}8\ cm^2$

$V = \frac{16 \cdot 3{,}6}{3}$ $\quad$ $V = 19{,}2\ cm^3$ $\quad$ $O = 16 + 32{,}8$ $\quad$ $O = 48{,}8\ cm^2$

1. Berechne das Volumen und die Oberfläche der quadratischen Pyramide.

a) $a = 8$ cm, $h = 10$ cm, $h_a = 10{,}8$ cm
b) $a = 5$ m, $h = 4$ m, $h_a = 4{,}72$
c) $a = 7{,}6$ dm, $h = 8{,}4$ dm, $h_a = 9{,}2$ dm
d) $a = 38$ mm, $h = 43$ mm, $h_a = 47$ mm

2. Bestimme das Volumen der Pyramide mit der angegebenen Grundfläche (Maße in cm) und der Pyramidenhöhe $h = 8{,}7$ cm.

a)

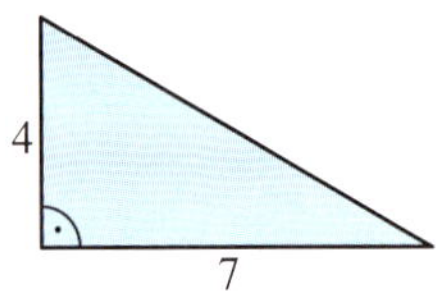

b)

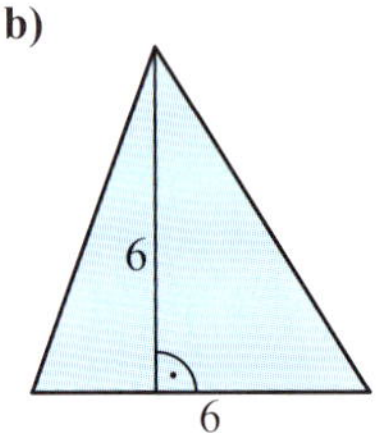

c)

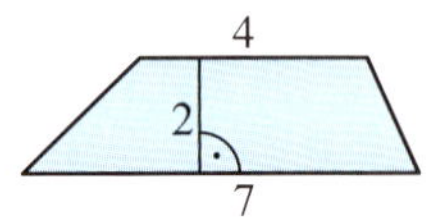

d)

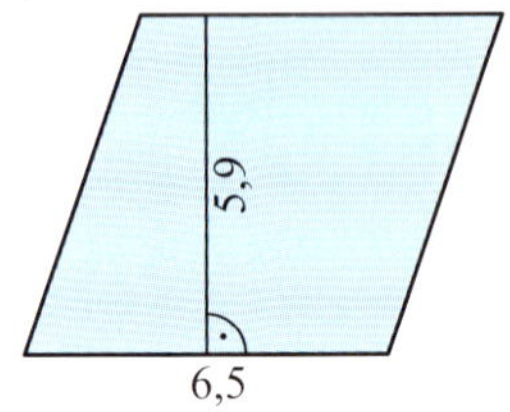

3. Berechne für die quadratische Pyramide zuerst die Höhe der Seitendreiecke h_a mithilfe des Satzes von Pythagoras. Dann berechne die Oberfläche und das Volumen.

a) $a = 6$ cm, $h = 4$ cm
b) $a = 10$ m, $h = 12$ m
c) $a = 8$ dm, $h = 15$ dm

$a = 6$ cm
$h = 4$ cm

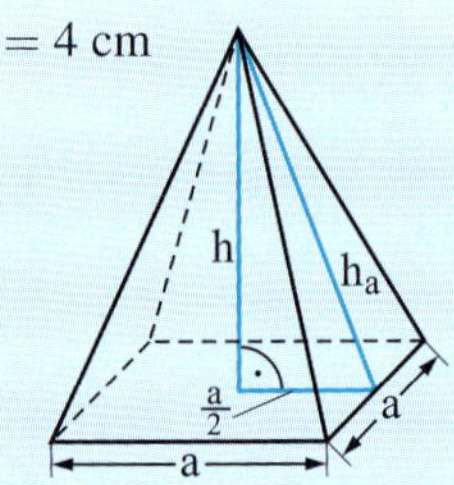

$h_a^2 = (\frac{a}{2})^2 + h^2$
$h_a^2 = 3^2 + 4^2$
$h_a = \sqrt{25}$

4. Bei Rechteckspyramiden sind immer nur je 2 Seitendreiecke gleich. Berechne die Höhe für jedes Seitendreieck, dann berechne die Oberfläche und das Volumen.

a) $a = 8$ cm, $b = 5$ cm, $h = 3$ cm
b) $a = 12$ m, $b = 6$ m, $h = 8$ m
c) $a = 7$ dm, $b = 10$ dm, $h = 6$ dm

5. Berechne die fehlenden Größen für die Pyramiden mit rechteckiger Grundfläche.

Grundkante a	6,9 cm	8 m	14 dm		3,6 cm	
Grundkante b	4,2 cm	7 m		23 mm		28 m
Körperhöhe h	10,5 cm		6 dm	18 mm	8 cm	45 m
Volumen V		112 m^3	210 dm^3	7 452 mm^3	86,4 cm^3	4 410 m^3

6. Ein pyramidenförmiges Zelt hat eine rechteckige Grundfläche von 2,60 m Länge und 1,80 m Breite. Das Zelt ist 2 m hoch.

a) Berechne das Volumen des Zeltes.

b) Berechne die Höhen der Seitenflächen mit dem Satz von Pythagoras. Dann rechne aus, wie viel m^2 Zeltplane zur Herstellung des Zeltes (ohne Boden) gebraucht wurden.

7. Ein Zelt hat die Form einer Pyramide mit quadratischer Grundfläche. Die Grundkanten sind 2,80 m lang. Das Zelt ist 1,90 m hoch.

a) Berechne das Volumen des Zeltes.

b) Wie viel m^2 Zeltplane wurde für das Zelt gebraucht (ohne Boden)?

8. Zeichne das Netz der Pyramide (Maße in cm).

a) Berechne die Höhe der Seitendreiecke mithilfe des Satzes von Pythagoras, dann berechne die Oberfläche der Pyramide.

b) Berechne die Höhe der Pyramide und ihr Volumen.

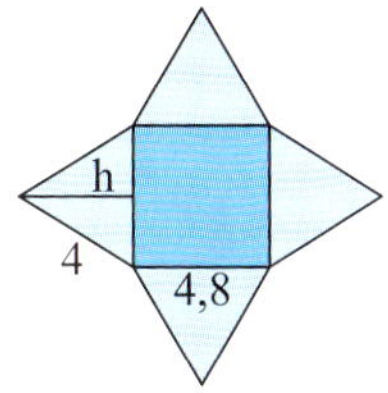

9. Das Netz der Pyramide besteht aus gleichseitigen Dreiecken (Maße in cm).

a) Zeichne das Netz.

b) Berechne die Höhe der Seitendreiecke mithilfe des Satzes von Pythagoras. Dann berechne die Oberfläche der Pyramide.

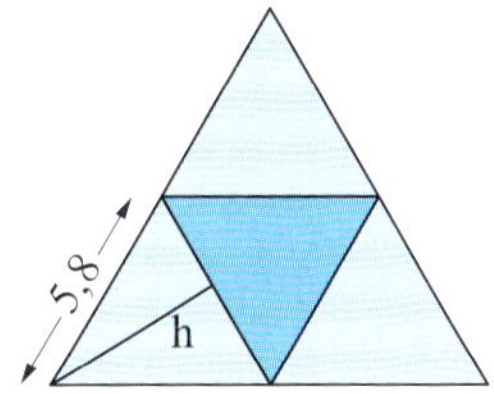

10. **a)** Zeichne das Netz der Rechteckspyramide.

b) Berechne die Höhen h_1 und h_2 der Seitendreiecke mit dem Satz von Pythagoras, dann berechne die Oberfläche der Pyramide.

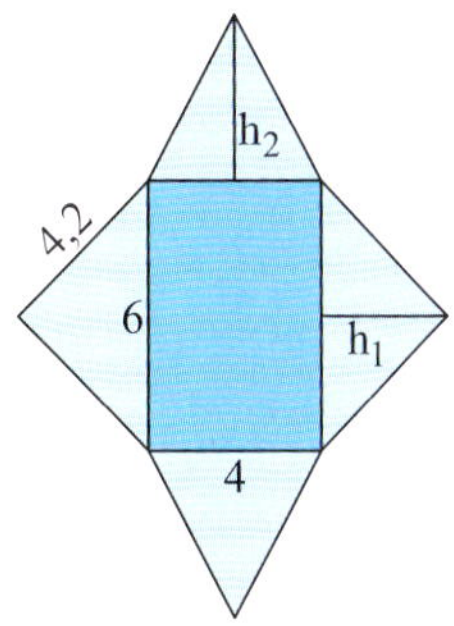

11. Die Grundflächen zweier Pyramiden sind gleiche Quadrate mit der Seitenlänge 6 cm. Die kleinere Pyramide ist 5 cm hoch, die größere Pyramide hat die doppelte Körperhöhe. Hat die größere Pyramide auch das doppelte Volumen der kleineren? Prüfe nach.

12. Zwei quadratische Pyramiden haben die gleiche Körperhöhe 9 cm. Die Grundfläche der kleineren Pyramide hat Seiten der Länge 5 cm. Bei der größeren Pyramide sind die Seiten der Grundfläche doppelt so lang. Ist das Volumen der größeren Pyramide auch doppelt so groß wie das Volumen der kleineren? Prüfe nach.

13. Das Dach eines Kirchturms hat die Form einer quadratischen Pyramide. Die Seiten des Quadrats sind 3,80 m lang, die Körperhöhe der Pyramide ist 7,20 m.

a) Berechne die Höhe der Seitendreiecke und dann die Größe der einzudeckenden Dachfläche.

b) Berechne aus der Höhe und der Grundseite des Seitendreiecks mit dem Satz von Pythagoras die Länge der Seitenbalken, die sich in der Spitze des Turms treffen.

14. Die Grundkanten und die Seitenkanten einer quadratischen Pyramide sind 5,4 m lang.

a) Zeichne das Netz der Pyramide.

b) Berechne die Höhe der Seitendreiecke mit dem Satz von Pythagoras.

c) Berechne die Körperhöhe der Pyramide aus der Länge der Grundkante und der Höhe des Seitendreiecks.

d) Berechne das Volumen der Pyramide.

10.6 Kegel

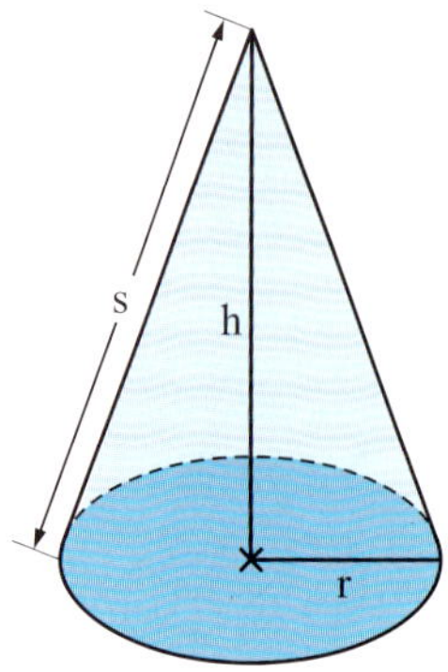

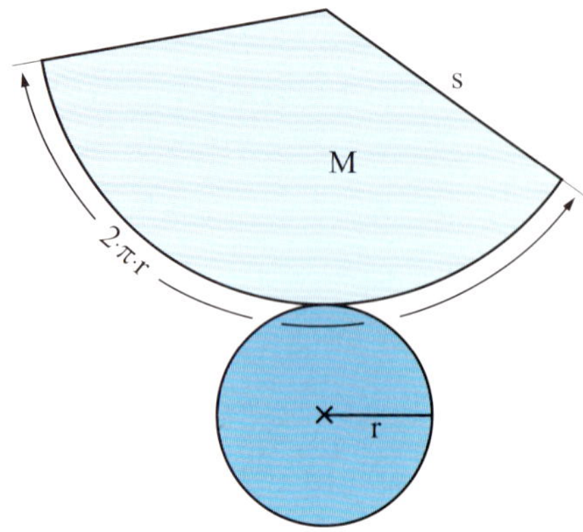

s = Seitenlinie

Volumen: $V = \frac{G \cdot h}{3}$

$V = \frac{\pi \cdot r^2 \cdot h}{3}$

Umfang des Grundkreises: $2 \cdot \pi \cdot r$

Mantelfläche: $M = \pi \cdot r \cdot s$

Oberfläche: $O = G + M$

$O = \pi \cdot r^2 + \pi \cdot r \cdot s$

Beispiel: r = 3 cm; h = 4 cm

$G = \pi \cdot 3^2$ $G = 28{,}26\ cm^2$ $s = \sqrt{4^2 + 3^2} = \sqrt{25}$ (Pythagoras) s = 5 cm

$V = \frac{28{,}26 \cdot 4}{3}$ $M = \pi \cdot 3 \cdot 5$ $O = 28{,}26 + 47{,}1$

$V = 37{,}68\ cm^3$ $M = 47{,}1\ cm^2$ $O = 75{,}36\ cm^2$

1. Berechne das Volumen des Kegels.

a) r = 7 cm, h = 15 cm **b)** r = 1,50 m, h = 8 m **c)** r = 3 dm, h = 16 dm **d)** r = 4,5 cm, h = 0,9 cm

2. Berechne zuerst mithilfe des Satzes des Phytagoras die Seitenlinie s, dann berechne die Oberfläche des Kegels. Berechne anschließend das Volumen.

a) r = 12 cm, h = 8 cm **b)** r = 2,4 dm, h = 0,8 dm **c)** r = 3,80 m, h = 7,26 m **d)** r = 45 mm, h = 27 mm

3. Berechne die fehlenden Größen des Kegels.

Radius r	4,5 cm	3 cm	7 cm		2,5 cm	2 cm
Körperhöhe h	7 cm		4,5 cm	2,8 cm		
Seitenlinie s				3,5 cm		5,2 cm
Volumen V		$42{,}39\ cm^3$			$39{,}25\ cm^3$	

4. Ein kegelförmig aufgeschütteter Sandhaufen ist 5,50 m hoch. Der Durchmesser des Grundkreises beträgt 9,50 m. Wie viel m^3 Sand wurden aufgeschüttet?

5. Ein kegelförmiger Messbecher ist 25,1 cm hoch und hat oben einen inneren Radius von 9 cm.

a) Wie viel cm^3 fasst der Messbecher?

b) Der Eichstrich für 1 *l* ist in 19,5 cm Höhe angebracht. Wie groß ist der innere Radius des Messbechers in dieser Höhe?

c) Der Eichstrich ist auf der Mantellinie s eingetragen. Wie viel cm von der Spitze entfernt ist der Eichstrich auf der Mantellinie?

6. Ein kegelförmiges Glas hat oben den inneren Durchmesser d = 6,4 cm und ist 10,2 cm hoch.

a) Wie viel Milliliter fasst das Glas? Beachte 1 ml = 1 cm^3.

b) Wie viel ml fasst ein Becherglas mit gleichem Durchmesser und gleicher Höhe?

7. Ein kegelförmiges Zelt hat den Durchmesser d = 4,20 m und die Höhe h = 3,10 m.

a) Berechne das Volumen des Zeltinneren.

b) Wie viel m^2 Zeltplane wurden verarbeitet (ohne Boden)?

8. Das kegelförmige Dach eines Turmes wird neu gedeckt. Der Turm hat einen Durchmesser von 12,50 m. Die Höhe des kegelförmigen Daches beträgt 11,50 m. Wie viel m^2 Dachfläche sind neu zu decken?

10.7 Kugel

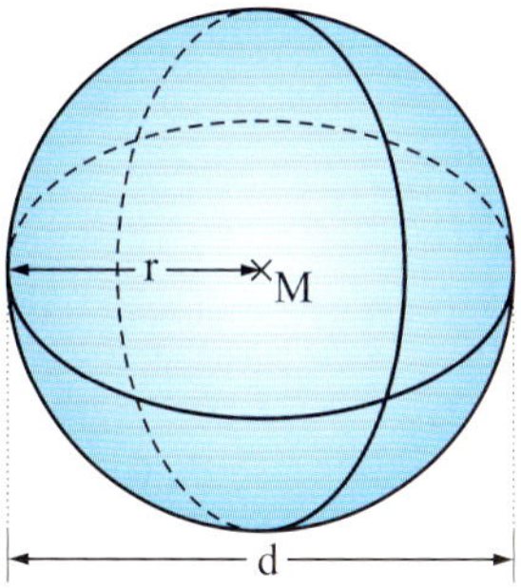

Volumen:

$V = \frac{4}{3} \cdot \pi \cdot r^3$

Oberfläche:

$O = 4 \cdot \pi \cdot r^2$

Beispiel: r = 5 cm

$V = \frac{4}{3} \cdot \pi \cdot 5^3$

$V = 523{,}333\ cm^3$

$O = 4 \cdot \pi \cdot 5^2$

$O = 314\ cm^2$

1. Berechne das Volumen und die Oberfläche der Kugel.

a) r = 4 cm **b)** r = 35 mm **c)** r = 0,5 m **d)** r = 9 dm
e) r = 3,8 cm **f)** r = 2,7 cm **g)** r = 1,25 m **h)** r = 13,5 m

2. Berechne die fehlenden Größen der Kugel.

Radius r	4 cm					
Durchmesser d		1,8 dm				
Volumen V					904,32 cm^3	113,04 m^3
Oberfläche O			314 m^2	2 826 m^2		

3. Eine Kugel aus Buchenholz hat den Durchmesser 7 cm. Wie schwer ist die Kugel? (1 cm^3 Buchenholz wiegt 0,7 g.)

4. Eine hohle Kugel aus Blech hat den inneren Durchmesser 22 cm.

a) Wie viel cm^3 Luft befinden sich in der Kugel?

b) Wie viel cm^2 Blech wurden zur Herstellung der Kugel benötigt?

5. Eine Blumenschale von der Form einer Halbkugel hat den inneren Durchmesser 35 cm. Wie viel Liter Blumenerde fasst die Schale? Beachte: 1 000 cm^3 = 1 *l*.

6. Die Decke einer Kapelle ist eine halbkugelförmige Kuppel mit dem Radius 3,8 m. Die Deckenfläche soll neu gestrichen werden. Wie viel m^2 Decke sind zu streichen?

7. Ein kugelförmiger Behälter hat die Oberfläche 78,5 m^2. Wie groß ist der Durchmesser?

8. Ein kugelförmiger Gasbehälter soll ein Volumen von 120 m^3 bekommen. Wie groß muss der Durchmesser der Kugel mindestens gewählt werden?

9. Wie schwer ist eine Glaskugel mit dem Durchmesser 8 cm? (1 cm^3 Glas wiegt 2,7 g.)

10. Wie schwer ist eine Kugel aus Kork mit dem Durchmesser 1 m? Schätze zuerst, dann rechne. (1 dm^3 Kork wiegt 0,24 kg.)

10.8 Zusammengesetzte Körper

1. Berechne das Volumen des zusammengesetzten Körpers (Maße in cm).

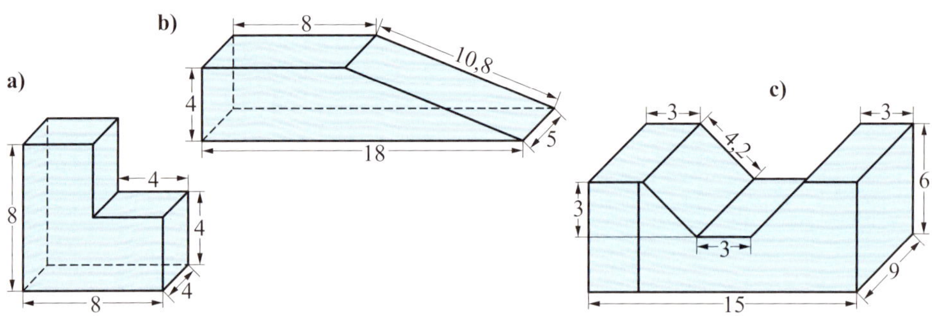

2. Berechne die Oberfläche der zusammengesetzten Körper aus Aufgabe 1.

3. Berechne Volumen und Oberfläche des Werkstücks in Bild 1.

4. Bild 2 zeigt das Profil eines Stahlträgers. Der Träger ist 3,50 m lang. Berechne zuerst das Volumen, dann das Gewicht. (1 cm^3 Stahl wiegt 7,9 g.)

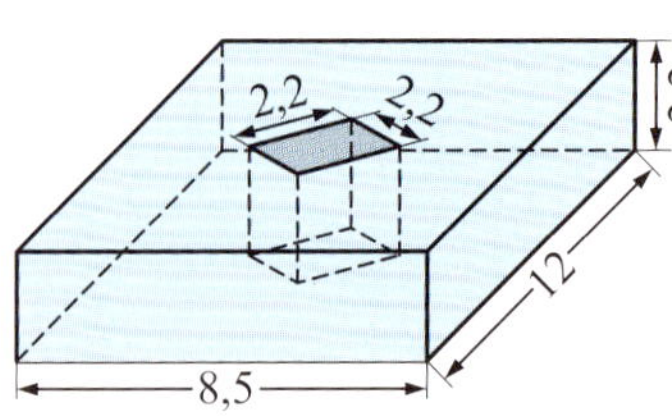

Maße in cm

Bild 1

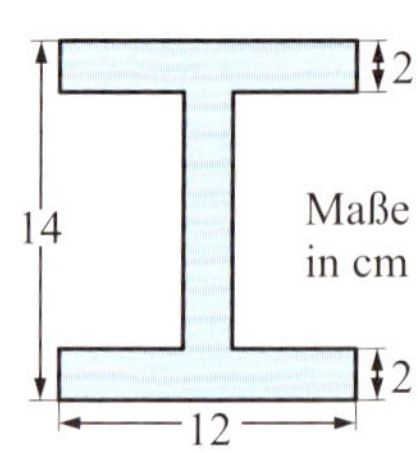

Bild 2

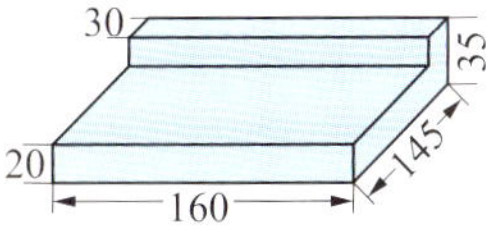

Maße in mm

Bild 1

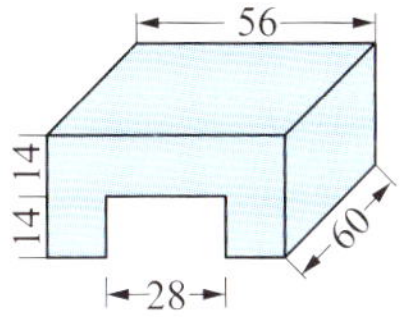

Maße in mm

Bild 2

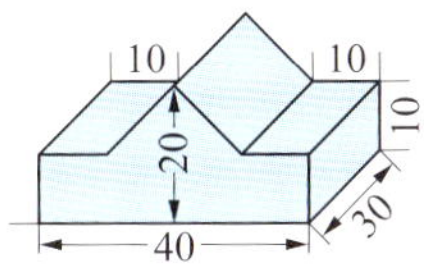

Maße in mm

Bild 3

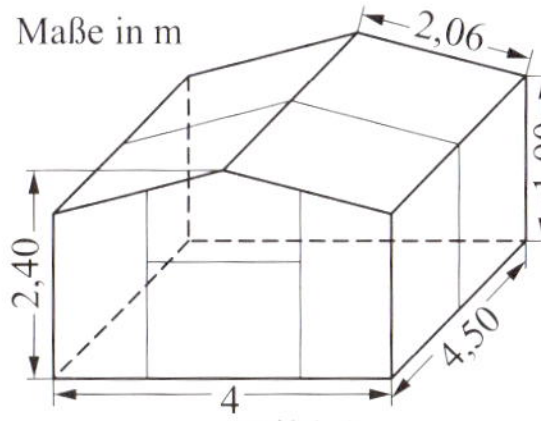

Bild 4

5. In Bild 1 sind zwei Marmorstufen vor einem Hauseingang abgebildet. Berechne das Volumen und das Gewicht der beiden Stufen. (1 cm^3 Marmor wiegt 2,7 g.)

6. Eine Aluminiumschiene hat ein u-förmiges Profil (Bild 2). Die Schiene ist 4,20 m lang. Berechne das Volumen und das Gewicht der Schiene. (1 cm^3 Aluminium wiegt 2,7 g.)

7. Das Werkstück in Bild 3 ist aus Messing. Berechne das Gewicht. (1 cm^3 Messing wiegt 8,1 g.)

8. Das Gewächshaus (Bild 4) erhält eine neue Verglasung. Wie viel m^2 Glas werden gebraucht?

9. In einer Kirche stehen 5 m hohe Säulen aus Marmor. Der Querschnitt zeigt ein Quadrat mit vier Halbkreisen. Die Seiten des Quadrats sind sind 38 cm lang.
a) Berechne das Gewicht einer Säule. (1 cm^3 Marmor wiegt 2,7 g.) Gib das Gewicht in kg und in t an.
b) Berechne die Mantelfläche einer Säule. Gib das Ergebnis in dm^2 und in m^2 an.

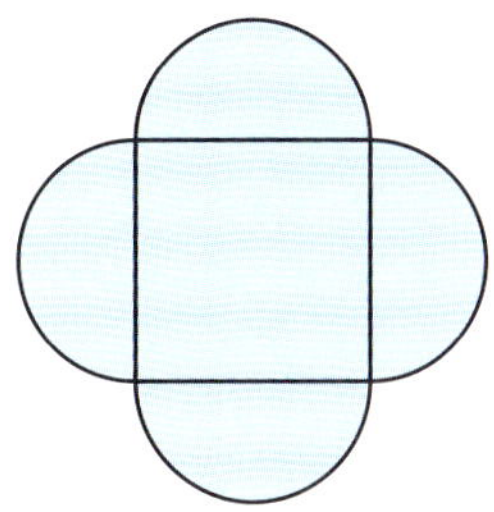

10. Berechne das Volumen des Werkstücks.

a)

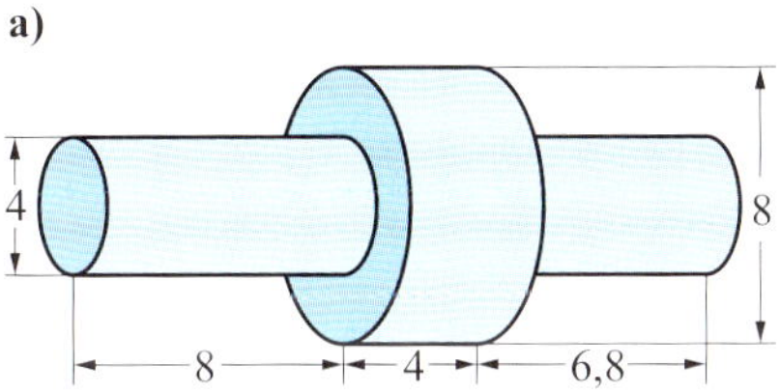

b)

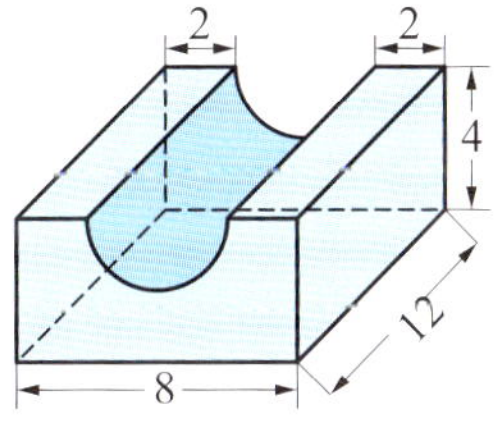

c)

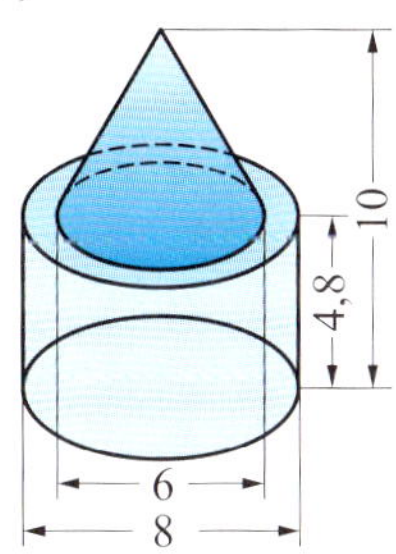

11. Berechne die Oberfläche der Werkstücke von Aufgabe 10.

12. Auf einem Würfel sitzt eine Pyramide mit quadratischer Grundfläche (Bild (5)). Berechne das Volumen und die Oberfläche des zusammengesetzten Körpers.

13. Aus einem Holzwürfel wird die größtmögliche Kugel hergestellt (Bild (6)). Wie viel cm^3 Abfall fallen dabei an?

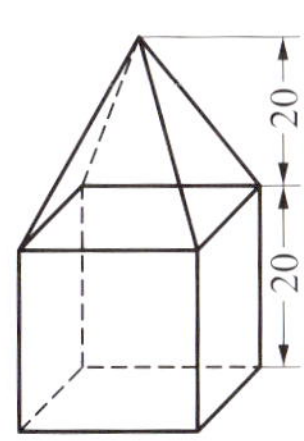

Bild (5)

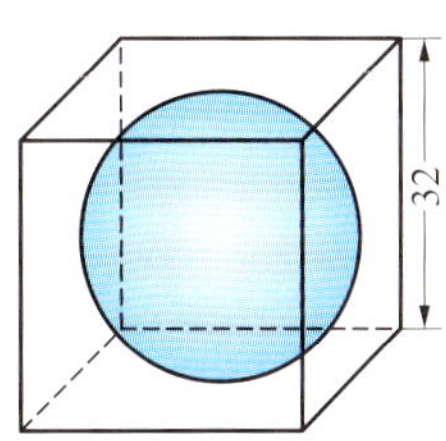

Bild (6)

10.9 Sachaufgaben zur Geometrie

1. Aus einem 80 cm langen Eisenstab mit quadratischer Grundfläche (a = 2 cm) wird ein Rundstab mit möglichst großem Durchmesser hergestellt. Berechne das Volumen des Eisenstabs und das Volumen des Rundstabs.

2. Ein rundes Wasserbecken mit 8,40 m Tiefe und dem Durchmesser 1,65 m ist zu zwei Drittel mit Wasser gefüllt. Wie viel m^3 Wasser sind in dem Becken?

3. Ein Kupferrohr hat den inneren Durchmesser 18 mm und die Wandstärke 2 mm. Das Rohr ist 3,50 m lang. Berechne das Gewicht des Rohrs. (1 cm^3 Kupfer wiegt 8,9 g.)

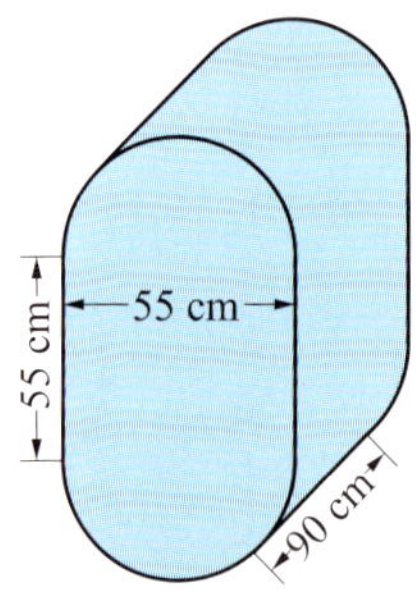

Bild (1)

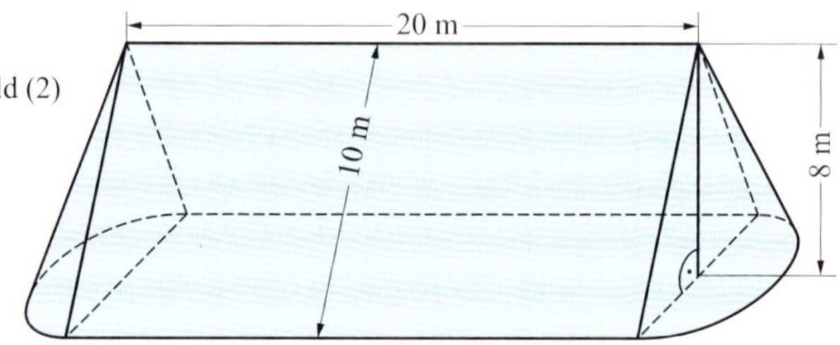

Bild (2)

4. Wie viel m^3 fasst der Tank in Bild (1)?

5. **a)** Wie viel m^3 Fassungsvermögen hat das Zelt in Bild (2)?
b) Wie viel m^2 Zeltplane wurden zur Herstellung des Zeltes (ohne Boden) benötigt?

6. Für eine Schaufenstergestaltung wird auf jede Seitenfläche eines Würfels mit 12 cm Kantenlänge eine Pyramide mit quadratischer Grundfläche (Kantenlänge 12 cm) und 9 cm Körperhöhe aufgesetzt. Wie viel cm^2 Goldfolie werden für das Bekleben des so entstandenen Sterns benötigt?

7. Ein Kieshügel hat die Form eines Kegels mit 20 m Durchmesser und 8,50 m Höhe. Wie viel m^3 Kies sind es?

8. Ein kegelförmiges Glas hat oben den Durchmesser 5,4 cm und ist 15 cm hoch.
a) Wie viel ml fasst das Glas? Beachte: 1 ml = 1 cm^3.
b) Wie hoch würde dieselbe Flüssigkeitsmenge in einem zylinderförmigen Glas mit gleichem Durchmesser stehen?

9. Aus einem Rundholz werden zwei gleich große Kegel herausgefräst. Wie viel cm^3 Abfall entstehen dabei?

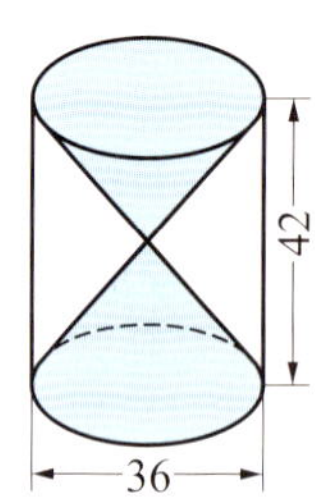

10. Zwei Rundhölzer haben beide den Radius und die Höhe 15 cm. Aus dem einen Rundholz wird ein möglichst großer Kegel herausgefräst, aus dem anderen eine möglichst große Halbkugel. Berechne das Volumen des Kegels und der Halbkugel. Welches Volumen ist größer?

Lösungen

5 ## 1 Bruchzahlen

1.1 Gewöhnliche Brüche

1. a) $\frac{3}{8}$ **b)** $\frac{5}{6}$ **c)** $\frac{4}{9}$ **d)** $\frac{10}{15}$ **e)** $\frac{3}{4}$ **f)** $\frac{5}{7}$ **g)** $\frac{1}{3}$ **h)** $\frac{1}{4}$ **i)** $\frac{3}{7}$

2. – **3.** – **4. a)** $\begin{matrix}3\\9\end{matrix}$ **b)** $\begin{matrix}5\\10\end{matrix}$ **c)** $\begin{matrix}3\\15\end{matrix}$ **d)** $\begin{matrix}4\\12\end{matrix}$ **e)** $\begin{matrix}5\\15\end{matrix}$

5. a) $\frac{1}{4}$ $\frac{1}{5}$ $\frac{1}{9}$ $\frac{1}{5}$ **b)** $\frac{1}{3}$ $\frac{1}{4}$ $\frac{1}{8}$ $\frac{1}{8}$

6 **6.** – **7. a)** 12 30 60 **b)** 6 12 35

8. a) $\frac{2}{4}$ $\frac{4}{6}$ $\frac{6}{8}$ $\frac{8}{10}$ $\frac{10}{16}$ $\frac{4}{18}$ $\frac{14}{30}$ $\frac{2}{24}$ $\frac{18}{20}$ **b)** $\frac{3}{6}$ $\frac{6}{9}$ $\frac{9}{12}$ $\frac{12}{15}$ $\frac{15}{24}$ $\frac{6}{27}$ $\frac{21}{45}$ $\frac{3}{36}$ $\frac{27}{30}$
c) $\frac{5}{10}$ $\frac{10}{15}$ $\frac{15}{20}$ $\frac{20}{25}$ $\frac{25}{40}$ $\frac{10}{45}$ $\frac{35}{75}$ $\frac{5}{60}$ $\frac{45}{50}$ **d)** $\frac{10}{20}$ $\frac{20}{30}$ $\frac{30}{40}$ $\frac{40}{50}$ $\frac{50}{80}$ $\frac{20}{90}$ $\frac{70}{150}$ $\frac{10}{120}$ $\frac{90}{100}$

7 **9. a)** $\frac{1}{4} = \frac{5}{20}$ **b)** $\frac{4}{5} = \frac{12}{15}$ **c)** $\frac{4}{3} = \frac{16}{12}$ **d)** $\frac{6}{8} = \frac{18}{24}$ **e)** $\frac{1}{2} = \frac{2}{4}$ **f)** $\frac{2}{3} = \frac{4}{6}$ **g)** $\frac{3}{4} = \frac{6}{8}$ **h)** $\frac{5}{6} = \frac{10}{12}$

10. a) $\frac{10}{20}$ $\frac{5}{20}$ $\frac{15}{20}$ $\frac{8}{20}$ **b)** $\frac{4}{20}$ $\frac{14}{20}$ $\frac{12}{20}$ $\frac{8}{20}$ **11. a)** $\frac{8}{24}$ $\frac{16}{24}$ $\frac{18}{24}$ $\frac{15}{24}$ **b)** $\frac{4}{24}$ $\frac{9}{24}$ $\frac{6}{24}$ $\frac{20}{24}$

12. a) $\frac{5}{30}$ $\frac{12}{30}$ $\frac{15}{30}$ $\frac{10}{30}$ **b)** $\frac{24}{30}$ $\frac{21}{30}$ $\frac{22}{30}$ $\frac{10}{30}$ **13. a)** $\frac{2}{4}$ $\frac{3}{5}$ $\frac{1}{3}$ $\frac{4}{6}$ **b)** $\frac{4}{10}$ $\frac{3}{4}$ $\frac{5}{20}$ $\frac{6}{12}$

14. a) $\frac{2}{3}$ $\frac{1}{2}$ $\frac{3}{4}$ $\frac{4}{5}$ **b)** $\frac{1}{5}$ $\frac{6}{7}$ $\frac{8}{9}$ $\frac{5}{6}$ **15. a)** $\frac{2}{3}$ $\frac{1}{2}$ $\frac{4}{5}$ $\frac{3}{4}$ **b)** $\frac{5}{6}$ $\frac{3}{9}$ $\frac{7}{8}$ $\frac{10}{11}$

16. a) $\frac{6}{8} = \frac{3}{4}$ **b)** $\frac{16}{20} = \frac{4}{5}$ **c)** $\frac{16}{40} = \frac{2}{5}$ **d)** $\frac{9}{24} = \frac{3}{8}$ **e)** $\frac{9}{12} = \frac{3}{4}$ **f)** $\frac{12}{36} = \frac{1}{3}$ **g)** $\frac{9}{36} = \frac{1}{4}$ **h)** $\frac{10}{100} = \frac{1}{10}$

17. a) $\frac{3}{5}$ $\frac{9}{10}$ $\frac{2}{3}$ $\frac{3}{4}$ $\frac{1}{3}$ **b)** $\frac{5}{12}$ $\frac{1}{5}$ $\frac{4}{5}$ $\frac{1}{4}$ $\frac{2}{3}$

18. a) $\frac{8}{12}$; $\frac{5}{12}$ **b)** $\frac{12}{15}$; $\frac{7}{15}$ **c)** $\frac{12}{16}$; $\frac{9}{16}$ **d)** $\frac{11}{25}$; $\frac{15}{25}$ **e)** $\frac{3}{10}$; $\frac{2}{10}$ **f)** $\frac{9}{12}$; $\frac{10}{12}$ **g)** $\frac{4}{18}$; $\frac{3}{18}$ **h)** $\frac{21}{30}$; $\frac{2}{30}$
i) $\frac{5}{30}$; $\frac{9}{30}$ **j)** $\frac{15}{24}$; $\frac{20}{24}$ **k)** $\frac{3}{12}$; $\frac{8}{12}$ **l)** $\frac{12}{20}$; $\frac{15}{20}$ **m)** $\frac{20}{28}$; $\frac{7}{28}$ **n)** $\frac{21}{56}$; $\frac{16}{56}$ **o)** $\frac{8}{14}$; $\frac{7}{14}$ **p)** $\frac{5}{10}$; $\frac{8}{10}$

19. a) $\frac{2}{3} > \frac{4}{9}$ **b)** $\frac{4}{7} = \frac{12}{21}$ **c)** $\frac{3}{4} > \frac{13}{20}$ **d)** $\frac{5}{8} < \frac{27}{40}$ **e)** $\frac{20}{24} = \frac{5}{6}$ **f)** $\frac{2}{3} > \frac{3}{5}$
g) $\frac{4}{5} > \frac{3}{4}$ **h)** $\frac{2}{3} < \frac{7}{8}$ **i)** $\frac{7}{8} > \frac{3}{5}$ **j)** $\frac{2}{3} > \frac{4}{7}$ **k)** $\frac{5}{8} > \frac{7}{12}$ **l)** $\frac{7}{20} < \frac{9}{25}$

8 **20. a)** $\frac{5}{3} = 1\frac{2}{3}$ **b)** $\frac{11}{4} = 2\frac{3}{4}$ **c)** $\frac{9}{4} = 2\frac{1}{4}$ **d)** $\frac{13}{8} = 1\frac{5}{8}$ **e)** $\frac{17}{6} = 2\frac{5}{6}$

21. a) $\frac{8}{5}$ **b)** $\frac{7}{3}$ **c)** $\frac{13}{4}$ **d)** $\frac{11}{2}$ **e)** $\frac{29}{10}$

22. a) $1\frac{2}{5}$ **b)** $2\frac{3}{5}$ **c)** $3\frac{1}{4}$ **d)** $10\frac{1}{4}$ **e)** $7\frac{1}{2}$

23. a) 1 **b)** 4 **c)** 5 **d)** 5 **e)** 2 **f)** 2 **g)** 10

1.2 Rechnen mit gewöhnlichen Brüchen

1. a) $\frac{6}{7}$, $\frac{1}{2}$ **b)** $\frac{7}{9}$, $\frac{4}{7}$ **c)** $\frac{11}{15}$, $\frac{4}{7}$ **d)** $\frac{4}{7}$, $\frac{1}{4}$ **e)** $\frac{2}{5}$, $\frac{6}{11}$ **f)** $\frac{1}{10}$, $\frac{1}{9}$

2. a) $1\frac{1}{4}$, $1\frac{1}{3}$ **b)** $1\frac{1}{4}$, $1\frac{1}{7}$ **c)** $1\frac{2}{5}$, $1\frac{4}{11}$ **d)** $1\frac{2}{5}$, 1 **e)** $1\frac{4}{15}$, $1\frac{2}{5}$ **f)** $1\frac{1}{9}$, $1\frac{1}{5}$

3. a) $5\frac{5}{9}$, $6\frac{2}{3}$, $7\frac{3}{4}$ **b)** $10\frac{3}{5}$, $10\frac{1}{2}$, $7\frac{5}{9}$ **c)** $3\frac{1}{7}$, $5\frac{1}{2}$, $3\frac{3}{5}$ **d)** $5\frac{1}{4}$, $7\frac{1}{5}$, $5\frac{2}{7}$

9 **4. a)** $2\frac{1}{5}$, $4\frac{4}{7}$, $5\frac{1}{4}$ **b)** $2\frac{3}{7}$, $3\frac{1}{9}$, $2\frac{2}{5}$ **c)** $2\frac{1}{2}$, $4\frac{3}{4}$, $5\frac{5}{9}$ **d)** $5\frac{1}{2}$, $4\frac{4}{7}$, $1\frac{2}{5}$

5. a) $\frac{17}{18}$, $\frac{31}{42}$ **b)** $\frac{31}{33}$, $\frac{19}{20}$ **c)** $\frac{9}{10}$, $\frac{19}{40}$ **d)** $\frac{5}{12}$, $\frac{3}{10}$ **e)** $\frac{21}{44}$, $\frac{17}{30}$ **f)** $\frac{11}{24}$, $\frac{7}{12}$

6. a) $1\frac{3}{8}$; $1\frac{1}{2}$ **b)** $1\frac{1}{4}$; $1\frac{1}{5}$ **c)** $1\frac{4}{15}$; $1\frac{5}{28}$ **d)** $1\frac{11}{56}$; $1\frac{7}{90}$ **e)** $1\frac{7}{12}$; $1\frac{11}{18}$ **f)** $1\frac{11}{24}$; $1\frac{13}{20}$

7. a) $3\frac{3}{4}$; $5\frac{5}{6}$ **b)** $6\frac{7}{10}$; $7\frac{5}{6}$ **c)** $8\frac{11}{12}$; $4\frac{7}{18}$ **d)** $7\frac{1}{4}$; $8\frac{1}{2}$ **e)** $2\frac{1}{10}$; $2\frac{7}{24}$ **f)** $4\frac{7}{12}$; $6\frac{7}{40}$

8. a) $6\frac{1}{8}$; $7\frac{1}{6}$ **b)** $7\frac{1}{10}$; $6\frac{5}{24}$ **c)** $9\frac{7}{18}$; $10\frac{1}{24}$ **d)** $7\frac{3}{4}$; $2\frac{1}{2}$ **e)** $5\frac{7}{12}$; $3\frac{33}{40}$ **f)** $\frac{11}{20}$; $3\frac{13}{24}$

9. a) $\frac{1}{10}$; $\frac{1}{18}$ **b)** $\frac{10}{21}$; $\frac{3}{10}$ **c)** $\frac{3}{14}$; $\frac{8}{11}$ **d)** $\frac{3}{5}$; $\frac{2}{7}$ **e)** $\frac{1}{2}$; $\frac{1}{3}$ **f)** $\frac{1}{4}$; $\frac{1}{3}$

10. a) $\frac{6}{7}$; $3\frac{3}{4}$; $7\frac{1}{5}$; $6\frac{7}{8}$ **b)** $3\frac{1}{3}$; $3\frac{1}{2}$; $7\frac{7}{8}$; $3\frac{1}{3}$ **c)** $1\frac{1}{2}$; $1\frac{1}{2}$; 6; $3\frac{1}{2}$ **d)** $\frac{3}{5}$; $1\frac{1}{3}$; $1\frac{1}{4}$; $1\frac{1}{5}$ **e)** $1\frac{1}{2}$; $3\frac{1}{3}$; $5\frac{1}{4}$; $7\frac{1}{2}$

Seite 10

11. a) $\frac{7}{12}$; $1\frac{13}{20}$; $\frac{8}{15}$; $1\frac{1}{14}$ **b)** $1\frac{1}{5}$; $1\frac{1}{2}$; 1; 2 **c)** $16\frac{1}{2}$; $8\frac{3}{4}$; $8\frac{1}{2}$; $9\frac{1}{2}$ **d)** 4; 24; 2; 5 **e)** $2\frac{1}{2}$; $10\frac{1}{2}$; $2\frac{4}{7}$; $6\frac{1}{8}$

12. a) $\frac{4}{5}$; $\frac{1}{2}$ **b)** $\frac{1}{4}$; $\frac{2}{3}$ **c)** $\frac{2}{3}$; $\frac{13}{40}$ **d)** $\frac{5}{8}$; $\frac{1}{6}$ **e)** $\frac{1}{8}$; $\frac{1}{21}$ **f)** $\frac{3}{11}$; $\frac{1}{7}$ **g)** $\frac{1}{7}$; $\frac{7}{15}$ **h)** $\frac{1}{4}$; $\frac{1}{12}$

13. a) $\frac{5}{7}$; $\frac{1}{2}$; 2 **b)** $\frac{1}{4}$; $\frac{2}{3}$; 2 **c)** $\frac{13}{18}$; $1\frac{1}{17}$; $1\frac{13}{19}$ **d)** $1\frac{1}{2}$; $1\frac{1}{4}$; $1\frac{1}{5}$ **e)** $\frac{8}{15}$; $\frac{20}{21}$; $2\frac{1}{7}$ **f)** $\frac{3}{10}$; $1\frac{1}{9}$; $\frac{4}{5}$

14. a) $\frac{1}{15}$; $\frac{1}{20}$ **b)** $\frac{5}{24}$; $\frac{3}{70}$ **c)** $\frac{2}{5}$; $\frac{2}{17}$ **d)** $8\frac{3}{4}$; 14 **e)** $4\frac{4}{5}$; $3\frac{1}{3}$ **f)** 10; 14

15. a) 8; 10; 26 **b)** $\frac{1}{7}$; $\frac{1}{3}$; $\frac{2}{3}$ **c)** $\frac{3}{4}$; $\frac{1}{3}$; $\frac{2}{3}$ **d)** $1\frac{1}{5}$; $2\frac{1}{2}$; $2\frac{1}{10}$

16. a) $\frac{5}{7}$; $\frac{3}{8}$ **b)** $\frac{2}{3}$; $\frac{2}{3}$ **c)** $\frac{3}{5}$; $\frac{8}{9}$ **d)** $\frac{4}{5}$; $\frac{8}{9}$ **e)** $1\frac{3}{4}$; $1\frac{1}{3}$

Seite 11

1.3 Sachaufgaben zur Bruchrechnung

1. $\frac{17}{20}$ *l* **2.** $4\frac{3}{4}$ kg **3.** $\frac{9}{20}$ *l* **4.** 7 m

5. $5\frac{1}{4}$ *l* **6.** 60 m **7.** 54 cm **8.** 1 848 €; 1 232 €; 616 €

9. $\frac{1}{6}$ *l* **10.** $\frac{1}{4}$ *l* **11.** 11 Stücke **12.** $2\frac{1}{4}$ *l*

13. 75 kg **14.** 40 Flaschen **15.** $\frac{3}{10}$ **16.** Bücher: 684 €; Pflanzen: 171 €

Seite 12

1.4 Dezimalbrüche

1. a) 0,9; 0,8; 0,07; 0,002; 0,0003 **b)** 0,21; 0,483; 0,2759; 3,4; 0,528

c) 0,27; 0,027; 0,460; 0,381; 0,5892 **d)** 1,7; 4,21; 16,07; 2,777; 99,009

2. a) $\frac{7}{10}$; $\frac{9}{100}$; $\frac{3}{20}$ **b)** $\frac{3}{125}$; $\frac{1}{8}$; $\frac{1}{500}$ **c)** $\frac{1}{4}$; $\frac{1}{2}$; $\frac{1}{40}$ **d)** $\frac{1}{10}$; $\frac{3}{5}$; $\frac{1}{4}$

3. a) $2\frac{1}{2}$; $12\frac{1}{10}$; $3\frac{4}{5}$ **b)** $4\frac{1}{25}$; $10\frac{1}{4}$; $8\frac{3}{4}$ **c)** $3\frac{3}{5}$; $2\frac{1}{4}$; $5\frac{3}{4}$

4. a) 0,5; 0,8; 0,4; 0,25; 0,75 **b)** 0,6; 1,5; 1,6; 4,2; 2,5 **c)** 0,125; 0,75; 0,04; 0,12; 1,2

5. a) 0,7; 0,7; 0,5; 3,8 **b)** 0,42; 6,3; 0,02; 0,11

6. a) 0,8; 3,25; 0,625 **b)** 0,375; 3,375; 1,2 **c)** 0,12; 0,35; 0,85

7. a) 0,74 < 0,741 **b)** 2,034 < 2,304 **c)** 6,27 = 6,270 **d)** 8,671 > 8,617
0,38 = 0,380 0,925 < 0,95 0,85 > 0,848 2,757 > 2,577

8. a) 0,368 < 0,370 < 0,400 **b)** 2,700 < 2,705 < 2,710 **c)** 1,380 < 1,800 < 1,832
d) 0,485 < 0,500 < 0,530 **e)** 0,499 < 0,640 < 0,900 **f)** 1,300 < 1,305 < 1,350

9. a) $\frac{3}{100} = 0{,}03 < \frac{3}{10} = 0{,}3 < \frac{31}{100} = 0{,}31 < 3\frac{1}{10} = 3{,}1$
b) $\frac{7}{100} = 0{,}07 < \frac{3}{10} = 0{,}3 < \frac{7}{10} = 0{,}7 < \frac{73}{100} = 0{,}73 < 7\frac{3}{10} = 7{,}3$

13 **1.5 Rechnen mit Dezimalbrüchen**

1.

a)	b)	c)	d)	e)
3,8	83,2	454,83	21,55	19,291
7,9	34,2	13,22	60,78	17,213
18,5	42,8	84,61	13,149	29,2257
1,2	22,3	25,18	50,14	17,73

2.

a)	b)	c)	d)	e)
2,3	50,95	13,862	2,68	6,22
4,3	3,03	0,765	75,695	0,14
12,3	4,25	7,72	28,12	1,15
6,9	6,02	0,775	14,78	0,87

3. a) 46,8; 468; 4 680 **b)** 129; 1 290; 12 900 **c)** 3,75; 37,5; 375

4.

a)	b)	c)	d)	e)	f)
4,8	2	7,2	2,8	0,3	0,3
2,8	4,9	1,2	6,9	0,12	0,36
1,8	1,8	4	3,9	0,08	0,24

5.

a)	b)	c)	d)	e)	f)
15	6	10	22	0,4	1
16	4	30	69	0,9	4
8	15	20	48	0,8	3

6.

a)	b)	c)	d)	e)
28	351,5	1,02	230,945	0,546
124,92	182	45,6	150,9	8,8011
879,55	18,51	102,5	70,2552	52,4524
391,46	23,648	105,82	22,8018	210,396

14 **7. a)** 51,22; 5,122; 0,5122 **b)** 3,61; 0,361; 0,0361 **c)** 0,185; 0,0185; 0,0185

8.

a)	b)	c)	d)	e)	f)
0,4	0,6	0,7	0,9	0,6	1,2
0,5	0,5	0,9	0,8	0,4	1,6

9.

a)	b)	c)	d)	e)	f)
0,09	0,04	0,05	0,07	0,05	0,06
0,08	0,03	0,04	0,07	0,05	0,05

10.

a)	b)	c)	d)	e)
3,4	5,24	0,026	0,601	5,04
7,38	3,99	0,137	0,547	7,13
2,35	3,65	0,103	0,247	2,21

11.

a)	b)	c)	d)	e)	f)
5	8	9	20	70	40
7	6	4	50	60	40
7	4	7	20	70	40

12.

a)	b)	c)	d)	e)
1,2	2,3	32,6	9	231,4
12	2,38	17,4	4	2 450
12	5,6	48,8	7	2 540

13. a)	b)	c)	d)	e)	14. a)	b)	c)	d)
4,9	0,31	23,5	3,69	2 360	1,12	3,6	7,5	1,25
4,5	1,02	36,9	23,56	92,5	1,68	2,1	1,5	2
6,8	3,14	31,2	17,28	370				

Seite 15 **1.6 Runden und Überschlagen mit Dezimalbrüchen**

1. a) 13; 26; 31; 107; 38; 50 **b)** 19,4; 7,0; 12,2; 8,2; 17,3; 26,8

c) 13,12; 3,68; 5,30; 26,33; 8,01; 16,30 **d)** 0,675; 1,778; 2,001; 6,990; 3,790; 5,000

2. a) auf Cent gerundet	b) auf cm gerundet	c) auf mm gerundet	d) auf g gerundet	e) auf m gerundet
15,61 €	7,56 m	12,4 cm	9,376 kg	0,529 km
119,25 €	0,75 m	96,4 cm	0,700 kg	3,740 km

3. a)	b)	c)	d)	e)
14,34 €	4,13 €	36,8 cm	0,7 cm	15,053 kg
474,99 €	2,93 €	101,1 cm	0,3 cm	9,338 kg
77,76 €	1,78 €	244,2 cm	8,6 cm	9,555 kg

4. Richtige Ergebnisse: 212,425; 207,998; 3 349,71; 36,4

5. a)	b)	c)	d)	e)
12,96	170,88	8,72	140,22	1330,32
5,76	232,65	203,82	3 279,88	1499,4
11,97	237,12	239,32	1 202,67	503,96

6. a)	b)	c)	d)	e)
12,53	87,12	229,1	21,6	236,3
7,03	77,925	28,6	2,45	238,3
14,36	72,6	21,4	3,4	214,3

Seite 16 **2. Rechnen mit Größen**

2.1 Längen

1. a) 20 mm; 81 mm; 100 mm **b)** 160 mm; 400 mm; 5 mm

2. 2,53 m = 2 m 53 cm = 253 cm 4,36 m = 4 m 36 cm = 436 cm 5,08 m = 5 m 8 cm = 508 cm

5,80 m = 5 m 80 cm = 580 cm 14,70 m = 14 m 70 cm = 1 470 cm

3. a) 150 cm; 270 cm; 450 cm; 50 cm; 310 cm **b)** 380 cm; 750 cm; 150 cm; 1010 cm; 30 cm

4. 248 cm = 2 m 48 cm = 2,48 m 506 cm = 5 m 6 cm = 5,06 m 185 cm = 1 m 85 cm = 1,85 m

70 cm = 0 m 70 cm = 0,70 m 140 cm = 1 m 40 cm = 1,40 m 104 cm = 1 m 4 cm = 1,04 m

5. a) 3,65 m = 36,5 dm = 3,65 cm
2,73 m = 27,3 dm = 273 cm
0,48 m = 4,8 dm = 48 cm
7,08 m = 70,8 dm = 708 cm
3,10 m = 31 dm = 310 cm

b) 4,27 m = 42,7 dm = 427 cm
3,82 m = 38,2 dm = 382 cm
5,07 m = 50,7 dm = 507 cm
0,82 m = 8,2 dm = 82 cm
0,07 m = 0,7 dm = 7 cm

c) 5,23 m = 52,3 dm = 523 cm
7,48 m = 74,8 dm = 748 cm
3,06 m = 30,6 dm = 306 cm
1,80 m = 18 dm = 180 cm
0,46 m = 4,6 dm = 46 cm

d) $\frac{1}{2}$ m = 0,5 m = 5 dm = 50 cm
$\frac{1}{4}$ m = 0,25 m = 2,5 dm = 25 cm
$\frac{1}{10}$ m = 0,1 m = 1 dm = 10 cm
$\frac{1}{100}$ m = 0,01 m = 0,1 dm = 1 cm
$\frac{3}{4}$ m = 0,75 m = 7,5 dm = 75 cm

6. a) 2675 km = 2 km 675 m = 2675 m
3,148 km = 3 km 148 m = 3148 m
4,025 km = 4 km 25 m = 4025 m

b) 4,250 km = 4 km 250 m = 4250 m
7,800 km = 7 km 800 m = 7800 m
3,804 km = 3 km 804 m = 3804 m

7. a) 2500 m; 6400 m; 500 m; 1800 m

b) 3200 m; 7500 m; 900 m; 1100 m

8. 1275 m = 1 km 275 m = 1,275 km

4135 m = 4 km 135 m = 4,135 km

2070 m = 2 km 70 m = 2,070 km

2700 m = 2 km 700 m = 2,700 km

900 m = 0 km 900 m = 0,900 km

9. a) 14 m = 140 dm	b) 10 000 m = 10 km	c) 65 cm = 0,65 m	d) 5,3 m = 53 dm
9 km = 9 000 m	20 dm = 2 m	182 cm = 1,82 m	7,4 m = 740 cm
56 cm = 560 mm	440 cm = 4,40 m	308 cm = 30,8 dm	0,3 km = 300 m
98 dm = 980 cm	40 mm = 4 cm	40 cm = 4 dm	58 cm = 5,8 dm
74 cm = 740 mm	210 mm = 21 cm	53 cm = 5,3 dm	43 mm = 4,3 cm

17 10. a) 80 mm; 230 mm; 59 mm; 7 mm b) 9 cm; 2,6 cm; 3,7 cm; 0,8 cm c) 7,2 dm; 8,4 dm; 6 dm; 0,9 dm

d) 8,3 m; 4,5 m; 2,7 m; 3 m e) 300 cm; 486 cm; 260 cm; 105 cm f) 2,31 m; 1,10 m; 2,06 m; 0,08 m

g) 9 km; 7,2 km; 0,85 km; 10 km h) 2 000 m; 8 000 m; 3 500 m; 500 m

11. a) 16 mm > 10 mm	b) 265 cm = 265 cm	c) 40 cm = 40 cm
50 mm = 50 mm	306 cm < 360 cm	28 cm > 20 cm
401 mm < 410 mm	102 cm < 120 cm	310 cm > 301 cm

12. $3\frac{1}{2}$ m > 3,05 m 408 cm = 408 cm $2\frac{3}{4}$ m > 2,34 m 2,5 dm > $2\frac{1}{4}$ dm

13. a) 246 cm < 2,64 m < 26,7 dm b) 35,8 dm < 380 cm < 3,85 m c) 437 cm < 4,73 m < 47,5 dm

d) 126 cm < 1,67 m < 18,2 dm e) 267 mm < 27,6 cm < 3 dm f) 1 dm < 513 mm < 53,1 cm

14. a) 18,82 m	b) 9,4 cm	c) 2,1 cm	d) 5,57 m
9,1 dm	12,2 dm	1,77 m	1,8 dm
7,612 km	3,71 m	4,376 km	0,8 cm
63,1 cm	6,055 km	73,6 cm	1,588 km

15. Gesamtlänge: 3,15 m. Die Teile passen nicht alle an die Wand.

2.2 Flächeninhalte

1. a) 1,25 dm²; 6,48 dm²; 0,7 dm² b) 6,12 m²; 7,08 m²; 0,53 m²

c) 249 cm²; 307 cm²; 94 cm² d) 7,80 cm²; 3,64 cm²; 0,4 cm²

2. 17 200 m² = 172 a = 1,72 ha 12 900 m² = 129 a = 1,29 ha 8 000 m² = 80 a = 0,8 ha

6 800 m² = 68 a = 0,68 ha 50 000 m² = 500 a = 5 ha

18 3. a) 7 m² = 700 dm²	b) 200 mm² = 2 cm²	c) 124 cm² = 1,24 dm²	d) 2 400 a = 24 ha
9 km² = 900 ha	480 a = 4,8 ha	236 dm² = 2,36 m²	$\frac{1}{2}$ ha = 50a
24 a = 2 400 m²	150 ha = 1,5 km²	148 a = 1,48 ha	50 mm² = 0,5 cm²

4. a) 723 cm² > 72 cm²	b) 314 mm² > 310 mm²	c) 33 m² = 33 m²
650 m² = 650 m²	7 520 m² > 72,5 m²	4 420 cm² > 442 cm²
720 ha > 72 ha	610 ha = 610 ha	7 640 mm² = 7 640 mm²

5. a) 31,8 m² < 38 m² < 318 m² b) 4,2 ha < 4,25 ha < 452 a c) 0,71 km² < 74 ha < 7,14 km² d) 3,57 cm² < 375 mm² < 35,7 cm²

6. a) 637 ha	b) 721 a	c) 766 dm²	d) 656 cm²
335 ha	836 a	836 dm²	479 cm²

7. a) $16{,}5\ km^2$; 139,9 ha **b)** $9{,}22\ m^2$; 6,61 ha **c)** $21{,}16\ m^2$; $4{,}33\ km^2$

8. Die Fläche ist 2,06 ha groß.

Seite 19

1. a) $4\ cm^3$; $0{,}53\ cm^3$; $0{,}068\ cm^3$ **b)** $7\ m^3$; $0{,}638\ m^3$; $0{,}804\ m^3$ **c)** $6\,000\ dm^3$; $437\ dm^3$; $295\ dm^3$
d) $8\ dm^3$; $5{,}204\ dm^3$; $0{,}439\ dm^3$ **e)** $3\,800\ cm^3$; $43\,000\ cm^3$; $815\ cm^3$ **f)** 2 000 ml; 3 500 ml; 700 ml; 250 ml

2. a) 5 hl; 2 hl; 4,6 hl **b)** 90 hl; 30 hl, 45 hl

3. a) $4{,}125\ m^3 = 4125\ dm^3$; $6{,}625\ dm^3 = 6625\ cm^3$; $2{,}634\ dm^3 = 2634\ cm^3$
b) $2575\ cm^3 = 2{,}575\ dm^3$; $7010\ dm^3 = 7{,}01\ m^3$; $375\ cm^3 = 0{,}375\ dm^3$
c) 1,5 *l* = 15 dl; 7,8 dl = 78 cl; 0,425 *l* = 425 ml
d) 8 dl = 0,8 *l*; 140 ml = 0,14 *l*; 20 *l* = 0,2 hl

4. a) $4\,600\ cm^3$; $2\,500\ dm^3$; $500\ dm^3$ **b)** $6\,500\ mm^3$; $7\,500\ dm^3$; $2\,500\ cm^3$ **c)** 25 dl; 480 cl; 60 cl **d)** 65 cl; 74 ml; 330 ml

5. a) $1{,}72\ m^3$; $0{,}64\ m^3$; $0{,}075\ m^3$; $0{,}814\ dm^3$; $2{,}15\ cm^3$ **b)** 25 cl; 0,75 *l*; 7,5 dl; 12,5 cl; 3,3 l; 0,48 dl

6. 500 ml; 250 ml; 125 ml; 375 ml; 750 ml; 900 ml

7. a) 0,602 *l* < 620 ml < 6,2 *l* **b)** 4,3 dl < 45 cl < 430 cl **c)** 7,7 cl < 7,8 cl < 740 ml
d) 0,5 *l* < 0,7 *l* < 75 cl **e)** 2,01 *l* < 2,1 *l* < 22 dl **f)** 250 *l* < 2 050 *l* < 25 hl

8.

a)	b)	c)	d)
$4\,772\ cm^3$	$4\,130\ dm^3$	6 125 ml	7 718 *l*
$10\,533\ cm^3$	$1\,711\ cm^3$	3 365 ml	349 *l*
$2\,309\ cm^3$	$1\,818\ dm^3$	855 ml	67 *l*
$5\,728\ cm^3$	$125\ dm^3$	609 ml	466 *l*

9. Die 1-*l*-Flasche reicht für 8 Tage.

2.4 Gewichte (Massen)

1. a) 2 000 kg; 4 000 kg; 7 500 kg; 500 kg; 125 kg **b)** 3 t; 4,5 t; 0,1 t; 1,25 t
c) 6 000 g; 1 500 g; 2 775 g; 500 g **d)** 4 g; 0,25 g; 0,07 g; 0,6 g

Seite 20

2. a) 1 200 kg = 1,2 t; 250 kg = 0,25 t **b)** 4,836 kg = 4836 g; 3,4 t = 3400 kg **c)** 4 250 g = 4,25 kg; 550 mg = 0,55 g **d)** 6,4 t = 6 400 kg; 0,8 g = 800 mg

3. a) 2300 kg; 4800 g; 6530 kg; 1235 g
b) 1500 mg; 3500 kg; 1500 kg; 500 g
c) 700 kg; 6200 g; 750 g; 500 mg
d) 50 mg; 50 kg; 250 g; 100 mg

4. a) 2,15 kg; 6,25 t; 0,75 kg
b) 0,25 t; 0,125 g; 0,05 g
c) 0,06 kg; 0,12 t; 0,05 g
d) 0,09 t; 0,02 kg; 0,035 g

5. a) 6150 kg > 615 kg; 1523 g = 1523 g; 340 g > 34 g
b) 7600 g > 760 g; 2750 kg = 2750 kg; 50 mg > 5 mg
c) 460 mg = 460 mg; 317 g = 317 g; 218 kg < 2800 kg
d) 6350 kg = 6350 kg; 700 g = 700 g; 60 mg > 6 mg

6. a) 250 kg < 2,25 t < 2,5 t **b)** 3,018 kg < 3 081 g < 3,1 kg **c)** 4,055 kg < 4,5 kg < 4 550 g
d) 785 mg < 7,825 g < 7,850 g **e)** 6,004 kg < 6040 g < 6,4 kg **f)** 350 g < 3,12 kg < $3\frac{1}{2}$ kg

7. a) 7,159 t; 17,434 t **b)** 4,675 kg; 1,321 kg **c)** 0,612 t; 0,625 t **d)** 1,656 kg; 2,279 kg

8. a) 4 kg; 17 kg; 2 kg; 1 kg; 2 kg
b) 2 t; 13 t; 39 t; 1 t; 6 t

9. Das Gewicht aller drei Lasten ist 1 765 kg = 1,765 t. Die Maschine darf nicht aufgeladen werden.

10. Der Brief wiegt 498 g und kann als Großbrief geschickt werden.

2.5 Zeitspannen

1. a) 180 s; 320 s; 30 s; 150 s **b)** 120 min; 210 min; 45 min; 75 min

c) 2 h; 5 h; $1\frac{1}{2}$ h; $\frac{1}{2}$ h **d)** 2 Tage; 3 Tage; 5 Tage; $1\frac{1}{2}$ Tage

21 **2.** 15.09 Uhr; 15.45 Uhr; 16.52 Uhr

3.

Beginn	7.45 Uhr	5.35 Uhr	6.52 Uhr	16.50 Uhr	**11.15 Uhr**	**21.13 Uhr**
Dauer	**5 h 15 min**	**18 h 40 min**	9 h 10 min	14 h 15 min	8 h 20 min	12 h 54 min
Ende	13 Uhr	0.15 Uhr	**16.02 Uhr**	**7.05 Uhr**	19.35 Uhr	10.07 Uhr

4. a) ICE 778 und IR 2578 **b)** Mit dem ICE 778, Ankunft in Hamburg Hauptbahnhof um 10.22 Uhr.

5. a) ICE 783, Abfahrt um 8.21 Uhr **b)** 8.06 Uhr **c)** 3 h 46 min

6. a) 4 min **b)** 39 min **c)** Der ICE kommt 1 h 5 min vor dem Interregio in Hamburg-Altona an.

7. – **8. a)** 26 min **b)** 700 Kopien

22 ### 2.6 Zusammengesetzte Größen

1. 105 $\frac{km}{h}$ **2.** In einer Sekunde 12,5 m; 45 km in einer Stunde

3. a) 16 $\frac{km}{h}$ **b)** 1,8 $\frac{km}{h}$ **c)** 4,2 $\frac{km}{h}$ **d)** 18 $\frac{km}{h}$ **e)** 221 $\frac{km}{h}$ **f)** 48 $\frac{km}{h}$ **g)** 250 $\frac{km}{h}$ **h)** 15 000 $\frac{km}{h}$

4. 560 km **5.** 225 km **6. a)** 1 440 km **b)** 245 km **c)** 144 km **d)** 27 km **e)** 782 km **f)** 1,32 km

7. 3 h **8.** 18 min **9.** 4 s

23 **10. a)** 3 h 30 min **b)** 4 h 30 min **c)** 3 h 30 min **d)** 5 h 12 min **e)** 5 h 6 min **f)** 5 h 36 min

11. Beton: 2,4 $\frac{g}{cm^3}$; Blei: 11,4 $\frac{g}{cm^3}$; Platin: 21,4 $\frac{kg}{dm^3}$; Gold: 19,25 $\frac{g}{cm^3}$; Benzin: 0,76 $\frac{kg}{dm^3}$; Silber: 10,5 $\frac{kg}{dm^3}$; Milch: 1,03 $\frac{kg}{dm^3}$

12. 20 kg **13. a)** 1 170 g **b)** 5 850 g **c)** 19,5 kg **d)** 5,85 t **e)** 585 kg **14.** 20 dm^3

15.

Masse	810 g	**101,4 g**	3,240 g	100 g	700 g	**6 800 g**
Volumen	300 cm^3	13 cm^3	**0,4 cm^3**	**500 cm^3**	**250 cm^3**	500 cm^3
Dichte	**2,7 $\frac{g}{cm^3}$**	7,8 $\frac{g}{cm^3}$	8,1 $\frac{g}{cm^3}$	0,2 $\frac{g}{cm^3}$	2,8 $\frac{g}{cm^3}$	13,6 $\frac{g}{cm^3}$

24 ## 3 Zuordnungen

3.1 Proportionale Zuordnungen

1. a), b), c), e), f) sind proportional. **2. a), b), d), e)** gehören zu proportionalen Zuordnungen.

3. a)

Anzahl	Preis (€)
9	45
3	15
15	75
5	25

b)

Gewicht (kg)	Preis (€)
4	8
20	40
5	10
3	30

c)

Zeit (min)	Weg (km)
5	4
45	36
15	12
60	48

25 **4. a)**

Anzahl	Preis (€)
5	36
1	7,20
8	57,60

Menge (l)	Preis (€)
8	24
1	3
5	15

Gewicht (g)	Preis (€)
300	3,60
100	1,20
500	6,00

5. 3,43 € **6.** 2,76 € **7.** 8 Flaschen **8.** 4,05 € **9. a)** 36 m^2 **b)** 4,5 *l* **10.** 604,80 €

11. 6 *l* **12.** 8,5 *l* **13.** 253 kg **14.** 14,4 km **15.** 85,5 km

Seite 26 **16.** 99 € **17.** 67,20 € **18.** 8,50 €

19. a) 32,80 € **b)** 21 km **c)** 4,8 kg **d)** 7 kg **e)** 25 Stück **f)** 10 Stück

20. a) 1,50 € **b)** 4,90 € **c)** 1,70 € **21. a)** 204 ml **b)** 5 m^2 **22.** 50 g (64 g; 350 g) **23.** 21 600 Einzelbilder

24. a) 480 € **b)** 96 € **c)** 12 € **25. a)** 3 750 *l* **b)** 2 812,5 *l* **26. a)** 12 000 Flaschen **b)** 16 800 Flaschen

Seite 27 **3.2 Umgekehrt-proportionale Zuordnungen**

1. a), b), d) sind umgekehrt-proportional **2. a)** und **c)** gehören zu umgekehrt-proportionalen Zuordnungen.

3. a)

Anzahl der Kisten	Gewicht einer Kiste (kg)
20	18
5	72
15	24
30	12
6	60

b)

Geschwindigkeit $\frac{km}{h}$	Zeit (h)
9	2
3	6
6	3
2	9
18	1

c)

Anzahl der Schritte	Schrittlänge
15	60
3	300
12	75
36	25
9	100

Seite 28 **4.** 28 Dielen **5.** 15 Tage **6.** 8 Tage **7.** 70 cm **8.** 140 Tage

9. 80 Gäste **10.** 20 Stufen **11.** 10 m^2 **12.** 2 h **13.** 3 h 45 min

Seite 29 **3.3 Sachaufgaben**

1. 21,25 kg **2.** 0,59 € **3.** 2,52 € **4.** 6 Flaschen **5.** 225 Flaschen **6.** 2 000 kg

7. 259,2 kg **8.** 420 Dosen **9.** 4,25 € **10.** 8,10 € **11.** 1,50 € **12.** 18 Handtücher

13. 8 h **14.** 22 400 € **15.** 350 Platten **16.** 12 Arbeiter **17.** 27 Bretter

Seite 30 **18.** 24 Arbeitskräfte **19.** 20 *l* **20.** 4 Pinsel **21.** 1955,30 € **22.** 6,16 €

23. 37,50 € **24. a)** 30 mg **b)** 1,25 kg **25.** 10 min **26.** $2\frac{1}{2}$ h

27. a) 576 Kartons **b)** 192 Kartons **c)** 128 Kartons **d)** 96 Kartons

28. Die 4,5-kg-Packung ist günstiger.

29. a) 10,88 € **b)** 17,31 € **c)** 21,96 € **d)** 27,30 € **e)** 31,05 € f) 41,34 €

30. 11 *l* **31.** 600 km **32.** 500 km **33.** 18,36 €

Seite 31 **34. a)** 5950 km **b)** 5 h **35.** 202,5 $\frac{km}{h}$ **36.** 15 $\frac{km}{h}$ **37.** 0,08 $\frac{m}{h}$; 5 $\frac{m}{h}$; 0,005 $\frac{km}{h}$ **38.** 44 $\frac{km}{h}$ **39.** 31,50 €

3.4 Grafische Darstellung

1.

Gewicht (kg)	Preis (€)
1	1,50
2	3
4	6
5	7,50
6	9
7	10,50

32

2.

Gewicht (kg)	Preis (€)
1	2,50
2	5
3	7,50
5	12,50
7	17,50
8	20

3. a) 6 € **b)** – **c)**

Länge (m)	Preis (€)
1	1,20
2,50	3
7,50	9
10	12
15	18

4.

Länge (km)	Kosten (€)
1	15 000
2	30 000
3	45 000
4	60 000
5	75 000
6	90 000

5.

Zeit (min)	Wassermenge (*l*)
1	15
2	30
3	45
4	60
6	90
7	105
8	120
9	135

6.

Länge (m)	Gewicht (g)
1	150
2	300
3	450
4	600
6	900
7	1050
8	1200
10	1500

7.

Länge (m)	Gewicht (g)
1	200
2	400
3	600
4	800
5	1000
5,5	1100
6	1200
6,5	1300

8.

Gewicht (g)	Preis (€)
100	2,25
200	4,50
300	6,75
400	9,00
500	11,25
600	13,50

9.

Zeit (h)	Wegstrecke (km)
1	80
$1\frac{1}{2}$	120
2	160
$3\frac{1}{2}$	280
5	400

Seite 33 **10.**

Pferde	Tage
1	12
2	6
3	4
4	3
6	2
12	1

11.

Seite a (m)	Seite b (m)
1	36
1,50	24
2	18
3	12
4	9
4,50	8
6	6
9	4
18	2

Seite 34 **12.**

Handwerker	Tage
1	24
2	12
3	8
4	6
6	4
8	3
12	2

3.5 Zuordnungen mit Grundbetrag

1.

Verbrauch (m^3)	Gesamtkosten (€)
0	5,00
10	7,50
20	10,00
25	11,25
30	12,50
40	15,00
50	17,50
55	18,75
60	20,00

Seite 35 **2.**

Verbrauch (m^3)	Gesamtkosten (€)
0	10,00
4	20,00
8	30,00
10	35,00
14	45,00
18	55,00
24	70,00
28	80,00
30	85,00

3.

Monteurstunden	Gesamtkosten (€)
$\frac{1}{2}$	25,00
1	40,00
$1\frac{1}{2}$	55,00
2	70,00
$2\frac{1}{2}$	85,00
3	100,00
$3\frac{1}{2}$	115,00
4	130,00

4. 45 € **5.** 80 € **6.** 10,80 € **7.** 415 € **8.** 7294 € **9.** 46,72 €

10. a) Angebot A: 240 € Angebot B: 195 € Angebot B ist günstiger.
b) Angebot A: 240 € Angebot B: 285 € Angebot A ist günstiger.

3.6 Verhältnisse

1. a) 3 : 5 **b)** 2 : 1 **c)** 4 : 3 **d)** 1 : 3 **e)** 4 : 3 **f)** 3 : 5

2. a) 3 : 4; 5 : 9; 3 : 1 **b)** 4 : 1; 3 : 2; 4 : 9 **c)** 3 : 2; 15 : 8; 5 : 4

3. 3 kg Zucker, 13 kg Kompott **4. a)** 0,9 *l* Mineralwasser, 1 *l* Limonade **b)** 0,3 *l* Fruchtsirup, 3 *l* Limonade

5.

Früchte	5 kg	10 kg	0,5 kg	**2,5 kg**	**7,5 kg**	**15 kg**	**20 kg**
Zucker	4 kg	**8 kg**	**0,4 kg**	2 kg	6 kg	**12 kg**	**16 kg**
Pflaumenmus	**9 kg**	**18 kg**	**0,9 kg**	**4,5 kg**	**13,5 kg**	27 kg	36 kg

6. a) 4 Anteile **b)** Lea: 3 Anteile, Maximilian: 1 Anteil **c)** Lea: 9 Äpfel, Maximilian: 3 Äpfel

e 37 **7. a)** Insgesamt 5 Anteile; 1 Anteil = 200 € **b)** Frau Arp: 2 Anteile; Herr Dold: 3 Anteile **c)** Frau Arp: 400 €; Herr Dold: 600 €

8. Frau Burkert: 900 €; Herr Ritter: 600 €; Frau Simm: 300 €

9.

Verhältnis A : B	4 : 3	3 : 5	**8 : 7**	6 : 4	2 : 3	**7 : 5**	2 : 9
zu verteilen	700 €	**800 €**	**1 500 €**	180 €	**110 €**	120 €	**330 €**
A bekommt	**400 €**	300 €	800 €	**120 €**	**44 €**	70 €	**60 €**
B bekommt	**300 €**	**500 €**	700 €	**60 €**	66 €	**50 €**	270 €

10. 22 040 kg Kupfer; 5 510 kg Zinn

3.7 Maßstab

1. a) 4 m 2,5 m 0,8 m 22,3 m **b)** 15 m 14 m 37,5 m 63,5 m
c) 3,5 km 150 m 4,3 km 3,7 km **d)** 2 km 6,4 km 0,4 km 9,6 km

2. 1,75 km **3.** 34,8 km **4.** 1 : 50

e 38

4 Prozentrechnung

4.1 Grundbegriffe der Prozentrechnung

1. a) 8 %; 11 %, 150 %; 50 %; 10 % **b)** 5 %; 12 %; 3 %; 1 %; 10 %; 27 %; 117 %; 312 %

2. a) $\frac{1}{2} = \frac{50}{100} = 50\,\%$ **b)** $\frac{1}{4} = \frac{25}{100} = 25\,\%$ **c)** $\frac{3}{10} = \frac{30}{100} = 30\,\%$ **d)** $\frac{3}{5} = \frac{60}{100} = 60\,\%$
e) $\frac{4}{5} = \frac{80}{100} = 80\,\%$ **f)** $\frac{1}{5} = \frac{20}{100} = 20\,\%$ **g)** $\frac{7}{10} = \frac{70}{100} = 70\,\%$

3. a) $\frac{25}{100} = 25\,\%$; $\frac{50}{100} = 50\,\%$; $\frac{40}{100} = 40\,\%$ **b)** $\frac{70}{100} = 70\,\%$; $\frac{12}{100} = 12\,\%$; $\frac{80}{100} = 80\,\%$
c) $\frac{130}{100} = 130\,\%$; $\frac{230}{100} = 230\,\%$; $\frac{310}{100} = 310\,\%$ **d)** $\frac{15}{100} = 15\,\%$; $\frac{25}{100} = 25\,\%$; $\frac{35}{100} = 35\,\%$
e) $\frac{32}{100} = 32\,\%$; $\frac{90}{100} = 90\,\%$; $\frac{6}{100} = 6\,\%$ **f)** $\frac{34}{100} = 34\,\%$; $\frac{120}{100} = 120\,\%$; $\frac{140}{100} = 140\,\%$

4. a) $\frac{1}{2}$; $\frac{1}{4}$; $\frac{3}{10}$; $\frac{9}{10}$; $\frac{1}{10}$ **b)** $\frac{4}{5}$; $\frac{1}{50}$; $\frac{11}{10}$; $\frac{1}{20}$; $\frac{3}{4}$ **5. a)** 23 %; 74 %; 25 %; 4 %; 10 % **b)** 50 %; 75 %; 20 %; 1 %; 120 %

6. a) $\frac{17}{100} = 0{,}17$; $\frac{30}{100} = 0{,}3$; $\frac{10}{100} = 0{,}1$; $\frac{5}{100} = 0{,}05$; $\frac{1}{100} = 0{,}01$; $\frac{15}{100} = 0{,}15$
b) $\frac{25}{100} = 0{,}25$; $\frac{75}{100} = 0{,}75$; $\frac{20}{100} = 0{,}2$; $\frac{4}{100} = 0{,}04$; $\frac{90}{100} = 0{,}9$; $\frac{120}{100} = 1{,}2$

7. **a)** 11,2 %; 17,5 %; 4,9 %; 0,5 %; 2,3 % **b)** 0,057; 0,132; 0,045; 0,036; 0,177

Seite 39 **8.** **a)** 0,375 = 37,5 %; 0,625 = 62,5 %; 0,75 = 75 %; 1,375 = 137,5 %; 0,0625 = 6,25 %; 0,3125 = 31,25 %; 0,9376 = 93,75 %

b) 0,475 = 47,5 %; 0,075 = 7,5 %; 0,95 = 95 %; 1,425 = 142,5 %; 0,625 = 62,5 %; 0,775 = 77,5 %; 1,275 = 127,5 %

9.

	Grundwert	Prozentsatz	Prozentwert
a)	250	20 %	50
b)	200 m	70 %	140 m
c)	300 m^2	60 %	180 m^2
d)	30	80 %	24
e)	700	70 %	490

4.2 Berechnung des Prozentwertes

1. **a)** 1 Cent **b)** 1 cm **c)** 1 mm **d)** 1 *l* **e)** 1 dm^2 **f)** 10 g **g)** 10 m **h)** 10 kg

2. 120 m; 18 m; 7,5 m; 3,9 m; 2,4 m; 45 m

Seite 40 **3.** **a)** 900 €; 120 €; 112,50 €; 21 €; 13,50 €; 11,10 € **b)** 4,84 €; 14,27 €; 93,99 €; 280,22 €; 325,53 €

c) 4,47 €; 8,00 €; 27,09 €; 185,14 €; 225,50 €

4. 243 Schülerinnen und Schüler **5.** 560 Gewinnlose **6.** 9,80 € **7.** 1 200 Briefumschläge **8.** 175 Ziegel **9.** 361 €

4.3 Berechnung des Grundwertes

1. **a)** 340 €; 250 €; 78 €; 634 € **b)** 900 kg; 1 550 kg; 230 kg; 820 kg

2. **a)** 5 200 m^2; 3 200 m^2; 550 m^2 **b)** 300 m; 700 m; 850 m **c)** 6 000 €; 3 500 €; 3 000 €

3. 30 €

Seite 41 **4.** 240 m **5.** 2 550 Personen **6.** 350 Personen **7.** 30 € **8.** 350 €

4.4 Berechnung des Prozentsatzes

1. **a)** 20 %; 50 %; 40 % **b)** 75 %; 38 %; 65 % **c)** 2,5 %; 5,5 %; 7,9 %

2. **a)** 10 %; 20 %; 15 % **b)** 1 %; 5 %; 5 % **c)** 10 %; 5 %; 4 %

3. 95 % **4.** 4 % **5.** 56 % Mädchen, 44 % Jungen

Seite 42 **6.** 54 % **7.** 2,5 % **8.** 8,5 %

4.5 Promille

1. **a)** 175 €; 98 € **b)** 72,80 €; 298,50 € **c)** 525 €; 1 008 €

2. 210 € **3.** 2,5 ‰ **4.** 210 000 € **5.** 3,5 ‰

Seite 43 **4.6 Erhöhung und Verminderung des Grundwertes**

1. 160,50 €; 82,40 €; 7 475 €; 5 112 €; 90,45 €; 408,50 €; 1 517,98 €

2. 139,50 €; 77,60 €; 5 525 €; 1 988 €; 89,55 €; 351,50 €; 1 322,02 €

Seite 44 **3.** **a)** 8 136 kg; 5 856 kg; 7 659 kg; 11 907 kg **b)** 850 m; 858,8 m; 561,7 m; 775,5 m **c)** 5 632 m^2; 5 775 m^2; 574 m^2; 6 555 m^2 **d)** 73,04 €; 46,50 €; 32,16 €; 79,54 €

4. 486 Schülerinnen und Schüler **5.** 1,2 *l* **6.** 40 656 Übernachtungen **7.** 84 *l* **8.** 9,88 €

9. 8,96 €; 9,58 €; 10,04 €; 11,19 €; 11,59 € **10.** 52,8 t **11.** 425,60 € **12.** 15 %

13. 40 €; 260 €; 72 €; 23,50 €; 1 240 €; 80 € **14.** 900 €; 284 €; 550 €; 1 030 €; 40 €; 220 €

15. 160 € **16.** 210 000 Mitglieder

e 45 **17.** 2204 € **18.** 664,45 € **19.** 225 € **20.** 125 € **21.** 397,88 €

22. 19 000 kg **23.** 1850 € **24.** 88 % **25.** 25 %

e 46 **26.** 930,12 €

4.7 Sachaufgaben zur Prozentrechnung

1. 1053 kg Kupfer; 297 kg Zinn

2.

Gesamtgewicht	240 g	1 320 g	1 450 g	1,4 kg	3 kg	2,45 kg	2,55 kg
Kupfer	60 %	70 %	66 %	73 %	77 %	78 %	68 %
Zink	40 %	30 %	34 %	27 %	23 %	22 %	32 %

3. 75 g; 84 g; 102 g; 149 g **4.** 11,5 % **5.** 5 kg **6.** 2,5 g **7.** 70 % **8.** 500 g

9. 38 % **10.** 668,50 € **11.** 9 € **12.** 5 % **13. a)** 450 € **b)** 522 €

e 47 **14.** 105 € **15.** 7,15 *l* **16.** 288 € **17.** 30 % **18.** 425 500 € **19.** 1,6 ‰

20. Beide Modelle kosten ohne MwSt. 575 €, mit MwSt. 667 €. **21.** 151,9 *l* **22.** 525 € **23.** 800,42 €

e 48 **5 Zinsrechnung**

5.1 Jahreszinsen

1. 19,50 €; 32 €; 694,96 €; 33,32 €; 28,35 €; 390,32 €; 52,83 €; 204,75 €; 21,45 € **2.** 1350 € **3.** 2174 €

e 49 **4. a)** 14,40 € **b)** 734,40 € **5.** 3605 € **6.** 950 €; 1 315 €; 3 865 €; 18 650 €; 2 120 €; 700 €; 3 840 €; 36 000 €

7. 650 € **8.** 2 700 € **9.** 1 300 € **10.** 350 €

e 50 **11.** 2 %; 12,5 %; 8 %; 3,7 %; 6,5 %; 4,25 %; 12 %; 8,9 %

12. 1,8 % **13.** 5,5 % **14.** 8,2 % **15.** 2,25 %

5.2 Monatszinsen und Tageszinsen

1. a) $\frac{1}{2}$ Jahr **b)** $\frac{2}{3}$ Jahr **c)** $\frac{1}{12}$ Jahr **d)** $\frac{1}{18}$ Jahr

$\frac{1}{6}$ Jahr $\frac{3}{4}$ Jahr $\frac{1}{2}$ Jahr $\frac{5}{24}$ Jahr

2. 6 Monate; 2 Monate; 4 Monate; 8 Monate; 9 Monate; 10 Monate

3. 12 Tage; 15 Tage; 6 Tage; 30 Tage; 126 Tage; 3 Tage

4. 30 €; 36 €; 12 €; 5,40 €; 8,40 €; 33,60 €

e 51 **5. a)** 129,60 € **b)** 43,20 € **c)** 118,80 €; **d)** 5,76 € **e)** 81 €

6.

Jahreszinsen	49,92 €	67,50 €	275,40 €	60 €	201,60 €	198 €	27 €	59,72 €
Zinsen	16,64 €	39,38 €	229,50 €	55 €	99,68 €	155,65 €	3,60 €	49,77 €

7. 4 970 € **8.** 5,63 € **9.** 1 524,48 € **10.** 2 528,80 € **11.** 23 948,75 € **12.** 15,84 €

Seite 52 **13.** 1,50 € **14.** 49 944,72 € **15.** 95,55 €

16.

Jahreszinsen	60 €	23,76 €	63 €	108 €	224 €	336,60 €
Zinssatz	5 %	6 %	4,5 %	2,4 %	28 %	8,5 %

17. 2,5 % **18.** 6,5 % **19.** 5,9 % **20.** 9 %

Seite 53 **21.** 4,5 %

22.

Jahreszinsen	54 €	84 €	116 €	36 €	54 €	43,20 €	648 €
Kapital	600 €	1 200 €	1 450 €	900 €	1 200 €	864 €	13 500 €

23. 75 000 € **24.** 6 000 € **25.** 88 000 € **26.** 30 000 € **27.** 750 € **28.** 1 650 €

Seite 54 **29.**

Jahreszinsen	64,80 €	72 €	216 €	11,28 €	2 467,08 €	4 968 €
Zeit	9 Mon.	8 Mon.	8 Mon.	3 Mon.	7 Mon.	4 Mon.

30. 9 Monate

31.

Jahreszinsen	792 €	244,80 €	32,40 €	3 600 €	72 €	432 €
Zeit	20 Tage	100 Tage	70 Tage	25 Tage	85 Tage	50 Tage

32. 200 Tage **33.** 200 Tage **34.** 72 Tage **35.** 150 Tage

Seite 55 **5.3 Sachaufgaben zur Prozentrechnung**

1. 15,60 € **2.** 189 € **3.** 462 € **4.** 7 Monate **5.** 2,2 %

6. 12 000 € **7.** 70 Tage **8.** 8 % **9.** 75 600 € **10.** 9,6 %

11. 3 000 € **12. a)** 55,80 € **b)** 18 % **13.** 12 % **14.** 14 % **15.** 5 Monate

Seite 56 **6 Positive und negative rationale Zahlen**

6.1 Grundbegriffe

1. a) $(-7) < (-4)$; $(+7) > (+4)$; $(-7) < (+4)$
b) $(+2) > (-2)$; $(+6) > 0$; $0 < (+5)$
c) $(-30) > (-35)$; $(-23) < (+23)$; $(+18) > (-18)$
d) $(-110) < (-100)$; $(-124) > (-125)$; $(-170) > (-200)$

2. a) $(-7) < (-6) < -5$; $(-13) < (-12) < (-11)$; $(-10) < (-9) < (-8)$; $(-1) < 0 < (+1)$;
$(+8) < (+9) < (+10)$; $(+4) < (+5) < (+6)$; $(-2) < (-1) < 0$

b) $0 < (+1) < (+2)$; $(-31) < (-30) < (-29)$; $(+7) < (+8) < (+9)$; $(+21) < (+22) < (+23)$;
$(-18) < (-17) < (-16)$; $(-84) < (-83) < (-82)$; $(+99) < (+100) < (+101)$

3. a) (+6), (+4), (+2), 0, (−2), (−4), (−6), (−8) **b)** (+5), (+2), (−1), (−4), (−7), (−10), (−13), (−16)
c) (−9), (−5), (−1), (+3), (+7), (+11), (+15), (+19) **d)** (−17), (−12), (−7), (−2), (+3), (+8), (+13), (+18)

4. a) $(-1) < (-\frac{1}{2}) < 0$; $(-3) < (-2{,}5) < (-2)$; $0 < (+0{,}5) < (+1)$; $(+1) < (+1\frac{1}{2}) < (+2)$; $(-2) < (-1{,}5) < (-1)$
b) $0 < (+\frac{1}{2}) < (+1)$; $(-1) < (-0{,}5) < 0$; $(-4) < (-3{,}5) < (-3)$; $(+2) < (+2{,}5) < (+3)$; $(-2) < (-1\frac{1}{2}) < (-1)$

5. a) $(-4) < (-3{,}5)$; $(-7) < (-1{,}5)$; $(+9) > (+0{,}5)$
b) $(+5) > (-\frac{1}{2})$; $(+1{,}5) > (-4)$; $(-2\frac{1}{2}) < (+1)$
c) $(-6{,}5) < (+\frac{1}{2})$; $(-1\frac{1}{2}) < (-\frac{1}{2})$; $(+3{,}5) > 0$
d) $(-\frac{3}{4}) < (-\frac{1}{2})$; $(-1{,}2) > (-1{,}5)$; $(-6{,}4) < (+1{,}2)$

te 57 **6. a)** (−3,5) < (−1,5) < 0 < (+5) **b)** (−4) < (−1,5) < 0 < (+3,5)

c) $(-1\frac{1}{2}) < (-\frac{1}{2}) < (+\frac{1}{2}) < (+2\frac{1}{2})$ **d)** (−5) < (−3,7) < (−3,6) < (+2,9)

e) (−2,7) < (−0,75) < (+0,5) < (+2,1) **f)** (−1,3) < (−0,4) < (+0,3) < (+1,9)

6.2 Rechnen mit rationalen Zahlen

1. a)	(+8)	**b)** (+3)	**c)** (+2)	**d)** (+12)	**2. a)**	(−12)	**b)** (+83)	**c)** (−2,3)	**d)** (+1,2)
	(+3)	(+1)	(+1)	(+6)		(+2)	(−8)	(+9,5)	(+1,5)
	(+5)	(−3)	(−7)	(−3)		(−17)	(−135)	(−6,8)	(−2,2)

3. a)	(−11)	**b)** (+28)	**c)** (−4)	**d)** (−1,8)
	(−13)	(−56)	(+2)	(−16,5)
	(+7)	(+6)	(+4,1)	(+22,5)

4. a) (−10) **b)** (+7) **c)** (−5) **d)** (+38) **e)** (−4,5) **f)** (−5,5)

5. a)	(−15)	**b)** 0	**c)** (−35)	**d)** (−18)	**6. a)**	(+3,6)	**b)** (−8,4)	**c)** (+3)	**d)** (−6,8)
	(−15)	(+32)	(+56)	(+36)		(−3,6)	(−8,4)	(+1,5)	(+2,5)
	(−21)	(−8)	0	(+54)		(+3,6)	(+8,4)	(−10)	(−3,9)
						(−3,6)	(+8,4)	(−7,5)	(+14,7)

te 58

7. a)	(+4)	**b)** (+7)	**c)** (+6)	**d)** (−9)	**8. a)**	(+0,9)	**b)** (−3)	**c)** (+0,6)	**d)** (+4)
	(−4)	(+7)	(−6)	(+9)		(−0,9)	(+3)	(+0,7)	(+6)
	(+4)	(−7)	(+6)	(+9)		(+0,9)	(+3)	(−0,7)	(−9)
	(−4)	(−7)	(−6)	(−9)		(−0,9)	(−3)	(−0,7)	(−6)

9. a)	(−6)	**b)** (+43)	**c)** (+17)	**10. a)**	(−23)	**b)** (−3)
	(−41)	(−19)	(−58)		(+26)	(+9)
	(−25)	(+19)	(−20)		(−4)	(+4)

11. a)	(−14)	**b)** (+8)	**12. a)**	(−4)	**b)** (−4)	**13. a)**	(−3)	**b)** (+2)
	(+12)	(+5)		(+3)	(+4,12)		(+0,88)	(+7)
	(+12)	(−3)		(−6)	(−1,6)		(−8)	(+8)
	0	(−2)		(−4,2)	(−1,5)		(+0,99)	(−1,8)

14. a)	0	**b)** $(-\frac{1}{6})$	**c)** $(-1\frac{1}{2})$
	$(+\frac{1}{6})$	$(-1\frac{1}{2})$	$(+\frac{3}{5})$
	0	0	$(+\frac{2}{3})$

e 59

7 Potenzen und Wurzeln

1. a) 8 **b)** 100 **c)** 243 **d)** 64 **e)** 125 **f)** 10 000 **g)** 1

2. a) $4^3 = 64$; $5^2 = 25$; $10^3 = 1000$; $1^3 = 1$; $8^3 = 512$ **b)** $2^7 = 128$; $3^3 = 27$; $7^3 = 343$; $3^5 = 243$

3. a) 4; 25; 36; 100; 144; 256; 324; 400 **b)** 3^2; 4^2; 7^2; 8^2; 11^2; 17^2; 21^2; 25^2

4. a) 8 < 9 **b)** 81 > 64 **c)** 25 < 32 **d)** 125 < 243 **e)** 16 = 16

5. a) $1\,000\,000 = 10^6$ **b)** $100\,000 = 10^5$ **c)** $1\,000\,000\,000 = 10^9$

d) $10\,000\,000 = 10^7$ **e)** $10\,000 = 10^4$

6. a) $2 \cdot 10^5$; $3 \cdot 10^4$; $5 \cdot 10^7$; $8 \cdot 10^7$ **b)** $9 \cdot 10^2$; $4 \cdot 10^4$; $8 \cdot 10^3$; $7 \cdot 10^{10}$ **c)** $13 \cdot 10^3$; $24 \cdot 10^6$; $85 \cdot 10^9$

7. a) 7 000; 8 000 000; 40 000 000; 2 000 000 000 **b)** 13 000; 2 400 000; 38 000 000 000; 71 000 000

e 60 **8. a)** $3{,}6 \cdot 10^5$ **b)** $2{,}5 \cdot 10^4$ **c)** $4{,}3 \cdot 10^6$ **d)** $6{,}5 \cdot 10^9$ **e)** $3{,}7 \cdot 10^{12}$

9. a) 6400 **b)** 7 200 000 **c)** 180 000 **d)** 2 300 000 000
e) 3 900 000 **f)** 6 400 000 **g)** 5 500 000 000 **h)** 1 200 000 000 000

10. a) $6{,}2 \cdot 10^6$; $3{,}8 \cdot 10^3$ **b)** $7{,}3 \cdot 10^9$; $1{,}4 \cdot 10^5$ **c)** $7{,}2 \cdot 10^6$; $1{,}4 \cdot 10^9$ **d)** $1{,}2 \cdot 10^6$; $6{,}2 \cdot 10^5$

11. a) $3 \cdot 10^5 \frac{\text{km}}{\text{s}}$ **b)** $3{,}8 \cdot 10^5$ km **c)** $1{,}5 \cdot 10^8$ km
d) $7{,}0 \cdot 10^5$ km **e)** $1{,}4 \cdot 10^6$ km **f)** $22 \cdot 10^9\ \text{km}^3$

12. a) $300\,000\,000 \frac{\text{m}}{\text{s}}$ **b)** $530\,000\,000\ \text{km}^2$ **c)** $31\,000\,000\ \text{km}^2$ **d)** $11\,000\,000\ \text{km}^2$

13. $\frac{1}{1000} = 0{,}001$; $\frac{1}{10\,000} = 0{,}000\,1$; $\frac{1}{100\,000} = 0{,}000\,01$;
$\frac{1}{10\,000\,000} = 0{,}000\,000\,1$; $\frac{1}{100\,000\,000} = 0{,}000\,000\,01$; $\frac{1}{100\,000\,000\,000} = 0{,}000\,000\,000\,01$

14. 10^{-2}; 10^{-4}; 10^{-6}; 10^{-8}; 10^{-1}

15. a) 0,08; 0,000 03; 0,000 009; 0,000 000 5 **b)** 0,031; 0,000 042; 0,18; 0,002 9

16. a) $3 \cdot 10^{-2}$; $4 \cdot 10^{-3}$; $7 \cdot 10^{-4}$; $8 \cdot 10^{-5}$; $5 \cdot 10^{-1}$ **b)** $6{,}4 \cdot 10^{-2}$; $3{,}7 \cdot 10^{-3}$; $7{,}5 \cdot 10^{-5}$; $8{,}6 \cdot 10^{-6}$

Seite 61 **7.2 Quadratwurzeln und Kubikwurzeln**

1. a) 1 m **b)** 2 m **c)** 3 m **d)** 5 m **e)** 9 m **f)** 11 m **g)** 12 m h) 20 m

2.

a	6 m	**8 m**	10 m	**25 m**	13 m	**15 m**	50 m	**18 m**
a^2	**36 m²**	64 m²	**100 m²**	625 m²	**169 m²**	225 m²	**2500 m²**	324 m²

3. a) 1 m **b)** 2 m **c)** 3 m **d)** 4 m **e)** 10 m

4.

a	2 cm	**5 cm**	6 cm	10 cm	**7 cm**	**9 cm**	4 cm	**8 cm**
a^3	**8 cm³**	125 cm³	**216 cm³**	**1000 cm³**	343 cm³	729 cm³	**64 cm³**	512 m³

5. a) 2; 1; 10 **b)** 9; 12; 7 **c)** 11; 30; 12 **d)** 14; 15; 20

6. a) 2; 4; 10 **b)** 5; 6 **c)** 8; 9; 1 **d)** 3; 20

Seite 62 **7. a)** 4,24; 6,56; 12,25; 14,70 **b)** 63,25; 27,17; 18,87; 90,09 **c)** 5; 15,81; 50; 158,11 **d)** 500; 707,11

8. a) 2,57; 3,39; 4,16 **b)** 6,01; 7,98; 4,64 **c)** 2; 4,31; 9,28 **d)** 20; 43,09; 92,83

9. 11,2 cm **10.** 12,05 m **11.** 14,2 cm **12.** 56,4 cm

Seite 63 **8 Gleichungen**

8.1 Rechnen mit Variablen

1. a) 7 x **b)** 7 y **c)** 9 a **2. a)** 28 **b)** 35 **c)** 54

3. a) 2 x + 3 x = 5 x **b)** 3 a + 3 a = 6 a **c)** y + 2 y + 3 y = 6 y

4. a) 11 x **b)** y **c)** 6 a **d)** 4 z
10 x 4 y 6 a 3 z

5. a) 20 **b)** 11 **c)** 20 **d)** 15 **e)** 12
8 14 10 5 18

Seite 64 **6. a)** 3 x + 5 **b)** 4 + 3 x **c)** 10 x – 8
6 x + 10 15 + 3 x 6 x + 2

7. a)	2 x + 2 y	**b)**	4 a + 18 b	**c)**	9 x + y + 2		
	16 a + 2 b		4 x + 9 y		11 b + a – 4		
	u – 2 v		12 u – 4 v		3 x + 7 y + 7		
	10 s + 6 t		7 s + 2 t		4 x – 6 y + 10		

8. a)	13 x	**b)**	4 b	**c)**	6 y
	12 a		2 u		8 v
	r		a		11 b
	11 z		0		14 z

9. a)	20 + 4 x	**b)**	5 y – 12	**c)**	7 x + 3
	10– 2 y		8 a		13– 5 b
	22 x– 20		b + 4		1 + 3 a

10. a)	2 x + 10	**b)**	2 x – 8	**c)**	5 u + 5 v	**d)**	6 x – 4 y
	7 a + 14		21 – 3 b		3 x – 3 y		14 – 21 y
11. a)	10 x	**b)**	8 x	**c)**	14 x	**d)**	18 x
	21 x		40 x		20 x		16 x
12. a)	2 x	**b)**	3 x	**c)**	4 a		
	5 x		5 x		2 a		
13. a)	28 + 4 x	**b)**	4 – 2 x	**c)**	24 – 5 x	**d)**	33 – 4 x
	22 + 2 x		33 – 3 x		7 + 2 x		34 + 8 x

te 65 **8.2 Lösen von Gleichungen**

1. a)	14	**b)**	22	**c)**	4,4	**d)**	9,8
	22		32		5,9		12,2
	10		46		3,5		7,2
2. a)	$\frac{1}{4}$	**b)**	$1\frac{3}{4}$	**c)**	$\frac{3}{4}$	**d)**	$1\frac{1}{4}$
	$\frac{1}{3}$		$\frac{1}{2}$		$\frac{1}{2}$		$1\frac{1}{6}$
3. a)	12	**b)**	12	**c)**	2,6	**d)**	4,2
	14		23		1,4		2,5
	29		25		0,7		2,6
4. a)	$\frac{1}{4}$	**b)**	$\frac{1}{4}$	**c)**	$\frac{5}{6}$	**d)**	$\frac{3}{4}$
	$\frac{1}{2}$		$\frac{1}{2}$		$1\frac{1}{8}$		$\frac{1}{2}$
5. a)	8	**b)**	9	**c)**	16	**d)**	3
	2		4		28		2
	5		4		60		3
	9		9		98		6
6. a)	8	**b)**	3	**c)**	8	**d)**	$2\frac{1}{4}$
	3		4		10		$\frac{2}{3}$
	8		3		16		$1\frac{3}{7}$
	9		5		42		$\frac{3}{10}$
7. a)	5	**b)**	$\frac{1}{2}$	**c)**	5		
	4		$\frac{1}{2}$		9		
	9		$\frac{1}{3}$		6		
	8		$\frac{2}{3}$		8		

Seite 66 **8. a)** 16, 36, 120 **b)** 1, 0, $2\frac{1}{2}$ **c)** 3, 4, 7

9. a) 1, 4, 8, 7 **b)** 1, 2, 2, 5 **c)** 3, 2, 3, 4

8.3 Rechnen mit Formeln in der Geometrie

1. 9 cm **2.** 17 m **3.** 11 cm **4.** 7 cm **5.** 13 cm

6. 17 cm **7.** 25 m **8.** 12 cm **9.** 72 m

Seite 67 **10.** 25 m **11.** 9,6 cm **12.** 6,5 cm **13.** 15 cm **14.** 15,5 cm **15.** 8 cm

16. 100 cm **17.** 6 cm **18.** 3 cm **19.** 3 cm **20.** 17 m **21.** 2 cm

Seite 68 **22.** 5 cm **23.** r = 2,5 m; A = 19,63 m^2 **24.** 10 cm **25.** 6 cm **26.** 6 cm **27.** 15 cm

28. 7 cm **29.** 9 cm **30.** 0,8 m **31.** 9,6 cm **32.** 8 cm **33.** 6 cm **34.** 25 cm

Seite 69

8.4 Rechnen mit Formeln in der Prozent- und Zinsrechnung

1. 133 Schülerinnen und Schüler **2.** 220 Fahrräder **3.** 65 %

4.

G	27 000 €	**1 900 €**	2 880 €	3 250 €	**1 220 €**	980 €
$\frac{p}{100}$	7 %	3,8 %	**4,5 %**	3,4 %	3,6 %	**2,5 %**
p	**1 890 €**	72,20 €	129,60 €	**110,50 €**	56,12 €	24,50 €

5. 4 % **6.** 556,25 € **7.** 4 Monate **8.** 3 750 €

9.

K	2 800 €	7 500 €	4 550 €	**3 700 €**	7 280 €	2 700 €
$\frac{p}{100}$	3 %	**6 %**	2,4 %	3,9 %	**2,5 %**	4,2 %
i	$\frac{3}{4}$ Jahr	8 Monate	7 Monate	4 Monate	234 Tage	$\frac{3}{4}$ Jahr
Z	**63 €**	300 €	**63,70 €**	48,10 €	118,30 €	85,05 €

Seite 70

9 Geometrie

9.1 Grundkonstruktionen mit Geodreieck, Zirkel und Lineal

Seite 71 **7.** $\sphericalangle$ a b = 50° $\sphericalangle$ a c = 115° $\sphericalangle$ a d = 150°
$\sphericalangle$ b c = 65° $\sphericalangle$ b d = 100° $\sphericalangle$ c d = 35°

Seite 72 –

Seite 73

9.2 Konstruktion von Vierecken

1. c) und **e)** sind Quadrate **2.** Es entsteht immer ein Rechteck, in **a)** und **d)** sogar ein Quadrat. **3.** – **4.** –

Seite 74 **5.** – **6.** Nur **e)** ist eine Raute. **7.** – **8. b)** und **d)** sind gleichschenklige Trapeze. **9.** –

Seite 75

9.3 Konstruktion von Dreiecken

1. –

Seite 76 **2.** Besondere Dreiecke sind: **c)** gleichseitig, **e)** gleichschenklig

3. Sonderformen bei **b)** (rechtwinklig), **c)** (gleichseitig), **e)** (gleichschenklig)

4. – **5.** γ = 116°; ohne Zeichnung **6.** – **7.** 7

9.4 Berechnungen an Vierecken

1. a) u = 20 cm; A = 21 cm² **b)** u = 42 cm; A = 90 cm² **c)** u = 48 cm; A = 144 cm² **d)** u = 126 mm; A = 686 mm²

2. 25 m

e 77 **3. a)** 16 m, 14 m, 16 m **b)** 224 m² **4.** 12 cm **5. a)** Carla: 6 cm; Eva: 3 cm **b)** Carla: 36 cm²; Eva: 9 cm²

6.

a	8 cm	4 cm	**12 mm**	1,3 m	6 dm	**6 cm**	**9,5 km**	0,36 m
b	2,5 cm	**4 cm**	8 mm	**1,50 m**	**8 dm**	22 cm	8,4 km	**0,85 m**
A	**20 cm²**	16 cm²	96 mm²	1,95 m²	**48 dm²**	**132 cm²**	79,8 km	**0,306 m²**
u	**21 cm**	**16 cm**	**40 mm**	**5,60 m**	28 dm	56 cm	**35,8 km**	2,42 m

7. a) 150 cm **b)** 1 350 cm² **8.** 195,051 m² **9.** 7,60 m

10. a) 8 000 m² **b)** 374 m **11. a)** 34,65 m² **b)** 22,50 m **12.** 80 cm

13.

a	26 mm	1,75 m	0,12 m	35 m	**4,6 cm**	**2,50 m**	38 cm
b	3,5 cm	64 cm	**8 cm**	**55 m**	7,5 cm	64 cm	**7,50 m**
A	**9,1 cm²**	**1,12 m²**	96 cm²	**1 925 m²**	**34,5 cm²**	1,6 m²	2,85 m²
u	**12,2 cm**	**4,78 m**	**40 cm**	180 m	24,2 cm	**6,28 m**	**15,76 m**

e 78 **14.**

Figur	a)	b)	c)	d)	e)	f)
u	22,8 cm	23,2 cm	21 cm	21,2 cm	30 cm	22,4 cm
A	25,2 cm²	29,82 cm²	26,4 cm²	18,02 cm²	54 cm²	18,72 cm²

15. a) 45 cm² **b)** 2 480 cm² **c)** 1 710 mm² **d)** 1,2 m² **16.** 787,5 m² **17.** 35 m

18.

a = g	14 cm	2,50 m	18 cm	**4,20 m**	16 dm	**55 mm**	25 cm
b	**12 cm**	**3,50 m**	18 cm	3,75 m	17,5 dm	**55 mm**	**25 cm**
h	**10 cm**	**2 m**	12 cm	3,50 m	**16 dm**	48 mm	22 cm
A	140 m²	5 m²	**216 cm²**	14,7 m²	256 dm²	2 640 mm²	**550 cm²**
u	52 cm	12 m	**72 cm**	**15,90 m**	**67 dm**	220 mm	100 cm

e 79 **19.**

Figur	a)	b)	c)	d)	e)
u	15,3 cm	20,3 cm	25,2 cm	42,9 cm	23,9 cm
A	12 cm²	12 cm²	38,5 cm²	106,25 cm²	28,4 cm²

20. 8 840 m²; 1 760 cm²; 3,43 m²; 279,5 cm²; 575 mm²; 1,608 m²; 1,08 m²

21.

a	7 cm	6,4 m	69 cm	9 mm	**6 m**	6,3 dm	**5,60 m**
c	4 cm	3,8 m	47 cm	**5 mm**	3 m	**3,1 dm**	4,20 m
h	**10 cm**	4,50 m	**38 cm**	8 mm	4 m	5,4 dm	3,00 m

22. 58,38 m² **23.** 12 m

Seite 80 **9.5 Berechnungen an Dreiecken**

1.

Figur	**a)**	**b)**	**c)**	**d)**	**e)**	**f)**	**g)**
u	12,6 cm	19,8 cm	11,1 cm	15,7 cm	10,8 cm	17,8 cm	20,6 cm
A	7,05 cm^2	18,36 cm^2	5,46 cm^2	9 cm^2	5,4 cm^2	10,8 cm^2	12,8 cm^2

2. 10,5 cm^2; 14,88 cm^2; 790 mm^2; 82 mm^2; 0,459 m^2; 2,125 dm^2 **3.** 2,30 m **4.** 4,6 cm **5.** u = 25,2 cm A = 26,46 cm^2

6.

g	4,5 cm	6 cm	**25 cm**	32 mm	**8 m**	43 mm	25 cm
h	2,2 cm	**8 cm**	4 cm	2,4 cm	0,7 m	**16 mm**	**18 cm**
A	**4,95 cm^2**	24 cm^2	50 cm^2	**3,84 cm^2**	2,8 m^2	3,44 cm^2	225 cm^2

7. g = 12 cm

Seite 81 **9.6 Flächeninhalt von Vielecken**

1. a) 144 cm^2 **b)** 128 cm^2 **c)** 156 cm^2 **d)** 232 cm^2 **e)** 47,25 cm^2 **2. a)** 6 800 m^2 **b)** 4 524 m^2

Seite 82 **9.7 Berechnungen am Kreis**

1. a) u = 25,12 cm; A = 50,24 cm^2
u = 16,96 cm; A = 22,89 cm^2
u = 47,1 cm; A = 176,63 cm^2

b) u = 75,36 m; A = 452,16 m^2
u = 31,4 m; A = 78,5 m^2
u = 11,30 m; A = 10,17 m^2

c) u = 87,92 mm; A = 615,44 mm^2
u = 43,96 mm; A = 153,86 mm^2
u = 175,84 mm; A = 2461,76 mm^2

d) u = 5,09 m; A = 2,06 m^2
u = 15,20 m; A = 18,39 m^2
u = 11,78 m; A = 11,04 m^2

e) u = 19,78 cm; A = 31,16 cm^2
u = 23,55 cm; A = 44,16 cm^2
u = 6,594 cm; A = 3,46 cm^2

2. a) r = 4 cm A = 50,24 cm^2 **b)** r = 2,5 cm A = 19,63 cm^2 **c)** r = 3,5 cm A = 38,47 cm^2 **d)** r = 8,5 cm A = 226,87 cm^2 **e)** r = 13 cm A = 530,66 cm^2

3. r = 0,16 m **4.** 94 Pflanzen **5.** 7 m

6. a) r = 4 m u = 25,12 m **b)** r = 5 m u = 31,4 m **c)** r = 1,5 m u = 9,42 m **d)** r = 2,3 m u = 14,444 m **e)** r = 3,5 m u = 21,98 m

7. 0,56 m **8.** 16 m

9.

r	16 mm	**4,5 m**	**2 cm**	**2 m**	2,65 m	**6,50 m**	0,50 m
u	**100,48 mm**	28,26 m	**12,56 cm**	12,56 m	**16,64 m**	40,82 m	3,14 m
A	**803,84 mm^2**	**63,59 m^2**	12,56 cm	**12,56 m^2**	**22,05 m^2**	**132,67 m^2**	**0,79 m^2**

10. 1 962,5 cm^2 **11.** 157 Pflanzen **12.** 1,59 m

Seite 83 **13. a)** 213,5 cm **b)** 468 Umdrehungen **14.** 50,24 cm^2 **15.** 1,22 cm^2 **16.** 4,90 m^2

17.

b	3,49 cm	2,44 cm	2,51 cm	5,58 cm	5,65 cm	69,08 mm
A	8,72 cm^2	2,44 cm^2	5,02 cm^2	17,86 cm^2	7,63 cm^2	1519,76 mm^2

18.

r	2 cm	3,6 cm	3 m	**6 cm**	10 m	**6 m**	2,5 cm
d	45°	80°	**90°**	50°	**45°**	60°	100°
b	**1,57 cm**	**5,02 cm**	**4,71 m**	**5,23 cm**	7,85 m	6,28 m	**4,36 cm**
A	**1,57 cm^2**	**9,04 cm^2**	7,065 m^2	15,7 cm^2	**39,25 m^2**	**18,84 m^2**	5,45 cm^2

19. a) 60° **b)** 75,36 m^2

te 84 **9.8 Sachaufgaben zu ebenen Figuren**

1. 66,25 m^2 **2.** 2,4 m **3.** 64 **4.** 154 **5.** 1 276 € **6.** 3 260 cm^2

7. a) 18 m, 19 m, 18 m **b)** 148 **8.** 800 **9.** 123,12 m^2 **10. a)** 167,2 m^2 **b)** 2 007

11. Quadrat: u = 24,8 cm; A = 38,44 cm^2 Rechteck: u = 37,2 cm; A = 76,88 cm^2

12. Dreieck: u = 15 cm; A = 10,75 cm^2 Raute: u = 20 cm; A = 21,5 cm^2

13. 1,77 m^2 **14.** u = 23,55 m A = 44,16 m^2

te 85 **15.** 9 cm **16. a)** 45,2 cm (22,6 cm; 11,3 cm; 3,8 cm) **b)** 40,69 cm^2 (17,28 cm^2; 8,64 cm^2)

17. a) 3,86 m **b)** 9650 m < 10 km **18.** 32 cm **19.** 38,43 m^2 **20.** 1 177,5 cm^2 **21.** 36,34 cm^2 **22.** b = 4,71 cm; A = 21,20 cm^2

te 86 **9.9 Satz des Pythagoras**

1. a) c = 13 cm **b)** c = 17,2 cm **c)** a = 15,2 cm **d)** a = 8,0 cm **e)** b = 9,7 cm

2. c) c = 10 cm **b)** b = 4 cm **c)** c = 11,4 cm **d)** a = 10,2 cm

3. a) 7,21 m **b)** 5,83 m **c)** 5,66 m **4.** ② und ⑤ sind nicht rechtwinklig.

5. a) d = 21,2 cm **b)** d = 19,8 cm **c)** 989,95 m **d)** d = 96,87 m **e)** d = 44,12 m

6. a) 8,5 cm **b)** 13 cm **c)** 7,301 km **d)** 60 mm **e)** 55 mm

7. a) b = 3 cm **b)** b = 12 cm **c)** b = 4,5 cm **d)** a = 84 m **e)** b = 7,06 m

8. a) 85,4 cm **b)** Flächendiagonale: 49,5 cm; Raumdiagonale: 60,6 cm **c)** 36,1 cm

e 87 **10 Darstellen und Berechnen von Körpern**

10.1 Schrägbilder und Netze

1. – **2.** – **3.** – **4.** – **5.** – **6.** –

e 88 **7.** – **8.** –

e 89 **9.** – **10.** – **11.** – **12.** –

13. Dreieckssäule: ③; Dreieckspyramide: ②; Quadratpyramide: ④; Trapezsäule: ① **14.** –

e 90 **10.2 Quader**

1. a) O = 232 cm^2; V = 224 cm^3 **b)** O = 636 mm^2; V = 1 080 mm^3 **c)** O = 98 m^2; V = 60 m^3 **d)** O = 46 dm^2; V = 16,8 dm^3

2. a) V = 0,492 m^3; O = 4,58 m^2 **b)** V = 3,57 m^3; O = 15,805 m^2 **c)** V = 4,758 m^3; O = 20,248 m^2 **d)** V = 0,432 m^3; O = 3,846 m^2

3. a) 103,74 cm^3 **b)** 247,689 cm^3 **c)** 388,019 m^3 **d)** 197,025 m^3

4. a) 86,22 cm^2 **b)** 117,82 cm^2 **c)** 34,21 m^2 **d)** 119,39 m^2

e 91 **5. a)** V = 64 cm^3; O = 96 cm^2 **b)** V = 3 375 mm^3; O = 1 350 mm^2 **c)** V = 12,167 dm^3; O = 31,74 dm^2 **d)** V = 12,813 m^3; O = 32,85 m^2

6. a) 5 cm **b)** 4 cm **c)** 6 dm **d)** 0,5 m

7. b = 5 cm; a = 3 cm; c = 4 cm; c = 2,8 cm; b = 3 m; c = 6 m

8.

a	12 cm	7,2 cm	**5,50 m**	3,48 cm	1,28 cm	1,24 cm
b	4,5 cm	**5 cm**	1,25 m	**5 m**	**6,25 m**	3,55 cm
c	**6 cm**	3,5 cm	3,60 m	1,75 m	0,10 m	**1,50 m**
O	**306 cm²**	**157,4 cm²**	**62,35 m²**	**64,48 m²**	**17,506 m²**	**23,174 m²**

9. a) $V = 512\ cm^3$; $O = 384\ cm^2$ **b)** $V = 256\ cm^3$; $O = 256\ cm^2$ **10.** $V = 686\ cm^3$; $O = 490\ cm^2$

11. a) achtmal so groß **b)** viermal so groß **12.** $144\ m^3$

13. 72 *l* **14. a)** $10\,400\ cm^3$ **b)** 104 *l* **15.** $409,5\ m^3$

Seite 92 **16. a)** $1,5\ m^2$ **b)** $1,3\ m^2$ **c)** $1,08\ m^2$ **d)** $1,795\ m^2$ **17.** $0,374\ m^2$

18. a) $249,6\ m^3$ **b)** $38,4\ m^3$ **19.** $21\ m^3$ **20.** 3,50 m

10.3 Säulen

1. a) $O = 96\ cm^2$, $V = 42\ cm^3$ **b)** $O = 301,08\ cm^2$, $V = 182,52\ cm^3$ **c)** $O = 698,4\ cm^2$, $V = 734,4\ cm^3$ **d)** $O = 491,4\ cm^2$, $V = 323,4\ cm^3$

Seite 93 **2. a)** $V = 191,52\ cm^3$, $O = 258,72\ cm^2$ **b)** $V = 259,2\ m^3$, $O = 340,56\ m^2$ **c)** $V = 20,4\ cm^3$, $O = 65,1\ m^2$ **d)** $V = 59,813\ dm^3$, $O = 134,57\ dm^2$

3. $V = 3,84\ m^3$; $O = 22,08\ m^2$ **4.** $V = 1,122\ m^3$; $O = 7,598\ m^2$ **5.** $2,25\ m^3$

6. $V = 210,8\ cm^3$; $G = 14,5\ cm^2$; h = 9 cm; $G = 6,4\ cm^2$; h = 11,5 m; $G = 255\ m^2$

7. $V = 156\ cm^3$; $O = 196,2\ cm^2$

8. a) $V = 216\ cm^3$ **b)** Schenkellänge: 6,7 cm; $O = 277,5\ cm^2$

9. a) $V = 312\ cm^3$ **b)** Schenkellänge: 4,7 cm; $O = 293,31\ cm^2$

10. a) $V = 1\,470\ cm^3$ **b)** Seitenlänge: 7,1 cm; $O = 998,97\ cm^2$

Seite 94 **10.4 Zylinder**

1. a) $V = 197,82\ cm^3$, $O = 188,4\ cm^2$ **b)** $V = 530,66\ cm^3$, $O = 428,61\ cm^2$ **c)** $V = 16,956\ m^3$, $O = 36,738\ m^2$ **d)** $V = 47\,081,16\ mm^3$, $O = 7\,253,4\ mm^2$

2.

r	7,2 cm	**4 cm**	3 m	0,5 m	24 cm	**10 cm**
d	**14,4 cm**	8 cm	**6 m**	1 m	48 cm	**20 cm**
h	11,5 cm	**8 cm**	5 m	7,5 m	1 cm	8 cm
V	**1 855,665 cm³**	401,92 cm³	141,3 m³	**5,888 m³**	1 808,64 cm³	2 512 cm³
M	**515,46 cm²**	200,96 cm²	94,2 m²	23,55 m²	150,72 cm²	502,4 cm²
O	**841,02 cm²**	301,44 cm²	150,72 m²	25,12 m²	3 768 cm²	1 130,4 cm²

3. a) 0,508 *l* **b)** 17,7 cm **4.** $568,74\ cm^2$ **5.** 5 cm

Seite 95 **6.** 215,875 ml **7.** $188,4\ cm^2$ **8. a)** $3,462\ cm^3$ **b)** 27,176 g

9. $V = 2,412\ cm^3$ Eine Silbermünze mit diesem Volumen wiegt 25,3 g.

10. a) O = 13 246,62 mm² V = 81 391,94 mm³ **b)** O = 8221,18 mm² V = 36 094,3 mm³ **c)** O = 8745,52 mm² V = 42 003,78 mm³ **d)** O = 8038,4 mm² V = 30 144 mm³

e 96 **10.5 Pyramide**

1. a) V = 213,333 cm³ O = 236,8 cm² **b)** V = 33,333 m³ O = 72,2 cm² **c)** V = 161,728 dm³ O = 197,6 dm² **d)** V = 20 697,333 mm³ O = 5 016 mm²

2. a) 40,6 cm³ **b)** 52,2 cm³ **c)** 31,9 cm³ **d)** 111,215 cm³

3. a) h_a = 5 cm, O = 96 cm², V = 48 cm³ **b)** h_a = 13 m, O = 360 m², V = 400 m³ **c)** h_a = 15,5 dm, O = 312 dm², V = 320 dm³

4. a) h_a = 5 cm, h_b = 3,9 cm, O = 99,5 cm², V = 40 cm³ **b)** h_a = 10 m, h_b = 8,54 m, O = 243,26 m², V = 192 m³ **c)** h_a = 6,95 dm, h_b = 7,81 dm, O = 196,73 dm², V = 140 dm³

5. V = 101,43 cm³; h = 6 m; b = 7,5 dm; a = 54 mm; b = 9 cm; a = 10,5 m

6. a) V = 3,12 m³ **b)** h_a = 2,39 m; h_b = 2,19 m; 9,996 m² **7. a)** V = 4,965 m³ **b)** 13,216 m²

e 97 **8. a)** Höhe der Seitendreiecke: 3,2 cm Oberfläche: 53,76 cm² **b)** Pyramidenhöhe: 2,1 cm, Volumen: 16,255 cm³

9. a) – **b)** h = 5,02 cm; Oberfläche: 58,27 cm² **10.** h_1 = 2,9 cm h_2 = 3,7 cm Oberfläche: 56,4 cm²

11. Kleine Pyramide: V = 60 cm³; Große Pyramide: V = 120 cm³ **12.** Kleine Pyramide: V = 75 cm³ Große Pyramide: V = 300 cm³

13. a) Höhe der Seitendreiecke: 7,45 m Dachfläche: 56,59 m² **b)** 7,69 m

14. a) – **b)** 4,68 m **c)** 3,82 m **d)** 37,115 m³

e 98 **10.6 Kegel**

1. a) 769,3 cm³ **b)** 18,84 m³ **c)** 150,72 dm³ **d)** 19,076 cm³

2. a) s = 14,4 cm, O = 995,59 cm², V = 1 205,76 cm³ **b)** s = 2,53 dm, O = 37,151 dm², V = 4,823 dm³ **c)** s = 8,19 m, O = 143,12 m², V = 109,727 m³ **d)** s = 52,5 mm, O = 13 773,7 mm², V = 57 226,5 mm³

3.

r	4,5 cm	3 cm	7 cm	**2,1 cm**	2,5 cm	2 cm
h	7 cm	**4,5 cm**	4,5 cm	2,8 cm	**6 cm**	4,8 cm
s	**8,3 cm**	5,4 cm	8,3 cm	3,5 cm	**6,5 cm**	5,2 cm
V	**148,365 cm³**	42,39 cm²	**230,79 cm³**	12,924 cm³	39,25 cm³	**20,096 cm³**

99 **4.** 129,885 m³ **5. a)** 2 128 cm³ **b)** 7 cm **c)** 20,7 cm

6. a) 109,3 ml **b)** 328 ml **7. a)** 14,309 m³ **b)** 24,69 m²

8. 256,86 m²

10.7 Kugel

1. a) V = 267,947 cm³ O = 200,96 cm² **b)** V = 179 503,333 mm³ O = 15 386 mm² **c)** V = 0,523 m³ O = 3,14 m² **d)** V = 3052,08 dm³ O = 1017,36 dm²

e) V = 229,731 cm³ O = 181,37 cm² **f)** V = 82,406 cm³ O = 91,56 cm² **g)** V = 8,177 m³ O = 19,63 m² **h)** V = 10 300,77 m³ O = 2289,06 m²

r	4 cm	**0,9 cm**	**5 m**	**15 m**	**6 cm**	**3 m**
d	**8 cm**	1,8 dm	**10 m**	**30 m**	**12 cm**	**6 m**
V	**267,947 cm³**	**3,052 dm³**	**523,333 m³**	**14 130 m³**	904,32 cm³	113,04 m³
O	**200,96 cm²**	**10,17 dm²**	314 m²	2 826 m²	**452,16 cm²**	**113,04 m²**

Seite 100 **3.** 125,7 g **4. a)** 5 572,5 m³ **b)** 1 519,8 cm² **5.** 11,2 *l* **6.** 90,68 m²

7. 5 m **8.** 6,13 m **9.** 723,5 g **10.** 125,6 kg

10.8 Zusammengesetzte Körper

1. a) 192 cm³ **b)** 260 cm³ **c)** 648 cm³ **2. a)** 224 cm² **b)** 308 cm² **c)** 543,6 cm²

3. V = 213,752 cm³; O = 137,42 cm² **4.** V = 23 800 cm³; Gewicht: = 188,02 kg

Seite 101 **5.** V = 536 000 cm³; Gewicht: = 1 447,2 kg **6.** V = 4 939,2 cm³; Gewicht: = 13,334 kg **7.** Gewicht: = 121,5 g

8. 52,84 m² **9. a)** 5 010 kg = 5,010 t **b)** 1 193,2 dm² = 11,932 m²

10. a) 386,848 cm³ **b)** 308,64 cm³ **c)** 290,136 cm³

11. a) 386,85 cm² **b)** 366,8 cm² **c)** 249,35 cm²

12. V = 10 666,667 cm³; O = 2 894, 43 cm² **13.** 15 619,4 cm³

Seite 102

10.9 Sachaufgaben aus der Geometrie

1. Eisenstab: 320 cm³ Rundstab: 251,2 cm³ **2.** 11,968 m³ **3.** 3,912 kg **4.** 0,486 m³

5. a) 1 261,44 m³ **b)** 588,4 m² **6.** 1 557,60 cm² **7.** 889,67 m³

8. a) 114,453 ml **b)** 5 cm **9.** 28 486,1 cm³ **10.** Kegel: 3 532,5 cm³ Halbkugel: 7 065 cm³

Formeln in der Geometrie

Quadrat

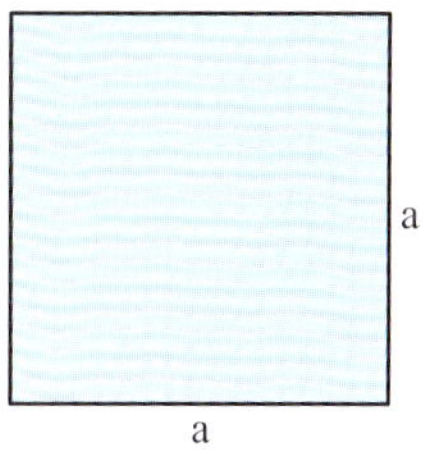

$A = a \cdot a$

$u = 4 \cdot a$

Rechteck

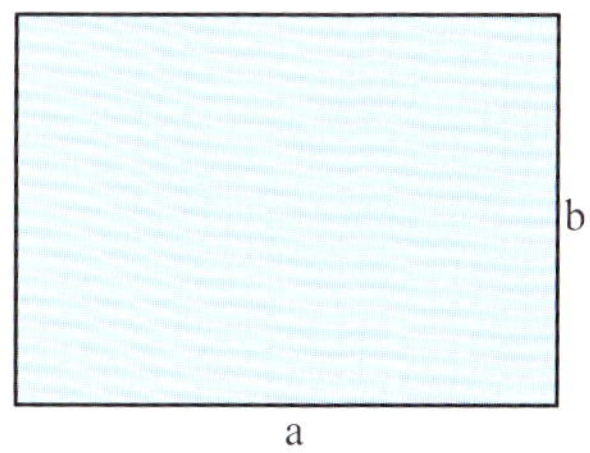

$A = a \cdot b$

$u = 2 \cdot a + 2 \cdot b$

$u = 2 \cdot (a + b)$

Parallelogramm

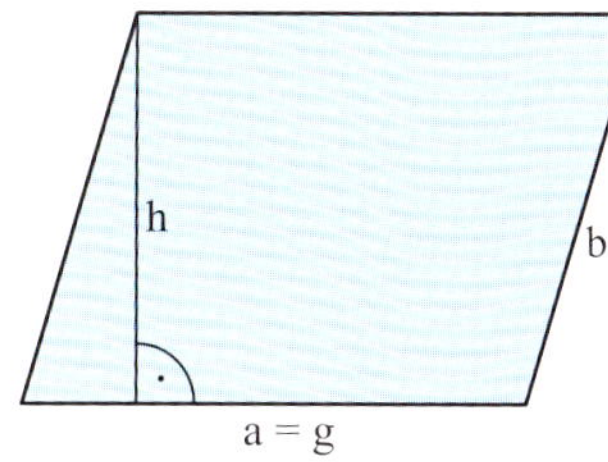

$A = g \cdot h$

$u = 2 \cdot a + 2 \cdot b$

$u = 2 \cdot (a + b)$

Trapez

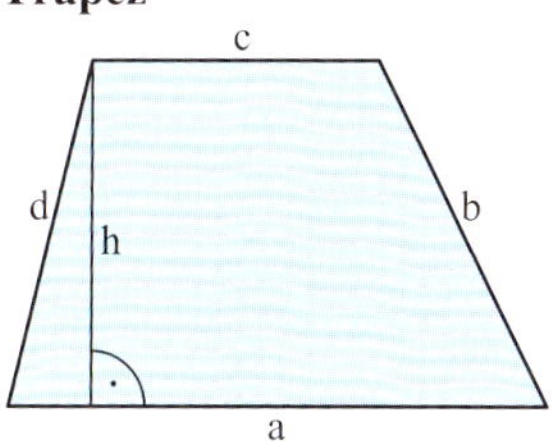

$$A = \frac{(a + c) \cdot h}{2}$$

$u = a + b + c + d$

Dreieck

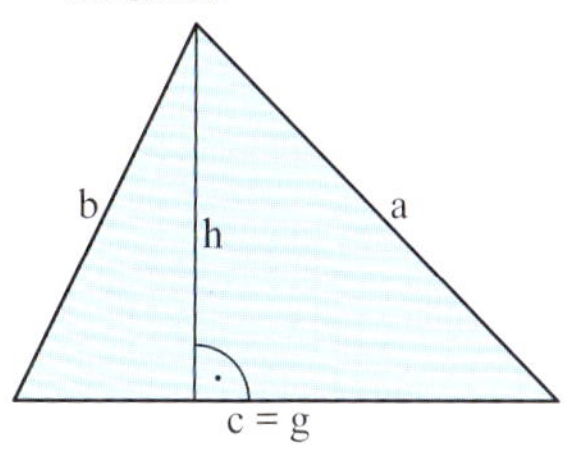

$$A = \frac{g \cdot h}{2}$$

$u = a + b + c$

In allen Dreiecken ist die Winkelsumme 180°

$\alpha + \beta + \gamma = 180°$

Kreis

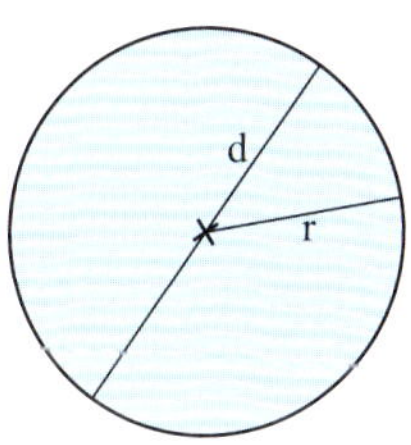

$d = 2 \cdot r$

$A = \pi \cdot r^2 \qquad A = \pi \cdot \frac{d^2}{4}$

$u = 2 \cdot \pi \cdot r \qquad u = \pi \cdot d$

Kreisausschnitt

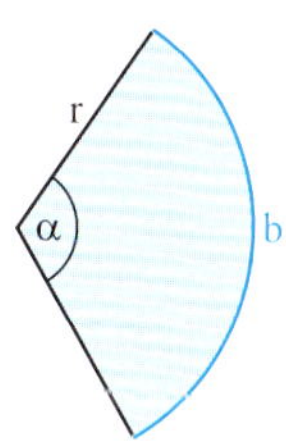

$$A = \pi \cdot r^2 \cdot \frac{\alpha}{360°}$$

$$b = 2 \cdot \pi \cdot r \cdot \frac{\alpha}{360°}$$

Kreisring

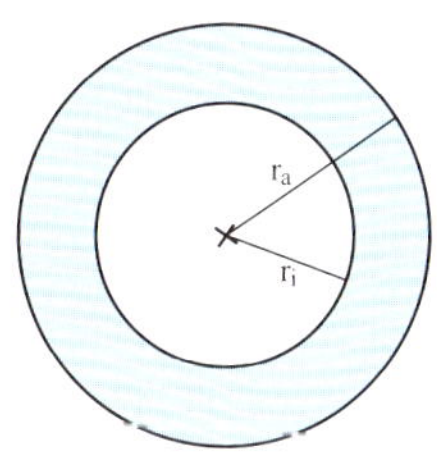

$A = \pi \cdot r_a^2 - \pi \cdot r_i^2$

Satz des Pythagoras

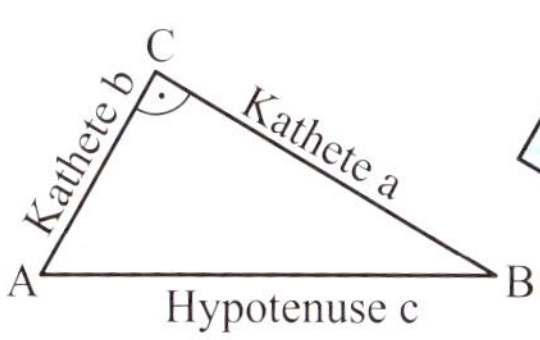

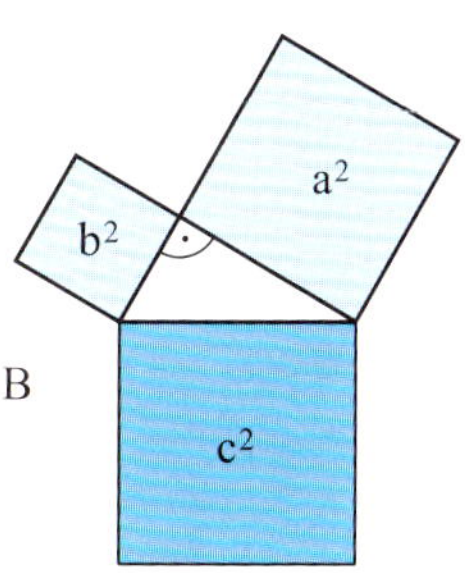

Für jedes rechtwinklige Dreieck ($\gamma = 90°$) gilt: Die Quadrate über den beiden kürzeren Seiten (Katheten) sind zusammen so groß wie das Quadrat über der längsten Seite (Hypotenuse).

$a^2 + b^2 = c^2$

Quader

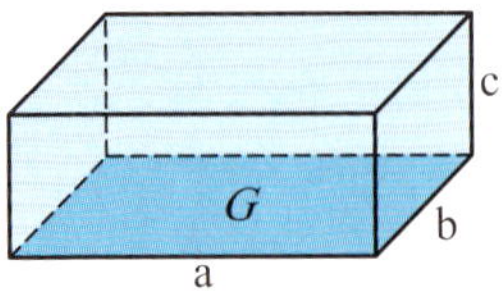

$V = a \cdot b \cdot c$

$O = 2 \cdot a \cdot b + 2 \cdot a \cdot c + 2 \cdot b \cdot c$

$O = 2 \cdot (a \cdot b + a \cdot c + b \cdot c)$

Säule

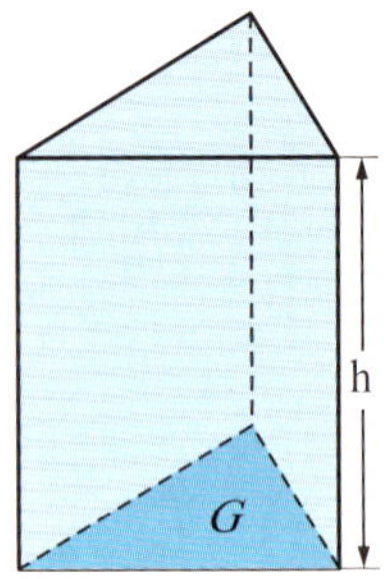

$V = G \cdot h$

$M = u \cdot h$

(u = Umfang der Grundfläche)

$O = 2 \cdot G + M$

Pyramide

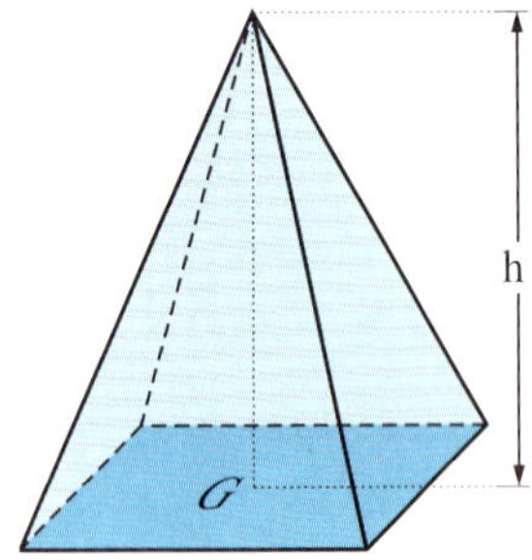

$V = \frac{G \cdot h}{3}$

Zylinder

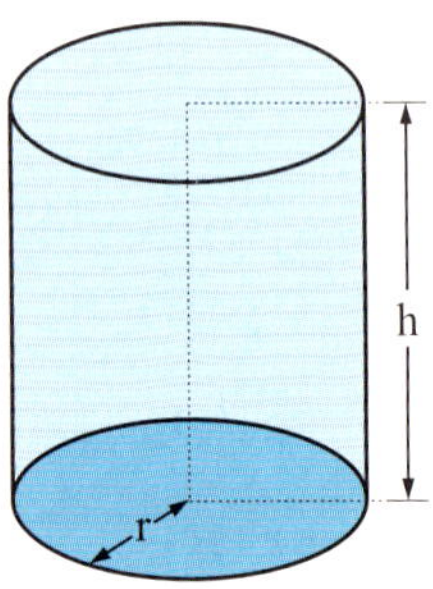

$V = \pi \cdot r^2 \cdot h$

$M = 2 \cdot \pi \cdot r \cdot h$

$G = \pi \cdot r^2$

$O = 2 \cdot G + M$

Kegel

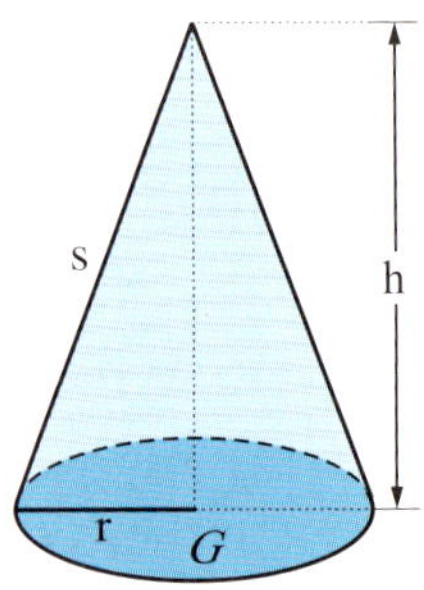

$V = \frac{\pi \cdot r^2 \cdot h}{3}$

$M = \pi \cdot r \cdot s$

$G = \pi \cdot r^2$

$O = G + M$

Kugel

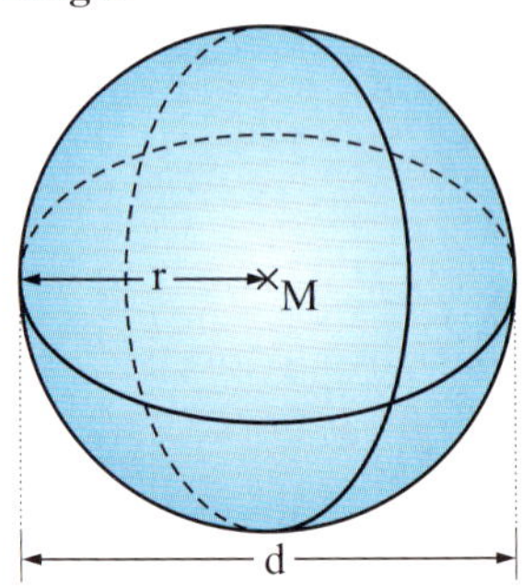

$V = \frac{4}{3} \cdot \pi \cdot r^3$

$O = 4 \cdot \pi \cdot r^2$

Umrechnung von Einheiten

Längen	Flächeninhalte		Volumina	
10 mm = 1 cm	100 mm^2 = 1 cm^2	100 m^2 = 1 a	1 000 mm^3 = 1 cm^3	1 cm^3 = 1 ml
10 cm = 1 dm	100 cm^2 = 1 dm^2	100 a = 1 ha	1 000 cm^3 = 1 dm^3	1 dm^3 = 1 *l*
10 dm = 1 m	100 dm^2 = 1 m^2	100 ha = 1 km^2	1 000 dm^3 = 1 m^3	1 m^3 = 1000 *l*
1000 m = 1 km				

Hohlmaße		Gewichte (Massen)	Zeitspannen
1 000 ml = 1 *l*	100 *l* = 1 hl	1 000 mg = 1 g	60 s = 1 min
100 cl = 1 *l*		1 000 g = 1 kg	60 min = 1 h
10 dl = 1 *l*		1 000 kg = 1 t	24 h = 1 Tag